ब्रह्मांड-परिचय

(सौरमंडल की नई व्याख्या सहित)

गुणाकर मुळे

ब्रह्मांड-परिचय

राजकमल प्रकाशन

ISBN : 978-81-267-1274-8

मूल्य : ₹595

पहला संस्करण : 2007
छठा संस्करण : 2019

प्रकाशक : राजकमल प्रकाशन प्रा. लि.
1-बी, नेताजी सुभाष मार्ग, दरियागंज
नई दिल्ली-110 002

शाखाएँ : अशोक राजपथ, साइंस कॉलेज के सामने, पटना-800 006
पहली मंजिल, दरबारी बिल्डिंग, महात्मा गांधी मार्ग, इलाहाबाद-211 001
36 ए, शेक्सपियर सरणी, कोलकाता-700 017

वेबसाइट : www.rajkamalprakashan.com
ई-मेल : info@rajkamalprakashan.com

कवर व पेज डिजाइन : मुकेश कुमार

मुद्रक : बी.के. ऑफसेट
नवीन शाहदरा, दिल्ली-110 032

BRAHMANDA-PARICHAYA
by Gunakar Muley

प्राक्कथन

आदिम मानव के लिए भी काल-ज्ञान व दिशा-ज्ञान भौतिक आवश्यकताएं थीं, और यह ज्ञान आकाश के पिंडों की गतियों का सतत अवलोकन करने से ही प्राप्त हो सकता था। सहस्राब्दियों के संचित अनुभव से प्राचीन मानव ने जान लिया था कि शिकार, फल-मूल या अनाज-जैसी उसकी भोजन-सामग्री का संबंध ऋतुओं से है और ऋतुचक्र का ज्ञान सूर्य तथा नक्षत्रों की गतियों का अवलोकन करने से होता है।

प्राचीन मानव ने सोचा : अवश्य ही उसकी भोजन-सामग्री—वन्य पशु व वनस्पति—आकाशस्थ पिंडों की गति-स्थिति से 'प्रभावित' है। उसने आकाश के इस 'प्रभाव' को अपने ऊपर भी ओढ़ लिया। इस तरह, फलित-ज्योतिष का व्यवसाय अस्तित्व में आया।

ताम्रयुगीन सभ्यताओं में पुरोहित ही ज्योतिषी थे और मंदिर वेधशालाएं। ये पुरोहित-ज्योतिषी अज्ञेय प्राकृतिक घटनाओं के प्रतीक देवी-देवताओं का प्रतिनिधित्व करते थे और राजा एवं प्रजा को समय की सूचनाएं भी देते थे, इसलिए तत्कालीन समाज में इनका बड़ा सम्मान था। सूर्य तथा चंद्र की गतियों का निरंतर अध्ययन करते रहने से आगे चलकर जब ये पुरोहित-ज्योतिषी ग्रहणों के बारे में भी भविष्यवाणी करने में समर्थ हुए, तो इनका सम्मान व सामर्थ्य और भी अधिक बढ़ा। लोगों ने सोचा—ये पुरोहित-ज्योतिषी कालज्ञान तथा शुभ-मुहूर्तों के प्रवक्ता हैं, ग्रहणों-जैसी भयावह घटनाओं के भविष्यवक्ता हैं, इसलिए ये मानव-जीवन की आगामी घटनाओं के बारे में भी भविष्यवाणी कर सकते हैं।

इस प्रकार, तत्कालीन पुरोहित-ज्योतिषी के अंतर्गत ही फलित-ज्योतिषी ने जन्म लिया। वैदिक काल में अत्रि कुल के पुरोहित-ज्योतिषी ग्रहणों का लेखा-जोखा रखते थे और इनके बारे में भविष्यवाणी करते थे। उधर हम्मुराबी-कालीन (ईसा-पूर्व अठारहवीं सदी) बेबीलोन के पुरोहित-ज्योतिषी, न केवल ग्रहणों के भविष्यवक्ता थे, बल्कि राजा व राज्य का भी भविष्य बताने लग गए थे। सम्मान व सम्पत्ति के लोभवश इन पुरोहित-ज्योतिषियों ने ज्योतिष-ज्ञान को रहस्य का जामा पहनाया और इसे सदियों तक अपने ही वर्ग तक सीमित रखा।

बदलती सामाजिक, राजनीतिक और आर्थिक परिस्थितियों के अनुसार काल्पनिक देवी-देवताओं के कृत्रिम स्वरूपों में रद्दोबदल करते जाने में कोई कठिनाई नहीं थी। हुआ भी ऐसा ही है। किंतु आकाश के पिंडों की नियमित गतियों में

परिवर्तन करना आदमी के बस की बात नहीं था। मुख्यतः इसी भेद के कारण, बाद में, भारत के संदर्भ में ईसा की पहली सदी के आसपास से, पुरोहित-ज्योतिषी का पेशा दो वर्गों में बंट गया--पुरोहित और ज्योतिषी।

लेकिन अभी गणित-ज्योतिषी ही फलित-ज्योतिषी भी था। यह भी देखने को मिलता है कि कुछ गणितज्ञों का झुकाव गणित-ज्योतिष की ओर अधिक होता था और कुछ का फलित-ज्योतिष की ओर। आर्यभट (जन्म 476 ई.) को हम एक महान गणितज्ञ-ज्योतिषी मानते हैं, तो वराहमिहिर (ईसा की छठी सदी) के ग्रंथ आज भी फलित-ज्योतिषियों के लिए शुभ-अशुभ विद्या के अक्षय भंडार हैं।

खगोल-विज्ञान या ज्योतिर्विज्ञान के विकासक्रम (देखिए परिशिष्ट 1) का अध्ययन करने से स्पष्ट होता है कि जब तक आकाश के पिंडों का अवलोकन उनकी प्रत्यक्ष गतियों एवं स्थितियों तक सीमित रहा, तभी तक गणित-ज्योतिष जैसे-तैसे फलित-ज्योतिष का भी भार वहन करता रहा। परंतु जब भौतिक-विज्ञान ने जन्म लिया, ग्रह-नक्षत्रों के भौतिक गुणधर्मों की खोजबीन शुरू हुई, खगोल-भौतिकी की नींव पड़ी, तब अज्ञान तथा अंधविश्वास पर आधारित फलित-ज्योतिष के सामने दो ही रास्ते थे—अपने को मिटा दे या अपना पेशा अलग कर ले।

फलित-ज्योतिष मिटा नहीं। यूरोप में 1600 ई. के आसपास से ज्योतिर्विज्ञान ने अपने साथ चिपके हुए सदियों पुराने इस अंधविश्वास को त्याग दिया और स्वयं तेजी से आगे बढ़ने लगा। ग्रहगतियों के तीन प्रसिद्ध नियमों की खोज करने वाले योहानेस केपलर (1571-1630 ई.) जन्म-कुंडलियां बनाने के लिए विवश थे, परंतु 1609-10 ई. में दूरबीन से पहली बार आकाश का अवलोकन करने वाले महान गैलीलियो (1564-1642 ई.) ने ऐसी किसी विवशता के सामने आत्मसमर्पण नहीं किया। जिस साल गैलीलियो की मृत्यु हुई, उसी साल आइजेक न्यूटन (1642-1727 ई.) का जन्म हुआ। न्यूटन ने हमें नया गणित दिया, नए किस्म की दूरबीन दी और दिया गुरुत्वाकर्षण का महान सिद्धांत।

अब खगोलविद शहरों के कोलाहल तथा विद्युत-प्रकाश की जगमगाहट से दूर चले गए हैं। स्वच्छ वायुमंडल से व्याप्त पर्वत-शिखरों पर स्थापित आधुनिक यंत्र-उपकरणों से युक्त वेधशालाएं उनकी कर्मभूमि है। आज के ज्योतिर्विद करोड़ों-अरबों प्रकाश-वर्ष दूर की ज्योतियों के विकिरण—प्रकाश-किरणें, रेडियो-तरंगें, एक्स-किरणें, गामा-किरणें, इत्यादि—को यंत्रोपकरणों से ग्रहण करते हैं, उनका विश्लेषण करते हैं। वे नित नई ज्योतियों की खोज करते हैं, नए ज्ञान के आधार पर नए-नए सिद्धांतों की स्थापनाएं करते हैं। अतिविशाल-जगत का अध्ययन अतिसूक्ष्म-जगत को समझने में सहायक हो रहा है और अतिसूक्ष्म-जगत का अध्ययन अतिविशाल-जगत को

समझने में। आज के वैज्ञानिक इन दोनों जगतों की अतल गहराइयों की खोजबीन में जुटे हुए हैं, वे इन दोनों में संगति खोजने में प्रयत्नशील हैं।

और, फलित-ज्योतिषी? वह तो अब भी पुरानी आधी-अधूरी और अवैज्ञानिक जानकारी से ही चिपका हुआ है। अब तो फलित-ज्योतिषी टी.वी चैनलों पर भी छा गए हैं। यह अंधविश्वास अनेक पत्र-पत्रिकाओं के पृष्ठों पर नियमित रूप से छपता है। हमारे देश में आज भी शासन के अनेक सूत्रधार प्रत्यक्ष या अप्रत्यक्ष रूप से फलित-ज्योतिष के प्रश्रयदाता हैं।

लेकिन अब इस स्थिति का बदलना अवश्यंभावी है। हमारे देखते-देखते खगोल-विज्ञान के विकास को एक नई दिशा मिली है और एक नए युग की शुरुआत हुई है। अब तक आकाश के पिंडों के भौतिक गुणधर्मों की हमारी जानकारी पृथ्वी पर पहुंचने वाले उनके विकिरण के विश्लेषण पर आधारित थी। लेकिन अब स्वयं मानव या उसके द्वारा निर्मित यंत्रोपकरण आकाश के पिंडों तक पहुंचने में प्रयत्नशील हैं। जब से अंतरिक्षयात्रा के युग का उद्घाटन हुआ है, तब से जनमानस में आकाश के पिंडों के बारे में अधिक कुतूहल पैदा हो गया है। आम जनता ग्रह-नक्षत्रों के बारे में अधिकाधिक वैज्ञानिक बातें जानने के लिए उत्सुक है।

इस ग्रंथ में मैंने आकाशगंगा, सूर्य, सौरमंडल के ग्रह-उपग्रह-क्षुद्रग्रह, बौने ग्रह, धूमकेतु, उल्कापिंड और आकाश के प्रमुख तारों के बारे में अद्यतन जानकारी प्रस्तुत की है–भरपूर चित्रों सहित। अंतिम दो प्रकरणों में ब्रह्मांड के आदि-अंत और ब्रह्मांड में जीवन की तलाश का विवेचन है। परिशिष्टों में खगोल-विज्ञान का संक्षिप्त विकासक्रम, खगोल-विज्ञान से संबंधित आंकड़े एवं स्थिरांक, तारा-मानचित्र, खगोल-विज्ञान की विशिष्ट शब्दावली तथा पारिभाषिक शब्दावली का समावेश है।

24 अगस्त, 2006 को प्राग में आयोजित **अंतर्राष्ट्रीय खगोल-विज्ञान संघ** के अधिवेशन में 'ग्रह' की एक नई परिभाषा प्रस्तुत की गई है। इसके अनुसार, अब सौर मंडल में 'प्रधान ग्रहों' (major planets) की संख्या नौ से घटकर आठ रह गई है; **प्लूटो** और उसके परे नए खोजे गए पिंड **एरीस** को 'बौने ग्रह' (dwarf planet) का दर्जा दिया गया है। सौर मंडल की इस नई व्यवस्था का पुस्तक में समावेश है।

इस तरह, यह **ब्रह्मांड-परिचय** ग्रंथ संपूर्ण ज्ञेय ब्रह्मांड का अद्यतन वैज्ञानिक परिचय प्रस्तुत करता है।

– गुणाकर मुळे

'अमरावती', सी-210, पांडव नगर,
दिल्ली-110092
15 नवंबर 2006

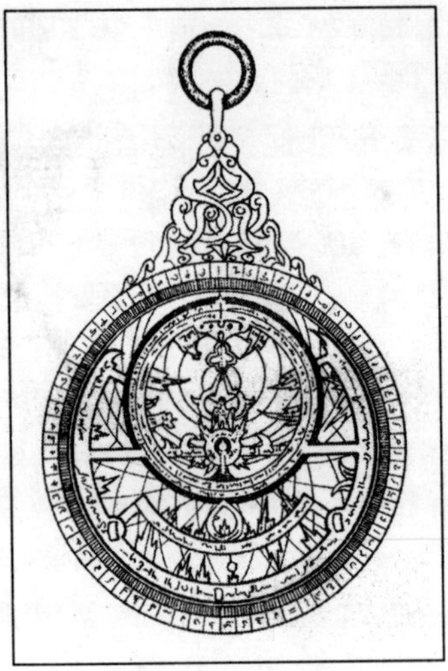

ऐस्ट्रोलेब (उन्नतांशमापी)

अ नु क्र म

1 आकाशगंगा

रात के समय आकाश में प्रकट होने वाले ये टिमटिमाते दीपक, ये तारे क्या हैं? आकाश में कितने तारे हैं? कितनी दूर हैं ये? कितने बड़े हैं? क्यों चमकते हैं ये? धरती का मानव हजारों वर्षों से इन सवालों के बारे में सोचता आया है।

पास की कोई चीज हो, तो उसे देखा जा सकता है, परखा जा सकता है। पर आकाश की ज्योतियों को आदमी छू नहीं सकता, उन तक पहुंच नहीं सकता। वह उनके बारे में केवल अटकलें ही लगा सकता है।

कितने तारे हैं आकाश में? स्वच्छ रात्रि में, खासकर अमावस्या की रात्रि में, आकाश में फैला हुआ तारों का एक शुभ्र पट्टा दिखाई देता है। तारों के इस पट्टे को देखकर तो सचमुच ही लगता है कि आकाश में अनगिनत तारे हैं। इसीलिए पुराने जमाने के लोगों का खयाल था, और आज भी बहुत-से लोगों का है, कि आकाश में अनंत तारे हैं।

मगर आकाश में नजर आने वाले तारों की संख्या अनंत नहीं है। दूरबीन की सहायता के बिना कोई भी आदमी अपनी नंगी आंखों से धरती के एक स्थान से मुश्किल से 3000 तारे ही आकाश में देख पाता है। पृथ्वी के पूरे धरातल से कोई भी आदमी अपनी नंगी आंखों से आकाश में लगभग 6000 तारे ही देख सकता है।

इसका अर्थ यह नहीं है कि आकाश में केवल 6000 तारे ही हैं। मनुष्य की दृष्टि की एक सीमा है। मनुष्य की आंखें एक सीमा तक ही प्रकाश को ग्रहण कर सकती हैं। लेकिन दूरबीन की 'आंख' मनुष्य की आंख से हजारों-लाखों गुना अधिक शक्तिशाली होती है। दूरबीन की आंख मंद-से-मंद प्रकाश को ग्रहण कर सकती है। इसलिए दूरबीनों की सहायता से आकाश की उन ज्योतियों को भी देखा जा सकता है जो हमें अपनी नंगी आंखों से नहीं दिखाई दे सकतीं।

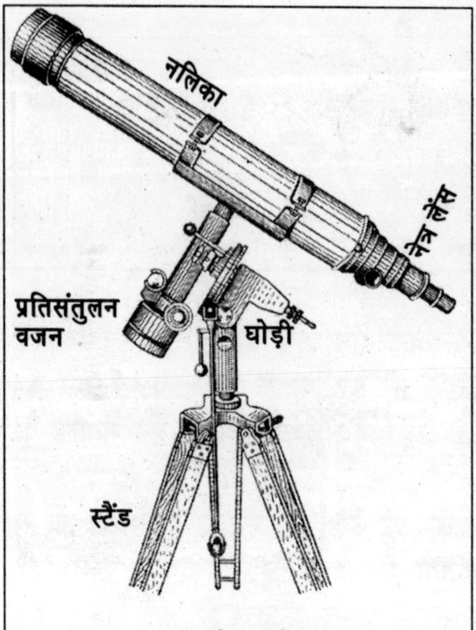

अपवर्तक दूरबीन

तो आकाश में कितने तारे हैं?

खगोलविदों ने दूरबीनों की सहायता से आकाश के चप्पे-चप्पे का अध्ययन किया है। आकाश के सारे हिस्सों के फोटो उतारे गए हैं। आकाश के तारों के एटलस भी तैयार किए गए हैं। अब हम जानते हैं कि आकाश में कुल मिलाकर लगभग 2,00,00,00,00,000 तारे हैं।

आकाश के तारे हमसे कितनी दूर हैं?

ऊपरी दृष्टि से तो यही जान पड़ता है कि आकाश के सारे तारे हमसे समान दूरी पर किसी गोल पर फैले हुए हैं। पुराने जमाने के प्रायः सभी लोगों की यही कल्पना थी कि आकाश के ये सारे तारे किसी गोल के सहारे टिके हुए हैं। हमारे देश के पुराने ज्योतिषियों ने तारों के इस गोल को 'द्युलोक' या 'नक्षत्रलोक' का नाम दिया था। यूनान के प्रख्यात दार्शनिक अरस्तू (384-322 ई.पू.) का कहना था कि दूरियों के बढ़ते क्रम में आकाश में आठवें नंबर का एक गोल है और आकाश के सारे तारे उसी गोल पर टिके हुए हैं।

लेकिन पुराने जमाने के लोगों का 'आठवें आसमान' का यह विचार गलत था। दरअसल, अभी तीन-चार सौ साल पहले तक कोई भी खगोलविद नहीं बता सकता था कि तारे हमसे ठीक-ठीक कितनी दूर हैं। हमारे देश के आर्यभट (जन्म 476 ई.), वराहमिहिर (मृत्यु 587 ई.) और भास्कराचार्य (जन्म 1114 ई.) जैसे महान ज्योतिर्विदों को भी आकाश के पिंडों की दूरियों का सही ज्ञान नहीं था। और तो और, सूर्य को विश्व के केंद्र में स्थान दिलाने वाले कोपर्निकस, ज्यार्दानो ब्रूनो, केपलर व गैलीलियो जैसे महान वैज्ञानिकों को भी मालूम नहीं था कि आकाश का सबसे नजदीक का तारा—हमारा सूर्य—हमसे ठीक-ठीक कितनी दूर है।

सोलहवीं सदी के इस चित्रांकन में दर्शाया गया है कि एक साहसी व्यक्ति तारों के गोल के परे अनंत में झांककर उन यंत्रों को देख रहा है जो आकाश के इन गोलों को गति देते हैं।

लेकिन आज हम आकाश के सभी प्रमुख पिंडों की दूरियां जानते हैं। हम यह भी जानते हैं कि सभी तारे समान दूरी पर स्थित नहीं हैं। कुछ तारे हमसे बहुत दूर हैं, तो कुछ काफी नजदीक। लेकिन इनकी दूरियां हम सुविधा से किलोमीटरों में नहीं बता सकते। किलोमीटरों में यदि तारों की दूरियां बताने लगे तो हम बड़े झमेले में पड़ जाते हैं। आइए, हम देखें कि आकाश के पिंडों की दूरियों को किलोमीटरों में व्यक्त करने में क्या-क्या दिक्कतें हैं।

पृथ्वी पर दूरियों को हम किलोमीटरों में आसानी से व्यक्त कर सकते हैं, क्योंकि हमारी पृथ्वी का व्यास लगभग 12,700 किलोमीटर है और इसके संपूर्ण धरातल का क्षेत्रफल 51,01,01,000 वर्ग-किलोमीटर। पृथ्वी का उपग्रह यानी हमारा चंद्र हमसे लगभग 3,84,000 किलोमीटर दूर है। आकाश में हमसे सबसे नजदीक के शुक्र ग्रह की न्यूनतम दूरी 3,80,00,000 किलोमीटर है। मंगल ग्रह हमसे 5 करोड़ किलोमीटर से अधिक दूर है। सूर्य हमसे 14,95,98,000 किलोमीटर दूर है। सन् 1930 में खोजा गया सौर मंडल का नौवां 'ग्रह' प्लूटो

(अब 'बौना ग्रह') सूर्य से लगभग 6 अरब किलोमीटर दूर है। हाल के वर्षों में प्लूटो के परे 'बौना ग्रह' एरीस खोजा गया है। अनेक धूमकेतु प्लूटो के परे के अंतरिक्ष का चक्कर लगाकर सूर्य के समीप लौटते हैं। अतः सूर्य, 8 प्रमुख ग्रह, सीरेस सहित 3 बौने ग्रह, इनके अनेक उपग्रह, क्षुद्रग्रह, धूमकेतु आदि सब मिलकर सौर मंडल की जो एक योजना बनाते हैं, उसका अर्धव्यास 15 अरब किलोमीटर से भी बहुत अधिक है।

लेकिन यह संपूर्ण सौर मंडल आकाश के सिर्फ एक सामान्य तारे–हमारे अपने सूर्य–की एक योजना हुई। अब तक गिनाई गई दूरियों के भीतर हमने सिर्फ आकाश के केवल एक तारे के दर्शन किए हैं। सूर्य के अलावा आकाश का जो तारा हमसे सर्वाधिक नजदीक है, उसका नाम है–प्रॉक्सिमा-सेंटौरी। जानते हैं, यह तारा हमसे कितनी दूर है? सूर्य के बाद आकाश में सबसे नजदीक का यह प्रॉक्सिमा-सेंटौरी तारा हमसे करीब 4,00,00,00,00,00,000 किलोमीटर दूर है!

स्मरण रहे कि यह आकाश के सबसे नजदीक के तारे की दूरी हुई। आकाश में दिखाई देने वाले शेष तारे हमसे और भी अधिक दूर हैं– प्रोक्सिमा-सेंटौरी से सैकड़ों गुना दूर। उन तारों की दूरियों को किलोमीटरों में व्यक्त करें, तो हमें बड़ी-बड़ी संख्याओं के झमेले में पड़ना होगा। इसलिए खगोलविदों ने आकाश की ज्योतियों की दूरियां जानने के लिए एक नया पैमाना खोजा है। इस की इकाई है–प्रकाश-किरणों की प्रति सेकंड गति।

आधुनिक भौतिक-विज्ञान के अनुसार इस विश्व की महत्तम गति है–प्रकाश-किरणों की गति। प्रकाश की किरणें एक सेकंड में 3,00,000 किलोमीटर दूरी तय करती हैं। पृथ्वी से चंद्र तक पहुंचने में प्रकाश-किरणों को 1.25 सेकंड का समय लगता है। सूर्य से निकली हुई प्रकाश-किरणों को पृथ्वी तक पहुंचने में 8 मिनट और 18 सेकंडों का समय लगता है। अन्य शब्दों में हम कह सकते हैं कि सूर्य हमसे 8 मिनट व 18 सेकंड दूर है। सूर्य के प्रकाश को सौर मंडल के 'बौने ग्रह' एरीस तक पहुंचने में लगभग 14 घंटों का समय लगता है। नेपच्यून की कक्षा के परे 15 अरब किलोमीटर की दूरी तक छोटे-बड़े लाखों पिंडों का 'कुइपेर पट्टा' है। फिर 4500 अरब से 15,000 अरब किलोमीटर दूरी तक 'ऊर्ट बादल' का घेरा है। संक्षेप में, सौर मंडल का विस्तार करीब डेढ़ प्रकाश-वर्ष दूर तक है (देखिए **परिशिष्ट** में 'विशिष्ट शब्दावली')।

लेकिन ऊपर जिस प्रॉक्सिमा-सेंटौरी तारे का हमने उल्लेख किया है, उसका प्रकाश हम तक पहुंचने में चार साल से कुछ अधिक का समय लगता है।

इसका अर्थ यह हुआ कि आज प्रोक्सिमा-सेंटौरी के जिस प्रकाश को हम धरती पर देख रहे हैं वह अपने स्रोत-स्थान से करीब चार साल पहले निकल चुका था। इसीलिए आधुनिक खगोल-विज्ञान में प्रोक्सिमा-सेंटौरी तारे की दूरी 4,00,00,00,00,00,000 किलोमीटर नहीं, बल्कि संक्षेप में '4.3 प्रकाश-वर्ष' बताई जाती है। ये दोनों आंकड़े एक ही दूरी को व्यक्त करते हैं, पर प्रकाश की गति के पैमाने में तारों की दूरियां व्यक्त करने में विशेष सुविधा है।

प्रति सेकंड 3,00,000 किलोमीटर के वेग से एक वर्ष में प्रकाश की किरणें जितनी दूरी तय करती हैं उसे एक प्रकाश-वर्ष (light year) कहते हैं। एक प्रकाश-वर्ष का अर्थ है–लगभग 94,63,00,00,00,000 किलोमीटर दूरी। 3.26 प्रकाश-वर्ष को पारसेक (parsec) का नाम दिया गया है, और एक पारसेक का अर्थ होता है–3,08,00,00,00,00,000 किलोमीटर दूरी। आकाश का सबसे नजदीक का प्रोक्सिमा-सेंटौरी तारा हमसे सवा पारसेक से कुछ अधिक दूर है।

तारों की दूरियां मापने के लिए प्रकाश-वर्ष या पारसेक का यह नया पैमाना समझ लेने के बाद अब हम आकाशगंगा के बारे में सुविधा से बहुत-सी बातों की जानकारी प्राप्त कर सकते हैं।

आकाशगंगा या **मंदाकिनी** पौराणिक शब्द हैं। आकाश में उत्तर-दक्षिण में फैला हुआ सघन तारों का यह शुभ्र पट्टा नदी के प्रवाह-जैसा दिखाई देता है। इसीलिए पुराने जमाने में इसे आकाशगंगा (Milky Way) का नाम दिया गया था। इसे आकाश की गंगा नदी या स्वर्ग में गंगा नदी की एक धारा (मंदाकिनी) माना गया था। पर यह हुई एक कल्पना। आकाश के तारक-समूहों के बारे में पुराने जमाने के लोगों ने अजीब-अजीब कल्पनाएं की थीं।

आंखों से आकाश में जितने भी तारे दिखाई देते हैं, वे सब आकाशगंगा के सदस्य हैं। पुराने जमाने में आकाश के केवल इस सघन पट्टे का नाम आकाशगंगा था, पर आज हम जानते हैं कि इस पट्टे के बाहर दूर-दूर तक जितने भी तारे दिखाई देते हैं, वे सब इसी आकाशगंगा-योजना के सदस्य हैं। हम, हमारी पृथ्वी, सारे ग्रह-उपग्रह और सूर्य भी इस आकाशगंगा के अंग हैं।

आकाशगंगा के आकार-प्रकार को समझने के लिए बैलगाड़ी के पहिए या फूली हुई रोटी की कल्पना कीजिए। आकाशगंगा लगभग पहिए के आकार की तारों की एक विशाल योजना है। सूर्य, पृथ्वी सहित आठ प्रमुख ग्रह, इनके उपग्रह, लघुग्रह, प्लूटो आदि बौने ग्रह, धूमकेतु आदि को मिलाकर जो एक योजना बनती है, उसे हम सौर मंडल कहते हैं। अरबों तारों से मिलकर जो

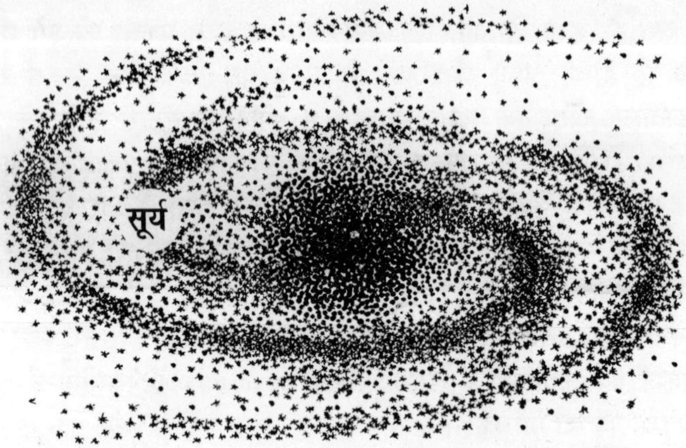

आकाशगंगा का वास्तविक स्वरूप और इसमें हमारे सूर्य-तारे का स्थान

एक विशाल योजना बनती है, उसे आधुनिक खगोल-विज्ञान में मंदाकिनी (galaxy) कहते हैं। आकाशगंगा एक मंदाकिनी ही है।

पहिए के आकार-प्रकार की हमारी इस आकाशगंगा-मंदाकिनी में लगभग 200 अरब तारे हैं। हमारा सूर्य इन 200 अरब तारों में एक सामान्य तारा है। आकाशगंगा के बहुत-से तारे सूर्य से काफी बड़े हैं, तो कई सूर्य से छोटे भी हैं।

हमारी यह आकाशगंगा-मंदाकिनी कितनी लंबी-चौड़ी है?

हमने देखा है कि प्रकाश की किरणें एक सेकंड में 3,00,000 किलोमीटर दूरी तय करती हैं। इस पैमाने से सूर्य हमसे 8 मिनट व 18 सेकंड दूर है। इसी पैमाने के अनुसार हमारे संपूर्ण सौर मंडल का व्यास लगभग 12 प्रकाश-घंटे है।

अब देखिए आकाशगंगा का आकार-प्रकार। प्रकाश-किरणों को आकाशगंगा के एक सिरे से दूसरे सिरे तक यात्रा करने में लगभग 1,00,000 वर्ष लगते हैं। अर्थात्, आकाशगंगा का व्यास एक लाख प्रकाश-वर्ष है। पहिए के आकार वाली इस आकाशगंगा के केंद्र में इसकी मोटाई लगभग 20,000 प्रकाश-वर्ष है।

जैसा कि पहले बताया गया है, आकाशगंगा में लगभग 200 अरब तारे हैं; अर्थात्, इसकी संपूर्ण द्रव्यराशि हमारे लगभग 200 सूर्यों के बराबर है। वस्तुतः आकाशगंगा के अनेक तारे हमारे सूर्य से काफी बड़े हैं। तारों के बीच के अंतरिक्ष में गैस व धूल के रूप में बहुत सारी द्रव्यराशि बिखरी हुई है। आकाशगंगा में धूल और गैस के विशाल मेघ भी हैं। इन्हें हम नीहारिका (nebula) कहते हैं। आकाशगंगा में अनेकानेक जुड़वां तारे और तारा-गुच्छ भी हैं।

आकाशगंगा की बाहरी सीमा सूर्य से करीब 20,000 प्रकाश-वर्ष दूर है। यदि हमारा सूर्य और इसके साथ हमारी पृथ्वी आकाशगंगा के केंद्रभाग में होते, तो आसमान में चहुंओर तारों का फैलाव हमें एक-जैसा दिखाई देता। पर हम इस पहिए-नुमा योजना के केंद्र से 30,000 प्रकाश-वर्ष दूर हैं, इसलिए आकाशगंगा के केंद्र का भाग हमें सघन तारों का दिखाई देता है। कल्पना कीजिए कि धूल-कणों से निर्मित एक बड़े पहिए के एक कण पर, इसके केंद्र से आधे से कुछ अधिक दूरी पर, एक चींटी बैठी हुई है। वह चींटी यदि (तारों के) उस पहिए के केंद्र की ओर देखेगी, तो उसे वह भाग बहुत सघन दिखाई देगा और उस दिशा में परिधि के एक सिरे से दूसरे सिरे तक एक पट्टा-सा नजर आएगा। इसके विपरीत, यदि वह चींटी बाहर परिधि की ओर देखेगी, तो उसे वह भाग काफी विरल दिखाई देगा।

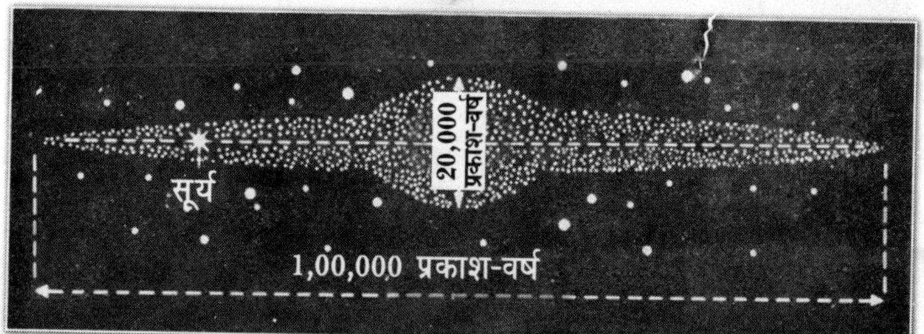

आकाशगंगा के बाहर जाकर इसे किनारे से देखना संभव हो, तो यह हमें इस आरेख जैसी दिखाई देगी।

हमारी दशा भी उस चींटी की तरह ही है। आकाश में जब हम आकाशगंगा के सघन पट्टे को देखते हैं, तो समझ लीजिए कि इसके केंद्रभाग की ओर देख रहे हैं। वस्तुतः आकाशगंगा का असली केंद्रभाग, बीच में एक विशाल अंतर्नक्षत्रीय धूलि-मेघ के आ जाने के कारण, हमसे छिपा हुआ है। आकाशगंगा का यह केंद्रभाग धनु तारा-मंडल की दिशा में है।

पुराने जमाने के लोगों का विचार था कि पृथ्वी विश्व के केंद्र में स्थित है और सूर्य, ग्रह तथा तारे इसकी परिक्रमा करते हैं। पर बाद में कोपर्निकस (1473-1543 ई.) आदि वैज्ञानिकों ने सिद्ध किया कि पृथ्वी नहीं बल्कि सूर्य ही केंद्रस्थान में है। परंतु अब हम जानते हैं कि सूर्य आकाशगंगा-योजना के केंद्र में नहीं है। यह इसके केंद्र से लगभग 30,000 प्रकाश-वर्ष दूर है। जिस प्रकार नौ प्रमुख ग्रह सूर्य की परिक्रमा करते रहते हैं, उसी प्रकार आकाश के सारे तारे

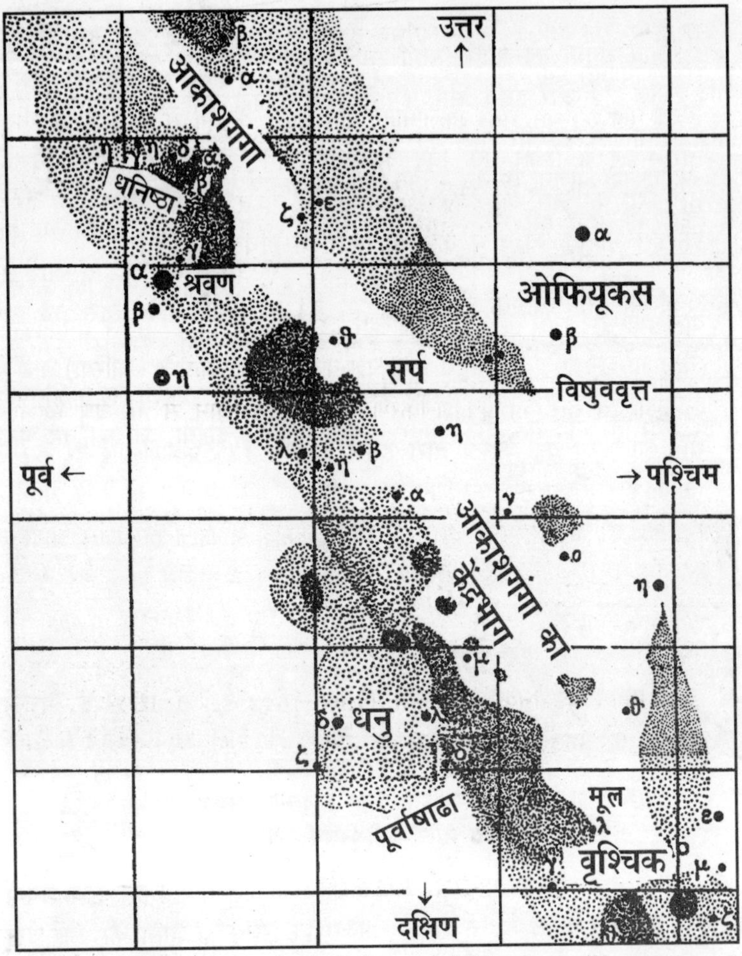

सर्प, धनु तथा वृश्चिक तारा-मंडलों में आकाशगंगा के पट्टे का खंडित भाग।

भी आकाशगंगा-केंद्र की परिक्रमा करते रहते हैं। हमारी पृथ्वी लगभग 30 किलोमीटर प्रति सेकंड के वेग से सूर्य की परिक्रमा करती रहती है; पर सूर्य–पृथ्वी, मंगल आदि ग्रहों सहित–प्रति सेकंड 220 किलोमीटर के औसत वेग से आकाशगंगा-केंद्र की सतत परिक्रमा करता रहता है। सूर्य को आकाशगंगा की एक परिक्रमा पूरी करने में लगभग 25,00,00,000 वर्ष लगते हैं। स्मरण रहे कि हमारी इस धरती पर मानव के उद्‌भव को मुश्किल से सत्तर-अस्सी लाख वर्ष हुए हैं। बीस करोड़ वर्ष पहले पृथ्वी पर महाकाय प्राणियों का साम्राज्य था। इस

धरती पर प्राथमिक जीवों ने लगभग 3,00,00,00,000 वर्ष पहले जन्म लिया था।

विशाल ब्रह्मांड में हमारी आकाशगंगा-मंदाकिनी भी एक ही स्थान पर स्थित नहीं है। यह 19.4 किलोमीटर प्रति सेकंड के वेग से आकाश के हर्क्यूलीज तारा-मंडल में स्थित एक बिंदु की ओर आगे बढ़ रही है; खगोल-विज्ञान में उस बिंदु को सौर अभिबिंदु (solar apex) कहते हैं। इस तरह, हम देखते हैं कि इस भौतिक विश्व में कुछ भी स्थिर या अचल नहीं है।

हमने बताया है कि इस आकाशगंगा का हमसे सबसे नजदीक का तारा–प्रोक्सिमा-सेंटौरी–लगभग 4 प्रकाश-वर्ष दूर है। आकाश का सबसे चमकीला तारा व्याध या लुब्धक हमसे करीब 9 प्रकाश-वर्ष दूर है। प्रजापति (ऑरिगा) तारा-मंडल के ब्रह्महृदय तारे की प्रकाश-किरणें अपने स्रोत-स्थान से 46 वर्ष पहले चली थीं। लाल रंग का ज्येष्ठा तारा हमसे लगभग 175 प्रकाश-वर्ष दूर है। आज (2006 ई.) ज्येष्ठा तारे की जिन प्रकाश-किरणों को हम देख रहे हैं वे अपने स्रोत से 1831 ई. के आसपास चल पड़ी थीं। आकाश में आज हम जिस आर्द्रा नक्षत्र को देख रहे हैं, उसका प्रकाश अपने स्रोत-स्थान से करीब 240 वर्ष पहले चल पड़ा था। पर ये सब अपेक्षाकृत नजदीक के तारे हैं। आकाश के अन्य अनेक तारे हमसे हजारों प्रकाश-वर्ष दूर हैं।

महान वैज्ञानिक गैलीलियो (1564-1642 ई.) ने 1609 ई. में अपनी दूरबीन से पहली बार आकाश के पिंडों को देखा था। दूरबीन से गैलीलियो ने चंद्रमा के पहाड़ देखे, बृहस्पति ग्रह के चार चंद्र खोजे और आकाशगंगा में अनगिनत तारे देखे। बिना दूरबीन के कृत्तिका नक्षत्र-पुंज में सिर्फ छह-सात तारे ही देखे जा सकते हैं। वैदिक काल के ज्योतिषियों ने भी इस पुंज में छह-सात तारे ही देखे थे। परंतु गैलीलियो ने अपनी दूरबीन से इस कृत्तिका-पुंज में लगभग 40 तारे देखे। आकाशगंगा के अनगिनत तारों को देखकर गैलीलियो ने कहा था–"मैं अब जान गया हूं कि

गैलीलियो (1564-1642 ई.) अपनी दूरबीन के साथ

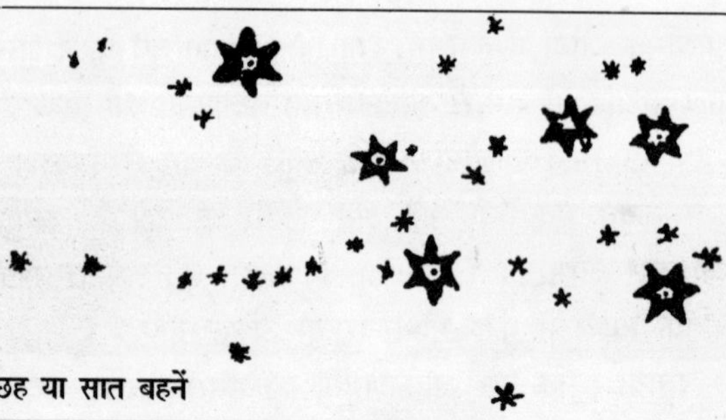

कृत्तिका : छह या सात बहनें

खगोल को घेरने वाला यह चांदी का पट्टा (आकाशगंगा) असल में क्या है।" वस्तुतः गैलीलियो की दूरबीन से भी सारे तारे नहीं देखे जा सकते थे। जिस कृत्तिका-पुंज में गैलीलियो ने 40 तारे देखे थे, उसी पुंज में आज की विशाल दूरबीनें 300 से अधिक तारे दिखाती हैं। गैलीलियो इन तारों की सही दूरियां नहीं जानते थे।

आकाशगंगा के सही आकार-प्रकार को पहली बार पहचाना यूरोप के खगोलविद टॉमस राइट (1711-1786 ई.) और विलियम हर्शेल (1738-1822 ई.) ने। पहली बार स्वीकार किया गया कि हमारे सूर्य सहित आकाशगंगा के सारे तारे पहिए के आकार की एक विशाल योजना बनाते हैं। हर्शेल ने इस आकाशगंगा का एक काल्पनिक मानचित्र भी तैयार किया था। परंतु 18वीं सदी के अध्ययनों में अभी अनेक त्रुटियां थीं। उन्नीसवीं सदी में वर्णक्रमदर्शी (स्पेक्ट्रोस्कोप) और फोटोग्राफी का आविष्कार होने के बाद ही आकाश की ज्योतियों के बारे में हमें अधिक सूक्ष्म और सही जानकारी प्राप्त हुई। आकाशगंगा के असली सर्पिल आकार की जानकारी तो हमें अभी कुछ दशक पहले ही मिली है।

हमारी आकाशगंगा एक तारक-योजना है; यह ब्रह्मांड की एक सामान्य मंदाकिनी है। ब्रह्मांड में ऐसी करोड़ों-अरबों मंदाकिनियां हैं। सबसे नजदीक की देवयानी मंदाकिनी (Andromeda galaxy) हमसे करीब 20 लाख प्रकाश-वर्ष दूर है। अर्थात्, आज देवयानी मंदाकिनी के जिस प्रकाश-पुंज को हम देख रहे हैं, वह 20 लाख वर्ष पुराना है। यह प्रकाश जब अपने स्रोत-स्थान से चला था तब हमारी धरती पर, 20 लाख वर्ष पहले, अफ्रीका के जंगलों में, पहली बार पत्थरों के हथियारों को इस्तेमाल करने वाला आदिम-मानव विचरण कर रहा था। विश्व की करोड़ों मंदाकिनियों में देवयानी ही एक ऐसी मंदाकिनी है जिसे हम कभी-कभार अपनी नंगी आंखों से भी देख सकते हैं। आकार-प्रकार में यह हमारी आकाशगंगा-मंदाकिनी जैसी ही है।

देवयानी मंदाकिनी : 20 लाख प्रकाश-वर्ष दूर

उपग्रह (चंद्र) अपने ग्रह की परिक्रमा करते हैं और इनसे ग्रह-उपग्रहों की एक योजना बनती है। फिर ये ग्रह-उपग्रह अपने तारे (सूर्य) या तारों की परिक्रमा करते हैं और हमारे सौर मंडल जैसी योजनाओं को जन्म देते हैं। फिर ऐसे करोड़ों-अरबों तारों (सौर मंडलों) के संयोजन से एक विशाल तारक-योजना बनती है, जिसे हम मंदाकिनी (Galaxy) कहते हैं। हमारी आकाशगंगा तथा देवयानी तारक-योजनाएं हैं, मंदाकिनियां हैं।

इसी प्रकार, कई मंदाकिनियां मिलकर एक समूह बनाती हैं, जिसे हम 'द्वीप-विश्व' का नाम दे सकते हैं। हमारी आकाशगंगा-मंदाकिनी जिस स्थानीय समूह या द्वीप-विश्व की सदस्या है, उसमें कुल मिलाकर छोटी-बड़ी 19 मंदाकिनियां हैं। देवयानी मंदाकिनी इसी समूह में है। जिस प्रकार आकाशगंगा के तारे एक भौतिक योजना में बंधे हुए हैं, उसी प्रकार ये 19 मंदाकिनियां एक भौतिक योजना में संबद्ध हैं। यह स्थानीय द्वीप-विश्व ब्रह्मांड के करीब 35 लाख प्रकाश-वर्ष व्यास वाले एक गोल में फैला हुआ है।

यह हुआ हमारा अपना द्वीप-विश्व। ब्रह्मांड में ऐसे करोड़ों द्वीप-विश्वों का अस्तित्व है। उदाहरणार्थ, कन्या तारा-मंडल में दूरबीन से दिखाई देने वाला एक द्वीप-विश्व (मंदाकिनी-समूह) हमसे करीब 4.5 करोड़ प्रकाश-वर्ष दूर है और उसमें लगभग 3000 मंदाकिनियां हैं। संसार की शक्तिशाली दूरबीनों से करीब आठ अरब प्रकाश-वर्ष दूर की मंदाकिनियों के चित्र उतारे जा चुके हैं।

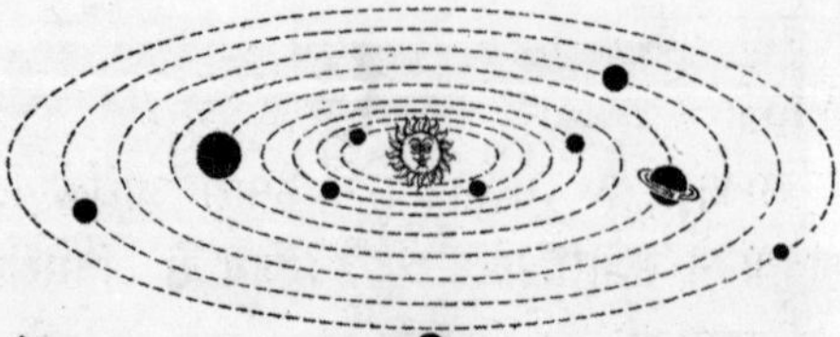

2 सूर्य : सौर मंडल का स्वामी

किस्सा पुराना है। एक महात्मा थे। लोग उनके पास तरह-तरह के सवाल पूछने जाते थे। एक दिन किसी भक्त ने उनसे पूछा : "महात्माजी, हमारे लिए सूर्य अधिक महत्व का है या चंद्र?"

महात्मा ने बड़ी गंभीरता से उत्तर दिया : "सूर्य दिन के उजाले में चमकता है। लेकिन चंद्र रात को उस समय चमकता है जब अंधेरा रहता है। इसलिए चंद्र का ही हमारे लिए ज्यादा महत्व है।"

यह किस्सा शायद मनगढ़ंत है। क्योंकि पुराने जमाने के लोग भी जानते थे कि सूर्य के प्रकाश से ही चंद्रमा चमकता है। **तैत्तिरीय-संहिता** (3.4.7.1) में उल्लेख है—**सूर्यरश्मिश्चन्द्रमा गंधर्वः**; यानी, चंद्रमा सूर्य से प्रकाश प्राप्त करता है। **ऋग्वेद** के कई सूक्तों में सूर्य की स्तुति है। **ऋग्वेद** (1.62.10) के प्रसिद्ध गायत्री मंत्र (छंद) में बुद्धि-प्रेरणा के लिए सवितृ (सूर्य) के श्रेष्ठ तेज की याचना की गई है :

तत् सवितुर्वरेण्यं भर्गो देवस्य धीमहि। धियो यो नः प्रचोदयात् ॥

लेकिन पुराने जमाने के लोग सूर्य के महत्व को पूरी तरह समझ नहीं पाए थे; समझ भी नहीं सकते थे। क्योंकि सूर्य के बारे में अधिकतर जानकारी हमें पिछले दो-तीन सौ सालों में ही मिली है। आज हम सूर्य की दूरी और इसके आकार-प्रकार को जानते हैं। सूर्य में कौन-सा ईंधन जलता है और यह किस प्रकार जलता है, यह जानकारी हमें पिछले करीब सौ वर्षों में ही मिली है। आज हम हिसाब लगा सकते हैं कि सूर्य कितने साल से चमकता आ रहा है और यह आगे कितने साल तक चमकता रहेगा।

बहुत-से लोग इस नई जानकारी से बेख़बर हैं। इसका एक कारण भी है। रोज हम सूर्य के दर्शन करते हैं। सोचते हैं : सूर्य अनादि काल से जलता आ रहा है और आगे अनंत काल तक जलता रहेगा। चिंता की

कोई बात नहीं। लू चलती है तो हम सूर्य को कोसते हैं और कड़ाके की सर्दी पड़ती है तो धूप को सराहते हैं। बस!

आकाश के दूसरे पिंडों में हमारी अधिक दिलचस्पी है। चंद्र की स्तुति में कवियों ने हजारों गीत रचे हैं। जब से अंतरिक्षयात्रा का युग शुरू हुआ है, तब से सामान्य जन भी चंद्र तथा ग्रहों के बारे में नई-नई बातें जानने के लिए उत्सुक रहते हैं। सूर्य उपेक्षित रहता है।

किंतु सच्चाई यही है कि सूर्य के कारण ही इस धरती पर हमारा जीवन टिका हुआ है। करीब साढ़े तीन अरब साल पहले सूर्यताप और पृथ्वी की अनुकूल भौतिक परिस्थितियों में अणु-परमाणुओं के मेल-जोल से इस धरती पर प्राथमिक जीवों का प्रादुर्भाव हुआ था। पृथ्वी को यदि कुछ कम या कुछ अधिक सूर्यताप मिलता, तो यहां ऐसे जीवन का विकास संभव न होता। इसीलिए सौर मंडल के अन्य ग्रहों पर पृथ्वी-जैसे जीवन का सृजन नहीं हुआ है।

सूर्य जीव-जगत का केवल निर्माता ही नहीं है, वह इसका पोषण भी करता है। सारी ऊर्जा हमें सूर्य की कृपा से मिलती है। कोयला, तेल व लकड़ी से मिलने वाली रासायनिक ऊर्जा दरअसल सूर्य की ऊर्जा है। भोज्य वस्तुएं भी हमें सूर्य की कृपा से ही मिलती हैं। सूर्य की किरणों की ऊर्जा हमारी धरती पर विविध प्रकार की रासायनिक ऊर्जा में बदल जाती है। बीसवीं सदी के प्रथम चरण तक हम सिर्फ इसी रासायनिक ऊर्जा पर निर्भर रहे।

लेकिन अब हमने नाभिकीय ऊर्जा की खोज कर ली है। इस ऊर्जा का सूर्य से कोई संबंध नहीं है। अब हम, स्वल्प मात्रा में ही सही, हाइड्रोजन-बम के रूप में ठीक वैसी ही ऊर्जा पैदा कर सकते हैं, जैसी कि सूर्य में पैदा होती रहती है।

लेकिन सूर्य के बिना हमारा जीवन संभव नहीं है। सूर्य की प्रत्येक हलचल का पृथ्वी और इसके जीव-जगत पर असर पड़ता है। सूर्य की सक्रियता बढ़ जाती है, तो हमारे वायुमंडल और संचार-साधनों पर उसका गहरा प्रभाव पड़ता है। ग्यारह साल के एक चक्र में सूर्य की सक्रियता घटती-बढ़ती रहती है। इसका मानव-जीवन पर भी असर पड़ता है। आधुनिक गवेषणाओं से जानकारी मिल रही है कि सूर्य की सक्रियता का फसलों पर और मनुष्य के स्वास्थ्य पर भी प्रभाव पड़ता है। संक्षेप में हम कह सकते हैं कि हमारी पृथ्वी और हम सूर्य के वातावरण में पल रहे हैं। इसलिए सूर्य के बारे में जानकारी प्राप्त करना अत्यंत जरूरी है।

पुराने जमाने के लोगों ने जीवन के निर्माता, पोषणकर्ता तथा संहारक के

रूप में अलग-अलग देवताओं की कल्पना की थी। मगर आज हम जानते हैं कि अंत में सूर्य द्वारा ही इस धरती के जीव-जगत का संहार होगा। परंतु अभी चिंता की कोई बात नहीं है। वह समय पांच अरब साल बाद ही आएगा।

सौर परिवार

सूर्य का अपना एक परिवार है। आठ 'प्रधान ग्रह' सूर्य की परिक्रमा करते हैं; प्लूटो और एरीस 'बौने ग्रह' हैं। सौर परिवार में अब तक छोटे-बड़े लगभग 75 चंद्र (उपग्रह) खोजे गए हैं। पृथ्वी का सिर्फ एक चंद्र है। परंतु मंगल के दो, शनि के 31 और बृहस्पति के 18 चंद्र हैं। बृहस्पति सौर परिवार का सबसे बड़ा ग्रह है; यह हमारी पृथ्वी से 1300 गुना बड़ा है। मंगल और बृहस्पति की कक्षाओं के बीच में हजारों क्षुद्रग्रह हैं, जो सूर्य की परिक्रमा करते रहते हैं। सन् 2006 में सबसे बड़े क्षुद्रग्रह सीरेस को भी एक 'बौना ग्रह' मान लिया गया है।

इन ग्रहों और उपग्रहों के अलावा सौर परिवार में बहुत-से धूमकेतु हैं। ये धूमकेतु सौर परिवार की दूरस्थ सीमाओं में जाकर पुनः सूर्य के समीप लौटते हैं। इनके अलावा सौर परिवार में अनगिनत उल्कापिंड और धूलिकण हैं।

सौर परिवार : आठ प्रधान ग्रह और तीन बौने ग्रह—सीरेस, प्लूटो व एरीस

सौर परिवार के इन सभी पिंडों का स्वामी सूर्य है। ये सारे पिंड सूर्य की परिक्रमा करते हैं—उसके गुरुत्वाकर्षण-बल के कारण। सौर परिवार में इतने सारे पिंड होने पर भी इसकी 99 प्रतिशत से भी अधिक द्रव्यराशि अकेले सूर्य में समाई हुई है। सूर्य इतना बड़ा है कि इसमें हमारी पृथ्वी-जैसे 13 लाख पिंड समा जा सकते हैं। हमारी पृथ्वी का भार लगभग 66,00,00,00,00,000 अरब टन है। सूर्य हमारी पृथ्वी से 3,30,000 गुना अधिक भारी है।

सूर्य हमसे करीब 15 करोड़ किलोमीटर दूर है। सौर परिवार का बौना ग्रह प्लूटो 595 करोड़ किलोमीटर की औसत दूरी से हमारे 248 वर्षों में सूर्य की एक परिक्रमा पूरी करता है। सूर्य की किरणें करीब आठ मिनट बाद हमारी धरती पर पहुंच जाती हैं। परंतु सूर्य की किरणें पांच-छह घंटे बाद ही बौने ग्रह प्लूटो के पास पहुंचती हैं। आठ प्रधान ग्रह लगभग एक समतल में सूर्य की परिक्रमा करते हैं। परंतु प्लूटो की कक्षा ग्रहों के समतल के साथ करीब 17° का कोण बनाती है। संक्षेप में हम कह सकते हैं कि सौर मंडल का व्यास करीब 1500 करोड़ किलोमीटर है। प्रकाश-किरणों को सौर मंडल के एक सिरे से दूसरे सिरे तक पहुंचने में कम-से-कम 12 घंटे लगेंगे। लेकिन सौर मंडल का विस्तार इससे अधिक है। क्योंकि अनेक धूमकेतु प्लूटो से भी बहुत दूर जाकर सूर्य के समीप लौटते हैं।

सूर्य : आकाशगंगा का एक सामान्य तारा

हमारी दृष्टि से सूर्य और उसका परिवार बहुत बड़ा है। किंतु विशाल ब्रह्मांड की दृष्टि से यह महासागर में एक बूंद के बराबर भी नहीं है। हमारा सूर्य आकाश का एक सामान्य तारा है। आकाशगंगा के तारों पर ही विचार कीजिए। यह आकाशगंगा वास्तव में पहिए के आकार-प्रकार की एक विशाल योजना है। इसमें लगभग 200 अरब तारे हैं। इनमें से कुछ तारे हमारे सूर्य से छोटे हैं, तो बहुत-से तारे हमारे सूर्य से बड़े हैं। मृग तारा-मंडल के आर्द्रा तारे को ही लीजिए। इस तारे का व्यास सूर्य के व्यास से 350 गुना अधिक है। आकाश में नीले और सफेद दिखाई देने वाले तारे हमारे सूर्य से अधिक तप्त हैं। हमारा सूर्य पीले रंग का एक सामान्य तारा है।

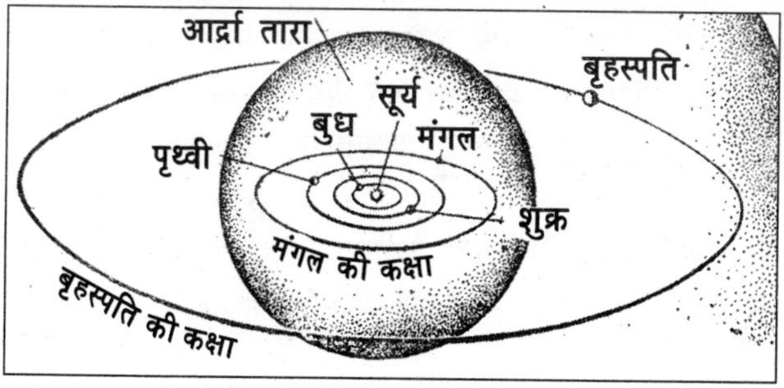

मृग तारा-मंडल का आर्द्रा तारा इतना बड़ा है कि इसके उदर में मंगल ग्रह की पूरी कक्षा समा जा सकती है। मंगल करीब 23 करोड़ किलोमीटर की दूरी से सूर्य की परिक्रमा करता है।

आकाशगंगा ब्रह्मांड की एक सामान्य मंदाकिनी (galaxy) है। विशाल ब्रह्मांड में ऐसी और इससे कुछ भिन्न करोड़ों मंदाकिनियां हैं। विशाल पहिए के आकार की इस आकाशगंगा का व्यास लगभग एक लाख प्रकाश-वर्ष है और केंद्रभाग में इसकी मोटाई लगभग बीस हजार प्रकाश-वर्ष है।

जिस प्रकार हमारी पृथ्वी सौर मंडल के केंद्रभाग में नहीं है, उसी प्रकार हमारा सूर्य-तारा भी इस विशाल आकाशगंगा-मंदाकिनी के केंद्रभाग में स्थित नहीं है। यह आकाशगंगा के किनारे पर है–इसके केंद्रभाग से करीब 30 हजार प्रकाश-वर्ष दूर। आकाशगंगा में करीब 200 अरब तारे हैं, परंतु इनके आपस में टकराने की संभावना बहुत कम है। हमारे सूर्य-तारे से आकाश का सबसे निकट का तारा (प्रोक्सिमा-सेंटौरी) 4.3 प्रकाश-वर्ष, यानी 40,000 अरब किलोमीटर दूर है।

आकाशगंगा (ऊपर) और उसमें हमारे सौरमंडल का स्थान

सुविधा के लिए हम मान लेते हैं कि सारे तारे आकाश के एक काल्पनिक गोल (खगोल या भगोल) पर स्थिर हैं। तारे हमसे बहुत दूर हैं, इसलिए उनकी आपसी दूरियों में हमें कोई अंतर भी नजर नहीं आता। परंतु आज हम जानते हैं कि कोई भी तारा स्थिर नहीं है। सभी तारे आकाशगंगा की परिक्रमा करते रहते हैं। हमारा सूर्य, अपने सारे ग्रहों-उपग्रहों के साथ, प्रति सेकंड 220 किलोमीटर के वेग से आकाशगंगा के केंद्र की लगभग 25 करोड़ वर्षों में एक परिक्रमा पूरी करता है।

यह स्थिति है विशाल ब्रह्मांड में हमारे सूर्य-तारे की। विशाल ब्रह्मांड की दृष्टि से हमारे इस सूर्य-तारे में कोई विशेषता नहीं है। यह सबसे बड़ा तारा नहीं है। यह विश्व के केंद्रभाग में नहीं है। यह सबसे तप्त तारा नहीं है। द्रव्यराशि की दृष्टि से भी इसमें कोई विशेषता नहीं है। फिर भी हमारे लिए इसका महत्व है। सूर्य के कारण ही हमारा अस्तित्व संभव है।

सूर्य की संरचना

सभी तारे गैसों के गोले हैं। हमारा सूर्य भी गैसों का एक विशाल गोला है।

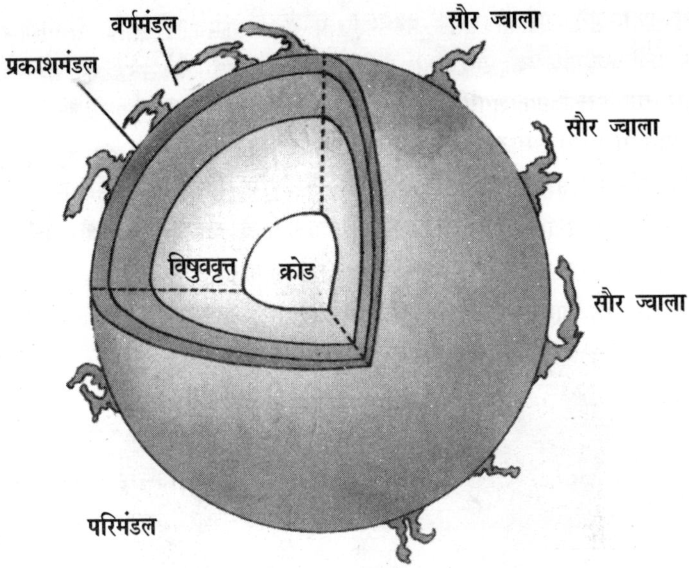

सूर्य की संरचना

यह हमारी पृथ्वी या अन्य ग्रहों की तरह ठोस पिंड नहीं है। यही कारण है कि सूर्य हमारी पृथ्वी से 13 लाख गुना बड़ा होने पर भी सिर्फ 330 हजार गुना भारी है। पानी के घनत्व को यदि हम 1 (एक) मानें, तो हमारी पृथ्वी की संपूर्ण द्रव्यराशि का औसत घनत्व 5.5 होगा। लेकिन सूर्य की द्रव्यराशि का औसत घनत्व सिर्फ 1.4 है। फिर भी सूर्य का द्रव्य द्रव स्थिति में नहीं, बल्कि गैसीय अवस्था में है।

पृथ्वी का व्यास करीब 12,750 किलोमीटर है। परंतु सूर्य के गोले का व्यास लगभग 14 लाख किलोमीटर है। इसका अर्थ यह हुआ कि सूर्य के केंद्रभाग से इसकी सतह लगभग 7 लाख किलोमीटर दूर (ऊपर) है। आगे की जानकारी के लिए इस तथ्य को स्मरण रखना जरूरी है।

सूर्य हमसे करीब 15 करोड़ किलोमीटर दूर है। धरती से सूर्य की जिस चमकीली सतह को हम देखते हैं, वह इसका प्रकाशमंडल (photosphere) है। इसी प्रकाशमंडल से किरणों का उत्सर्जन होता है। सूर्य की भट्ठी इसके केंद्रभाग में है, जहां तापमान करीब डेढ़ करोड़ डिग्री सेंटीग्रेड रहता है। सूर्य की इस भट्ठी के बारे में जानकारी हम आगे देंगे। यहां इतना ही जान लेना पर्याप्त है कि सूर्य के केंद्रभाग में विविध किरणों के रूप में जो भीषण ऊर्जा पैदा होती

है, वह शनैः-शनैः इसकी सतह पर पहुंचती है। लगभग 7 लाख किलोमीटर ऊंचाई की द्रव्यराशि को पार करके ही ये किरणें सूर्य की सतह पर पहुंचती हैं। इसलिए इनका तेज काफी कम हो जाता है।

इसलिए सूर्य के प्रकाशमंडल का तापमान लगभग 6000° सेंटीग्रेड रहता है। फिर भी सूर्य कितना तेज चमकता है, इसका हम सबको अनुभव है। एक वैज्ञानिक ने लिखा है कि सूर्य के केंद्रभाग का एक ग्राम द्रव्य यदि धरती पर लाना संभव हो, तो उसकी उष्णता से एक किलोमीटर की दूरी पर खड़ा आदमी जलकर राख हो जाएगा!

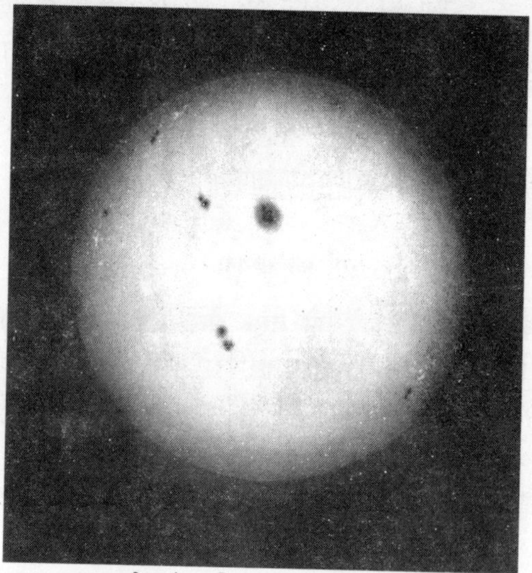

सूर्य-कलंक और चमकीले फैकुली

वैज्ञानिकों ने सूर्य की सतह को तीन प्रमुख मंडलों में बांटा है। प्याज के बाहरी छिलकों के रूप में हम इन मंडलों की कल्पना कर सकते हैं। सूर्य की सतह पर सबसे नीचे प्रकाशमंडल (photosphere) है। इसकी मोटाई 100 से 300 किलोमीटर तक है। इसी प्रकाशमंडल में हमें सूर्य के काले धब्बे यानी सूर्य-कलंक दिखाई देते हैं। सबसे पहले महान गैलीलियो ने 1610 ई. में इन सूर्य-कलंकों को देखा था। लेकिन उस समय ईसाई धर्माचार्यों ने सूर्य पर कलंक होने की बात को स्वीकार नहीं किया था।

सूर्य के प्रकाशमंडल में जो चमकीले सफेद धब्बे दिखाई देते हैं वे फैकुली (faculie) यानी प्रंद्युतिक कहलाते हैं। ये प्रायः सूर्य-कलंकों के नजदीक और

उसके किनारे पर नजर आते हैं। इनका तापमान सूर्य की सतह के औसत तापमान से ऊंचा होता है। नए अध्ययन से पता चला है कि ये फैकुली सूर्य की सतह से करीब 300 किलोमीटर तक ऊंचे होते हैं और अंतरिक्ष में अधिक ऊर्जा उत्सर्जित करते हैं।

सूर्य-कलंक अधिकतर सूर्य के विषुववृत्तीय प्रदेश में प्रकट होते हैं। ये इतने बड़े होते हैं कि इनमें कई पृथ्वियां समा जा सकती हैं। इन कलंकों के अध्ययन से हमें जानकारी मिली है कि सूर्य भी अपनी धुरी पर चक्कर काटता रहता है। लेकिन सूर्य के घूर्णन की एक विशेषता है। विषुववृत्तीय प्रदेश पर सूर्य कुछ तेजी से घूमता है और ध्रुवीय प्रदेश पर कुछ धीमी गति से। अपने विषुववृत्त पर यह हमारे करीब 25 दिनों में एक चक्कर लगा लेता है। लेकिन ध्रुवीय प्रदेश में इसे एक चक्कर लगाने में 34 दिन लगते हैं।

सूर्य के कलंक इसके शीतल प्रदेश नहीं हैं। इन कलंकों की द्रव्यराशि का तापमान आसपास की द्रव्यराशि के तापमान से कुछ कम रहता है, इसीलिए सूर्य के ये क्षेत्र हमें काले दिखाई देते हैं। प्रकाशमंडल का तापमान लगभग 6000° सेंटीग्रेड होता है, किंतु इन कलंकों के क्षेत्र का तापमान लगभग 4500° सेंटीग्रेड रहता है। इन कलंकों की उत्पत्ति के कारणों को वैज्ञानिक अभी ठीक से समझ नहीं पाए हैं। लेकिन इतना निश्चित है कि सूर्य के केंद्रभाग से बाहर आने वाली ऊर्जा की किसी प्रक्रिया के कारण ही ये प्रकट होते हैं। हर ग्यारह साल बाद सूर्य की सक्रियता बढ़ जाती है। तदनुसार सूर्य-कलंकों की संख्या भी घटती-बढ़ती रहती है।

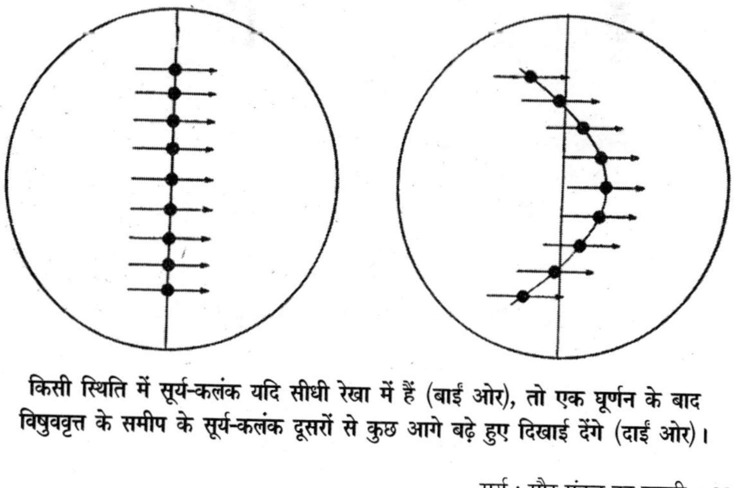

किसी स्थिति में सूर्य-कलंक यदि सीधी रेखा में हैं (बाईं ओर), तो एक घूर्णन के बाद विषुववृत्त के समीप के सूर्य-कलंक दूसरों से कुछ आगे बढ़े हुए दिखाई देंगे (दाईं ओर)।

प्रकाशमंडल के ऊपर वर्णमंडल (chromosphere) व परिमंडल (corona) हैं। इन्हें हम खग्रास सूर्य-ग्रहण के समय ही देख सकते हैं। वस्तुतः आरंभ में सूर्य के बाह्य वातावरण के बारे में सारी जानकारी हमें खग्रास सूर्य-ग्रहणों के अवसरों पर ही प्राप्त हुई है। इसलिए खगोलविद खग्रास सूर्य-ग्रहण के समय सूर्य का अध्ययन करने के लिए दूर-दूर की यात्राएं करते हैं। 30 जून, 1973 को सूर्य-ग्रहण अफ्रीका में सहारा की मरुभूमि में दिखाई दिया था। कई देशों के खगोलविदों ने वहां पहुंचकर उस सूर्य-ग्रहण का अध्ययन किया था। भारत में 24 अक्तूबर, 1995 को खग्रास सूर्य-ग्रहण दिखाई दिया था। अभी कुछ दिन पहले 29 मार्च, 2006 को ब्राज़ील, मिस्र, ग्रीस, रूस आदि देशों में पूर्ण सूर्य-ग्रहण दिखाई दिया था, परंतु भारत में उसे खंडित रूप में ही देखा गया। भारत में अगला खग्रास सूर्य-ग्रहण 22 जुलाई, 2009 को सुबह नजर आएगा।

खग्रास सूर्य-ग्रहण के अवसर पर चंद्र जब सूर्य के प्रकाशमंडल को ढक देता है, तब उसका परिमंडल स्पष्ट दिखाई देता है।

हमारे देश में वैदिक काल में सोचा गया था कि कोई स्वर्भानु (बाद का राहु) नामक राक्षस जब सूर्य को ग्रस लेता है, तब सूर्य-ग्रहण घटित होता है। लेकिन महान खगोलविद आर्यभट (499 ई.) ने साफ-साफ लिखा है : **छादयति शशी सूर्यं शशिनं महती च भूच्छाया,** यानी (सूर्य-ग्रहण में) चंद्रमा सूर्य को ढक लेता है और (चंद्र-ग्रहण में) पृथ्वी की बड़ी छाया चंद्रमा को ढक लेती है।

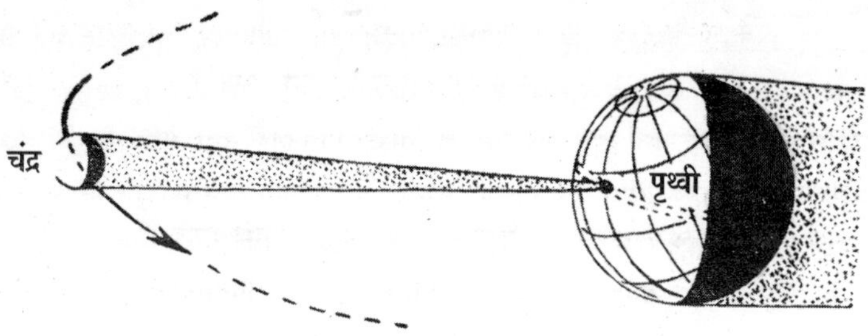

सूर्य-ग्रहण के अवसर पर चंद्र की छाया पृथ्वी की सतह पर एक पट्टा खींचती चली जाती है। इसी सीमित पट्टे के स्थलों से सूर्य-ग्रहण को देखा जा सकता है।

खग्रास सूर्य-ग्रहण के समय चंद्र सूर्य के प्रकाशमंडल को ढक देता है। तब हमें चंद्र की काली परिधि के ऊपर सूर्य की सतह का लाल रंग का एक वलय दिखाई देता है। इसे ही वर्णमंडल कहते हैं। प्रकाशमंडल के ऊपर यह वर्णमंडल 10 हजार किलोमीटर की ऊंचाई तक फैला हुआ है। सूर्य के इस वर्णमंडल में अतितप्त गैसों की लपटें फौवारे की तरह उठती रहती हैं। इन्हें सौर ज्वालाएं (solar prominences) कहते हैं। ये सौर ज्वालाएं हजारों-लाखों किलोमीटर ऊपर उठकर पुनः सूर्य की सतह पर आ गिरती हैं।

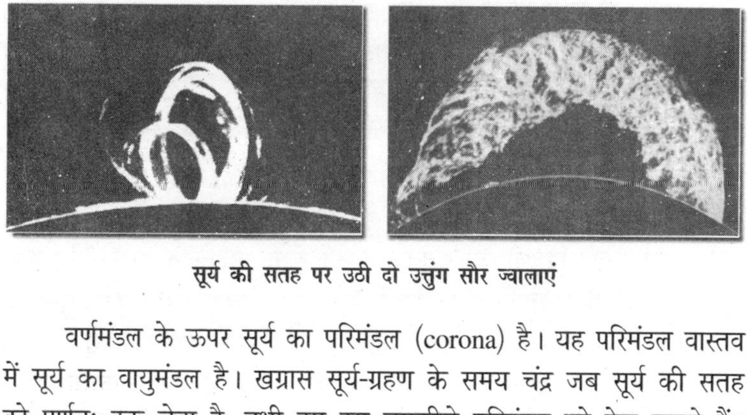

सूर्य की सतह पर उठी दो उत्तुंग सौर ज्वालाएं

वर्णमंडल के ऊपर सूर्य का परिमंडल (corona) है। यह परिमंडल वास्तव में सूर्य का वायुमंडल है। खग्रास सूर्य-ग्रहण के समय चंद्र जब सूर्य की सतह को पूर्णतः ढक लेता है, तभी हम इस चमकीले परिमंडल को देख सकते हैं। लेकिन अब सूर्य के बाह्य वातावरण के अध्ययन के लिए पूर्णतः खग्रास सूर्य-ग्रहण पर निर्भर रहना जरूरी नहीं है। सन् 1930 में एक फ्रांसीसी खगोलविद ने एक ऐसा उपकरण बनाया है, जिससे दिन के समय भी खग्रास सूर्य-ग्रहण जैसा सूर्य का प्रतिबिंब प्राप्त किया जा सकता है।

सूर्य का परिमंडल बहुत दूर तक फैला हुआ है। यह अत्यंत विरल गैसों से बना है। सूर्य के इस परिमंडल की सौरवायु धीरे-धीरे सौर मंडल के दूर के ग्रहों तक पहुंचती है। यह 15 करोड़ किलोमीटर दूर हमारी धरती के ऊपरी वायुमंडल से आ टकराती है। यह और आगे संभवतः नेपच्यून ग्रह (सूर्य से करीब 450 करोड़ किलोमीटर दूर) तक भी पहुंच जाती है। संक्षेप में हम कह सकते हैं कि सौर मंडल के सारे ग्रह-उपग्रह सूर्य के वायुमंडल में ही विचरण करते हैं।

सूर्य के इस बाह्य वातावरण के बारे में एक और दिलचस्प बात है। हमने बताया है कि सूर्य के केंद्रभाग में इसकी भट्ठी का तापमान करीब डेढ़ करोड़ डिग्री सेंटीग्रेड रहता है। लेकिन सूर्य की सतह यानी इसके प्रकाशमंडल का तापमान 6000° सेंटीग्रेड से अधिक नहीं है। अतः हम सोच सकते हैं कि सूर्य के और अधिक ऊंचे वर्णमंडल तथा परिमंडल का तापमान और भी कम होगा। लेकिन बात ऐसी नहीं है। प्रकाशमंडल के ऊपर फिर धीरे-धीरे तापमान बढ़ता जाता है। वर्णमंडल में तापमान लगभग 20,000° सेंटीग्रेड तक रहता है और अधिक ऊंचाई के परिमंडल में यह लाखों डिग्री सेंटीग्रेड पर पहुंच जाता है।

ऐसा क्यों होता है? निश्चित रूप से अभी कुछ नहीं कहा जा सकता। किंतु खगोलविदों का मत है कि सूर्य की सतह पर जो भीषण सौर ज्वालाएं उठती हैं, उनकी ध्वनि-तरंगें बाहरी वायुमंडल की विरल गैसों को अत्यंत उष्ण बना देती हैं। इससे वर्णमंडल और परिमंडल की गैसों का तापमान बढ़ जाता है।

सूर्य हमें काफी शांत दिखाई देता है, किंतु 15 करोड़ किलोमीटर की दूरी से। वस्तुतः सूर्य में भीषण उथल-पुथल मची रहती है। सूर्य की सतह से विविध प्रकार की किरणों का सतत उत्सर्जन होता रहता है। इनमें से मुख्यतः प्रकाश-किरणें ही धरातल तक पहुंचती हैं। अन्य किस्म की किरणें पृथ्वी के वायुमंडल द्वारा ऊपर ही रोक ली जाती हैं। आगे हम देखेंगे कि सूर्य का यह विकिरण पृथ्वी और इसके जीव-जगत को किस प्रकार प्रभावित करता है।

सूर्य के समीप हम पहुंच नहीं सकते। लेकिन सूर्य की किरणें हमारे पास पहुंचती रहती हैं। इन्हीं किरणों का अध्ययन करके पिछले करीब डेढ़ सौ सालों में वैज्ञानिकों ने सूर्य के बारे में अधिकांश जानकारी प्राप्त की है। अब हम किरणों की भाषा को समझते हैं। अब हम जानते हैं कि सूर्य की केंद्रीय भट्ठी में भीषण ऊर्जा किस प्रकार पैदा होती है।

सूर्य की ऊर्जा

आधुनिक युग में, विशेषकर विगत लगभग सौ वर्षों से, विज्ञान कितनी तेजी से उन्नति कर रहा है, इसका आभास हमें सूर्य के बारे में प्राप्त की गई जानकारी से मिलता है। पुराने जमाने के टॉलेमी, आर्यभट, वराहमिहिर, भास्कराचार्य कोपर्निकस और केपलर जैसे महान खगोलविद भी नहीं जानते थे कि सूर्य कितना बड़ा है, हमसे कितनी दूर है और इसमें कौन-सा ईंधन जलता है।

तैत्तिरीय-संहिता में एक स्थान पर लिखा है कि चंद्रमा सूर्य से अधिक दूर है। यूनानी दार्शनिक एपिक्यूरस (300 ई.पू.) का कहना था कि सूर्य उतना ही बड़ा है, जितना बड़ा यह हमें दिखाई देता है। यूनानी वैज्ञानिक अनेक्सागोरस (ई.पू. पांचवीं सदी) ने जब बड़ी हिम्मत करके कहा कि सूय एक जलती हुई चट्टान है और इसकी लंबाई-चौड़ाई करीब सौ किलोमीटर है, तो दूसरे यूनानी विद्वानों ने उसका जबरदस्त विरोध किया। इसी विरोध के कारण अनेक्सागोरस को अंत में अथेंस नगर से भाग जाना पड़ा था।

सूर्य की दूरी और प्रकाश के वेग के बारे में पहली बार सही आंकड़े प्राप्त किए फ्रांसीसी वैज्ञानिकों ने, सत्रहवीं सदी के आठवें दशक में। आइजेक न्यूटन (1642-1727 ई.) के अनुसंधानों से प्रकाश-किरणों के अध्ययन का सिलसिला शुरू हुआ। फिर वर्णक्रमदर्शी (स्पेक्ट्रोस्कोप) जैसे महत्वपूर्ण उपकरण की खोज हुई। सूर्य और तारों के बारे में अधिकांश जानकारी हमें वर्णक्रमों (स्पेक्ट्रमों) की सहायता से ही प्राप्त हुई है। वर्णक्रमों की सहायता से ही वैज्ञानिकों ने हीलियम तत्व को सबसे पहले सूर्य में खोजा था–1868 ई. में। उसके करीब पच्चीस साल बाद ही इस तत्व को धरती पर खोजा गया। वर्णक्रम के अध्ययन से हमें तारे में निहित तत्व, तारे के तापमान, दाब एवं घनत्व आदि के बारे में जानकारी मिल जाती है।

लेकिन सूर्य तथा तारों में इतनी भीषण ऊर्जा कैसे पैदा होती है, इसकी जानकारी हमें पिछले सौ वर्षों में ही मिली है। आज हम जानते हैं कि सूर्य में कोयला या तेल-जैसा कोई ईंधन नहीं जलता। यदि सूर्य में कोयला या तेल जलता होता, तो वह कभी का जलकर राख हो जाता। किंतु हम जानते हैं कि सूर्य पिछले लगभग पांच अरब साल से ऐसा ही जलता आ रहा है।

हम बता चुके हैं कि सूर्य गैसों का गोला है। इनमें दो गैसों की मात्रा अधिक है। सूर्य की द्रव्यराशि में हाइड्रोजन गैस की मात्रा 80 प्रतिशत से अधिक है। सूर्य की द्रव्यराशि का दूसरा प्रमुख तत्व है हीलियम। सूर्य में शेष तत्व स्वल्प मात्रा में मौजूद हैं। सूर्य का हाइड्रोजन उसका ईंधन है और हीलियम 'राख' है।

अब हमें यह देखना है कि सूर्य के केंद्रभाग में यह हाइड्रोजन ईंधन कैसे जलता है। हम बता चुके हैं कि सूर्य के केंद्रभाग से इसकी सतह 7 लाख किलोमीटर ऊपर है। इससे अनुमान लगाया जा सकता है कि सूर्य के केंद्रभाग पर 7 लाख किलोमीटर ऊंची द्रव्यराशि का कितना अधिक दाब पड़ता होगा। समुद्र-सतह पर धरती के वायुमंडल का दाब प्रति वर्ग-सेंटीमीटर लगभग 1 किलोग्राम होता है। सूर्य के केंद्रभाग पर इसकी ऊपरी द्रव्यराशि का दाब हमारे वायुमंडल के दाब से लगभग 100 अरब गुना अधिक होगा!

इतने अधिक दाब के कारण सचमुच ही सूर्य के केंद्रभाग के द्रव्य का घनत्व बढ़ जाता है। सूर्य के केंद्रभाग की द्रव्यराशि का घनत्व 125 पर पहुंच जाता है। पहले हमने बताया है कि सूर्य की द्रव्यराशि का औसत घनत्व 1.4 है। लेकिन सूर्य के केंद्रीय भाग का घनत्व 125 है, अर्थात्, पानी के घनत्व से सवा सौ गुना अधिक। पृथ्वी पर पाई जाने वाली किसी भी वस्तु का घनत्व इतना अधिक नहीं है। सबसे ऊंचे घनत्व वाली धातु है प्लेटिनम, जिसका घनत्व 21.5 होता है। लेकिन सूर्य के केंद्रभाग की द्रव्यराशि का घनत्व प्लेटिनम से भी छह-सात गुना अधिक होता है। फिर भी हम कहते हैं कि सूर्य के केंद्रभाग का द्रव्य गैसीय स्थिति में ही रहता है। ऐसा क्यों?

इस उलझन को समझने के लिए हमें द्रव्य की इकाई–परमाणु–की रचना पर थोड़ा विचार करना होगा। परमाणु के केंद्रभाग में इसका नाभिक होता है। इस नाभिक में मुख्यतः दो कण होते हैं–प्रोटॉन और न्यूट्रॉन। नाभिक के चहुंओर इलेक्ट्रॉन चक्कर काटते रहते हैं। नाभिक और इलेक्ट्रॉनों के बीच में बहुत सारी खाली जगह रहती है।

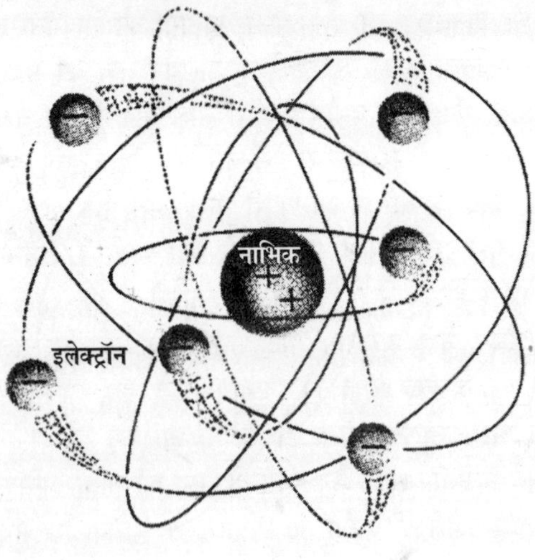

परमाणु की संरचना

सूर्य के केंद्रभाग की द्रव्यराशि पर भीषण दाव होने के कारण वहां तापमान बहुत अधिक बढ़ जाता है

और परमाणु के नाभिक और इलेक्ट्रॉन अलग होकर आजादी से विचरण करते रहते हैं। सारांश यह कि सूर्य के केंद्रभाग में इसका द्रव्य परमाणुओं की अवस्था में नहीं है। यह द्रव्य नाभिकों और इलेक्ट्रॉनों के एक अद्भुत मिश्रण के रूप में है। द्रव्य के ऐसे मिश्रण को हम प्लाज्मा (plasma) कहते हैं। सूर्य और दूसरे तारों के केंद्रभाग में द्रव्य इसी प्लाज्मा अवस्था में रहता है।

अब हम देखेंगे कि सूर्य में इतनी भीषण ऊर्जा कैसे पैदा होती है।

उन्नीसवीं सदी के अंतिम दशक तक समझा जाता था कि द्रव्य और ऊर्जा अलग-अलग सत्ताएं हैं। फिर उन्नीसवीं सदी के अंतिम दशक में ही बेकेरेल और क्यूरी-दंपति के अनुसंधानों से जानकारी मिली कि रेडियम और पोलोनियम जैसे तत्वों से विविध किरणों के रूप में ऊर्जा का सतत उत्सर्जन होता रहता है। इस प्रकार, पहली बार पता चला कि द्रव्य का क्षय होकर ऊर्जा पैदा होती है।

फिर 1905 ई. में अल्बर्ट आइंस्टाइन (1879-1955 ई.) ने अपने 'विशिष्ट आपेक्षिकता सिद्धांत' की स्थापना की और जानकारी दी कि कितने द्रव्य से कितनी ऊर्जा पैदा होती है। द्रव्य और ऊर्जा के संबंध के बारे में आइंस्टाइन ने एक समीकरण की स्थापना की। वह प्रसिद्ध समीकरण है : $E = mc^2$, जहां E ऊर्जा है, m द्रव्य है और c^2 प्रकाश के वेग (प्रति सेकंड 3,00,000 किलोमीटर) का वर्ग है। इस समीकरण से जानकारी मिल जाती है कि कितने ग्राम द्रव्य का क्षय होने पर कितनी ऊर्जा पैदा होती है।

परमाणु के भीतर से ऊर्जा प्राप्त करने की दो विधियां हैं। एक है विखंडन (fission) की विधि, जिसमें यूरेनियम, थोरियम जैसे भारी तत्वों के परमाणुओं को तोड़कर ऊर्जा प्राप्त की जाती है। धीमी गति के न्यूट्रॉन कणों से जब यूरेनियम के नाभिकों को तोड़ा जाता है, तो इसका थोड़ा-सा द्रव्य ऊर्जा में बदल जाता है। यूरेनियम-ईंधन से ही एटम-बम बनता है।

लेकिन हम जानते हैं, कि सूर्य की द्रव्यराशि में यूरेनियम, थोरियम आदि तत्वों का अभाव है। इसलिए सूर्य में पैदा होने वाली भीषण ऊर्जा यूरेनियम के विखंडन से पैदा होने वाली ऊर्जा नहीं हो सकती। सूर्य में एटम-बम नहीं फटते।

सूर्य में हाइड्रोजन-बम फटते हैं, अरबों हाइड्रोजन-बम सतत फटते रहते हैं। अब मानव ने भी हाइड्रोजन-बम का निर्माण कर लिया है, इसलिए हम जानते हैं कि हाइड्रोजन-बम के फटने से कितनी और किस प्रकार की ऊर्जा पैदा होती है।

हम बता चुके हैं कि सूर्य का अधिकांश द्रव्य हाइड्रोजन से बना है। हाइड्रोजन का परमाणु सबसे हलका होता है। सामान्य हाइड्रोजन के परमाणु के

नाभिक में एक प्रोटॉन होता है और एक इलेक्ट्रॉन उसका चक्कर काटता रहता है। द्रव्यमान की एक विशेष इकाई के अनुसार हाइड्रोजन के एक नाभिक का भार 1.008 होता है। अतः हाइड्रोजन के चार नाभिकों का भार होगा 4.032। हाइड्रोजन के बाद प्रकृति का दूसरा भारी तत्व हीलियम है। हीलियम के एक नाभिक का भार 4.00 होता है।

सूर्य के केंद्रभाग की भट्ठी की असाधारण परिस्थितियों में जब हाइड्रोजन के चार नाभिक आपस में मिलकर हीलियम के एक नाभिक को जन्म देते हैं, तब 0.032 इकाई भार का द्रव्य शेष बचता है। यही द्रव्य ऊर्जा में बदल जाता है। सूर्य के केंद्रभाग में यह ऊर्जा गामा, एक्स आदि किरणों के रूप में और न्यूट्रिनो (neutrino) आदि परमाणु-कणों के रूप में पैदा होती है।

ऊपर हमने बहुत सरल शब्दों में बताया है कि सूर्य का हाइड्रोजन-ईंधन हीलियम में रूपांतरित होकर किस प्रकार ऊर्जा पैदा करता है। दरअसल, यह प्रक्रिया कुछ अधिक जटिल है। आज इस प्रक्रिया को समझने में वैज्ञानिक पूर्णतः समर्थ हैं। क्योंकि अब हाइड्रोजन-बम का निर्माण कर लिया गया है। हाइड्रोजन-बम के विस्फोट के लिए भी उच्च तापमान की जरूरत होती है, क्योंकि हाइड्रोजन के नाभिकों का संगलन (fusion) करीब एक करोड़ डिग्री सेंटीग्रेड तापमान में ही हो सकता है। इसलिए हाइड्रोजन-बम के विस्फोट में भी पहले एटम-बम का विस्फोट करके उच्च तापमान प्राप्त किया जाता है।

सूर्य के केंद्रभाग में डेढ़ करोड़ डिग्री सेंटीग्रेड तापमान मौजूद है—इसकी द्रव्यराशि के अत्यधिक दाब के कारण। इसलिए वहां हाइड्रोजन के नाभिकों का संगलन आसानी से होता है। मजेदार बात यह है कि हाइड्रोजन-बम के निर्माण के पहले ही वैज्ञानिक जान गए थे कि सूर्य के केंद्रभाग में हाइड्रोजन के संगलन से ऊर्जा कैसे पैदा होती है। पहली बार 1925 ई. में प्रख्यात ब्रिटिश खगोलविद आर्थर एडिंगटन (1882-1944 ई.) ने सुझाया था कि सूर्य तथा तारों की भीषण ऊर्जा वास्तव में नाभिकीय ऊर्जा है। फिर बीसवीं सदी के चौथे दशक में हान्स बेथे, जॉर्ज गेमोव आदि वैज्ञानिक इस निष्कर्ष पर पहुंचे कि हाइड्रोजन के संगलन से ही सूर्य और तारों में ऊर्जा पैदा होती है। हाइड्रोजन-बम का निर्माण 1950 ई. के बाद संभव हुआ।

हम हिसाब लगा सकते हैं कि सूर्य में प्रति सेकंड कितनी ऊर्जा पैदा होती है। अतः आइंस्टाइन के समीकरण से हम यह भी जानकारी प्राप्त कर सकते हैं कि इतनी ऊर्जा प्राप्त करने के लिए प्रति सेकंड कितने हाइड्रोजन

का संगलन होना चाहिए। हिसाब लगाने से पता चलता है कि सूर्य की केंद्रीय भट्ठी में प्रति सेकंड 5640 लाख टन हाइड्रोजन द्रव्य, संगलन की प्रक्रिया से, 5600 लाख टन हीलियम में बदल जाता है। इसका अर्थ यह हुआ कि प्रति सेकंड सूर्य का 40 लाख टन द्रव्य पूर्णतः ऊर्जा में बदल जाता है!

सूर्य में प्रति सेकंड 40 लाख टन द्रव्य का क्षय होता है। और, हम जानते हैं कि पिछले लगभग पांच अरब साल से सूर्य इसी रफ़्तार से अपने द्रव्य को ऊर्जा में बदलता आ रहा है। पाठक सोचेंगे—तब तो सूर्य का सारा द्रव्य कभी का खत्म हो जाना चाहिए था। लेकिन नहीं। हमारे सूर्य में लगभग 2,00,00,00,00,00,00,00,00,00,00,00,00,000 टन द्रव्य है।

सूर्य के केंद्रभाग में शक्तिशाली किरणों तथा परमाणु-कणों के रूप में पैदा हुई भीषण ऊर्जा धीरे-धीरे इसकी सतह पर पहुंचती है। हम बता चुके हैं

सभी प्रकार की किरणें धरातल तक नहीं पहुंच पातीं

कि सूर्य के केंद्र से इसकी सतह सात लाख किलोमीटर 'ऊपर' है। तुलना में पृथ्वी से चंद्र की दूरी चार लाख किलोमीटर से कुछ कम ही है।

सूर्य के केंद्रभाग में जो शक्तिशाली किरणें जन्म लेती हैं, वे सतह पर पहुंचते हुए मार्ग में बहुत सारे परमाणुओं से टकराती हैं। इससे उनकी शक्ति काफी क्षीण हो जाती है। इसीलिए सूर्य के प्रकाशमंडल का तापमान सिर्फ 6000° सेंटीग्रेड है, जबकि इसके केंद्रभाग का तापमान डेढ़ करोड़ डिग्री सेंटीग्रेड के आसपास रहता है।

सूर्य से उत्सर्जित होनेवाला विकिरण चहुंओर के सौर मंडल में फैल जाता है। इस विकिरण का स्वल्प अंश हमारी पृथ्वी को भी मिलता है। हिसाब लगाने से पता चलता है कि संपूर्ण सौर ऊर्जा का सिर्फ दो अरबवां हिस्सा ही पृथ्वी को प्राप्त होता है। लेकिन सूर्य की इतनी ऊर्जा ही हमारे लिए पर्याप्त है।

सूर्य से कई प्रकार की किरणों का उत्सर्जन होता है। कई प्रकार की किरणों का अर्थ है, विविध तरंग-दैर्घ्यों वाली किरणें। इनमें से अधिकांश किरणों को धरती का ऊपरी वायुमंडल रोक लेता है। प्रकाश-किरणें और रेडियो-किरणें ही धरातल तक पहुंचती हैं। प्रकाश-किरणें अबाध गति से धरातल तक पहुंचती रहती हैं, इसीलिए विकास के अंतर्गत हमारी आंखें इन प्रकाश-किरणों को ग्रहण करने योग्य बनी हैं।

अच्छा ही है कि सभी प्रकार की किरणें धरातल तक नहीं पहुंचतीं। क्योंकि कई किरणें मानव-जीवन के लिए घातक हैं। दूसरी ओर, सूर्य की कुछ किरणों के ऊपरी वायुमंडल में रोके जाने के कुछ लाभ भी हैं। सूर्य की ये शक्तिशाली किरणें ऊपरी वायुमंडल में 100 से 300 किलोमीटर की ऊंचाई पर एक विशेष मंडल को जन्म देती हैं। इसे हम आयन-मंडल कहते हैं। धरती के रेडियो-केंद्रों से प्रसारित होने वाली रेडियो-तरंगें इसी आयन-मंडल से टकराकर वापस लौटती हैं। अतः इस आयन-मंडल के कारण ही रेडियो-प्रसारण संभव हो पाया है।

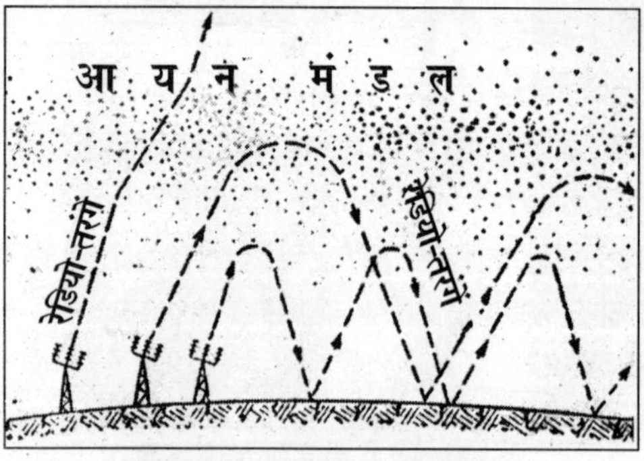

रेडियो-तरंगें आयन-मंडल से टकराकर धरातल पर लौट आती हैं

सूर्य का विकिरण नाना प्रकार से पृथ्वी के वातावरण को प्रभावित

करता है। पृथ्वी के ऊपरी वायुमंडल और इसके चुंबकीय क्षेत्र का अध्ययन पिछली सदी से ही आरंभ हुआ है। हम बता चुके हैं कि हर 11 साल बाद सूर्य की सक्रियता बढ़ जाती है। सन् 1957-58 में सूर्य की सक्रियता महत्तम होने वाली थी, इसलिए सूर्य तथा पृथ्वी के ऊपरी वायुमंडल के अध्ययन के लिए संसार-भर के वैज्ञानिकों ने एक योजना बनाई। इस योजना को 'अंतर्राष्ट्रीय भूभौतिकीय वर्ष' का नाम दिया गया। इस सामूहिक अध्ययन से वैज्ञानिकों को सूर्य और पृथ्वी के ऊपरी वायुमंडल के बारे में बहुत-सी नई बातों की जानकारी मिली है।

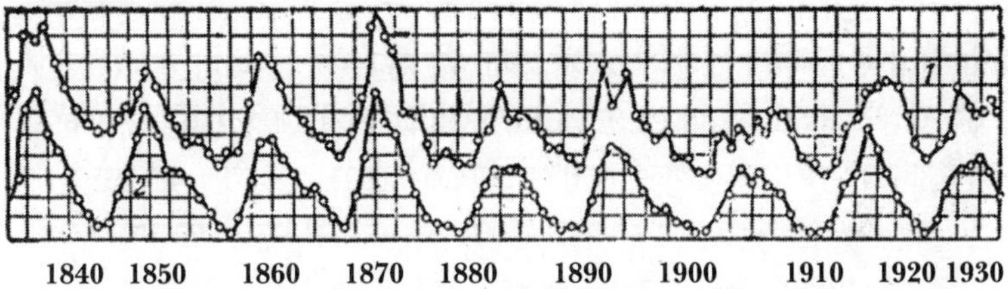

इस आरेख में नीचे का वक्र एक सदी की न्यूनाधिक सौर सक्रियता को दर्शाता है और पृथ्वी के चुंबकीय क्षेत्र का ऊपर का वक्र उसका अनुकरण करता हुआ दिखाई देता है।

पहली बार हमें जानकारी मिली कि कई हजार किलोमीटर ऊपर आवेशी परमाणु-कणों के तीन मंडल हैं। पृथ्वी के चुंबकीय क्षेत्र की धाराओं में सूर्य द्वारा उत्सर्जित परमाणु-कणों के फंस जाने से इन मंडलों का निर्माण हुआ है। सन् 1958 में वान आल्लेन तथा वेर्नोव नामक वैज्ञानिकों ने इन मंडलों की खोज की, इसलिए उन्हें वान आल्लेन-वेर्नोव मंडलों का नाम दिया गया है। सूर्य की घटती-बढ़ती सक्रियता का इन मंडलों पर असर पड़ता है।

सूर्य की सतह की एक अद्भुत घटना है—सौर तेजोग्नि। चमकीली अतितप्त गैसों के रूप में सूर्य-कलंकों के आसपास सौर तेजोग्नि का जन्म होता है और चंद मिनटों में ही लाखों वर्ग-किलोमीटर तक सूर्य का वायुमंडल अत्यंत कांतिमय हो जाता है।

यह नहीं बताया जा सकता कि सौर तेजोग्नि कब जन्म लेगी। लेकिन सौर तेजोग्नि की सर्वाधिक सक्रियता के दौरान सूर्य की सतह पर ऊंची-ऊंची सौर ज्वालाएं उठती हैं। सूर्य की सतह से तप्त हाइड्रोजन-गैस की लपटें टूटकर अलग हो जाती हैं। उनमें से कुछ द्रव्य, जो प्लाज्मा के रूप में होता है, पृथ्वी के ऊपरी वायुमंडल में भी पहुंचता है। सूर्य का यह प्लाज्मा पृथ्वी के वायुमंडल

को विशेष रूप से प्रभावित करता है। वायुमंडल में तीव्र चुंबकीय तूफान उठते हैं और ध्रुवीय प्रकाश (aurora borealis) का नजारा दिखाई देता है।

सौर तेजोग्नि के समय जो चुंबकीय तूफान उठते हैं उनसे हमारे बेतार के संचार-साधनों में रुकावट पैदा होती है। रेडियो उपकरणों में भी घरघराहट पैदा होती है। सौर तेजोग्नि का प्रभाव करीब एक घंटे तक रहता है।

कुछ वैज्ञानिकों का मत है कि सौर तेजोग्नि से जो बड़े चुंबकीय तूफान उठते हैं वे मानव-शरीर को भी प्रभावित करते हैं। कहते हैं कि उस समय हृदय रोग बढ़ जाते हैं। मनुष्य के रक्त-प्रवाह पर भी असर पड़ता है। इस दिशा में अनुसंधान जारी है।

किंतु इस जानकारी को फलित-ज्योतिष के अंधविश्वास के साथ मत जोड़िए। फलित-ज्योतिषी सूर्य के विकिरण, सौर तेजोग्नि या पृथ्वी के वायुमंडल में उठने वाले चुंबकीय तूफानों के बारे में कोई जानकारी नहीं रखते। इन बातों की जानकारी हमें अभी पिछली सदी में ही मिली है।

कहने के लिए हम सूर्य से बहुत दूर हैं—लगभग 15 करोड़ किलोमीटर दूर। फिर भी हम सूर्य से अलग नहीं हैं। दरअसल, हमारी यह पृथ्वी सूर्य के वातावरण में ही विचरण करती है। सूर्य की हर हलचल का पृथ्वी पर और इसके जीव-जगत पर गहरा प्रभाव पड़ता है। हमने यह देखा है कि पिछले करीब पांच अरब साल से सूर्य पृथ्वी को इसी प्रकार प्रभावित करता आया है।

लेकिन आगे और कितने साल तक सूर्य इसी तरह जलता रहेगा? सूर्य का सारा हाइड्रोजन-ईंधन समाप्त हो जाने पर क्या होगा? तब पृथ्वी और इसके जीव-जगत का क्या होगा?

सूर्य का विकासक्रम

पुराने जमाने के लोग सोचते थे कि आकाश के ग्रह-नक्षत्रों में कोई रद्दोबदल नहीं होता। हमारे प्राचीन साहित्य में तारे के अर्थ में प्रयुक्त 'नक्षत्र' शब्द का अर्थ ही है—जिसका कभी क्षय न होता हो। प्राचीन यूनान के महान दार्शनिक अफलातून (427-347 ई.पू.) का कहना था कि नक्षत्रलोक में रद्दोबदल नहीं होता, इसलिए वह 'पवित्र' है और पार्थिव जगत 'अपवित्र' है। पुराने जमाने के लोग यह भी सोचते थे कि यह विश्व अनादि-अनंत है।

लेकिन आज हम जानते हैं कि इस विश्व में अनादि-अनंत कुछ भी नहीं है। इस विश्व में सभी कुछ निरंतर बदलता रहता है। शाश्वत कुछ भी नहीं है, सूर्य भी नहीं।

भौतिक-विज्ञान का एक सुदृढ़ सिद्धांत यह है कि द्रव्य का विनाश संभव नहीं। लेकिन द्रव्य विविध रूप धारण कर सकता है। द्रव्य ऊर्जा में बदल सकता है और ऊर्जा द्रव्य में बदल सकती है। आइंस्टाइन के आपेक्षिकता सिद्धांत पर आधारित विश्वोत्पत्ति के सिद्धांतों से यही परिणाम निकलते हैं कि आरंभ में विश्व का सारा द्रव्य करीब 15 अरब डिग्री सेंटीग्रेड तापमान के विकिरणों के रूप में पुंजीभूत था। अन्य सिद्धांतों के अनुसार यह अति सघन द्रव्य के रूप में पुंजीभूत था।

अतः मूल चीज है द्रव्य या ऊर्जा। विविध प्रकार का विकिरण और गुरुत्वाकर्षण, विद्युत-चुंबकीय तथा नाभिकीय आदि बल द्रव्य के ही भिन्न-भिन्न रूप हैं। इसलिए जहां द्रव्य है वहां आकाश (space) है और जहां आकाश है वहां द्रव्य अवश्य मौजूद रहता है। द्रव्यरहित आकाश का कोई अस्तित्व नहीं है।

किसी खगोलविद से यदि आप यह पूछें कि विश्व के अरबों-खरबों पिंडों का यह द्रव्य कहां से आया, तो इस प्रश्न का उसके पास कोई उत्तर नहीं है। वह आपको यही बता सकता है कि यह द्रव्य किन परिस्थितियों में कौन-सा रूप धारण करता है। जैसे, विश्व की उत्पत्ति के बारे में एक सिद्धांत यह है कि करीब पंद्रह अरब साल पहले समस्त ज्ञेय विश्व का द्रव्य—समस्त मंदाकिनियों और उनके तारों का द्रव्य—एक महापिंड में पुंजीभूत था। किसी वजह से उस महापिंड में विस्फोट हुआ और उसका द्रव्य छितर गया। इसी द्रव्य से कालांतर में मंदाकिनियां, उनके तारे, तारों के ग्रह-मंडल और इन ग्रहों के जीव-जगत अस्तित्व में आए हैं।

हमने देखा है कि हमारा सूर्य विशाल विश्व का एक सामान्य तारा है। खगोलविदों ने पिछले सौ साल में आकाशगंगा के तारों और सूर्य-तारे का गहन अध्ययन किया है। इस अध्ययन से हमें तारों के तापमान, आकार-प्रकार, घनत्व, ऊर्जा आदि के बारे में ठोस जानकारी मिली है। इस जानकारी को प्राप्त करने में हमें सबसे अधिक सहयोग दिया है हमारे सूर्य-तारे ने। तारों की भौतिक परिस्थितियों को समझने के लिए सूर्य एक प्रकार की प्रयोगशाला ही है।

हमारी आकाशगंगा-मंदाकिनी में कई प्रकार के तारे हैं। कुछ तारे हमारे सूर्य से बड़े हैं, तो कुछ हमारे सूर्य से छोटे हैं। कुछ तारे अधिक ऊर्जा पैदा करते हैं, तो कुछ बुझ चुके हैं। कुछ तारों का घनत्व बहुत कम है, तो कुछ तारों का बहुत अधिक। कुछ तारे नवजात हैं, कुछ तारे बूढ़े हो चुके हैं। इन सब तारों का अध्ययन करके खगोलविदों ने तारों के विकासक्रम की एक रूपरेखा

सौर मंडल का जन्म (एक परिकल्पना)

प्रस्तुत की है। इसी रूपरेखा के आधार पर हम अपने सूर्य-तारे के जन्म एवं अंत के बारे में कुछ बातें जान सकते हैं।

अधिकांश खगोलविदों का मत है कि आज से लगभग पांच-छह अरब साल पहले आकाशगंगा के एक विशाल गैसीय मेघ की द्रव्यराशि से हमारे सूर्य का जन्म हुआ। गैस और धूलि का यह गोला धीरे-धीरे सिकुड़ता गया। इस सिकुड़न से इसमें गति पैदा हुई और यह घूमने लगा। इसी समय इसकी बाहरी परतों की द्रव्यराशि से ग्रह-उपग्रह अस्तित्व में आए, धीरे-धीरे।

इस 'प्राक्-सूर्य' का द्रव्य अपने ही गुरुत्वाकर्षण के कारण धीरे-धीरे उष्ण होता गया। सूर्य चमकने लगा। इसके केंद्रभाग का तापमान लाखों डिग्री सेंटीग्रेड पर पहुंच गया।

उस समय सूर्य में हाइड्रोजन गैस सर्वाधिक थी। अत्यधिक उष्णता के कारण सूर्य के केंद्रभाग के हाइड्रोजन नाभिक आपस में टकराने लगे। इन टकरावों से इतनी अधिक उष्णता बढ़ी कि ये नाभिक आपस में जुड़कर हीलियम के नाभिकों को जन्म देने लगे। इस प्रकार सूर्य के केंद्रभाग में नाभिकीय संगलन की प्रक्रिया शुरू हो गई। हम बता चुके हैं कि संगलन की इस प्रक्रिया से हाइड्रोजन के नाभिक आपस में मिलकर हीलियम के नाभिकों में बदल जाते हैं। इस प्रकार सूर्य के केंद्रभाग में उसकी भट्ठी बनकर तैयार हो गई। सूर्य के केंद्रभाग का तापमान डेढ़ करोड़ डिग्री सेंटीग्रेड पर पहुंच गया।

तब से आज तक सूर्य अपनी ऊर्जा का सतत उत्सर्जन करता आ रहा है। हम बता चुके हैं कि एक सेकंड में सूर्य का 40 लाख टन द्रव्य ऊर्जा में बदल जाता है। लेकिन इसका यह अर्थ नहीं है कि सूर्य शुरू से आज तक एक-सी रफ़्तार से जलता आ रहा है। खगोलविद हमें जानकारी देते हैं कि

सूर्य का तापमान धीरे-धीरे बढ़ता जा रहा है। इसका आकार भी पांच प्रतिशत बढ़ा है। आकार के साथ-साथ इसकी कांति भी बढ़ी है। पांच अरब साल पहले के सूर्य से आज के सूर्य की कांति करीब 25 प्रतिशत अधिक है। सूर्य की कांति आगे भी बढ़ती जाएगी। इसका आकार भी बढ़ता जाएगा। अधिकांश तारों का विकास इसी प्रकार होता है।

हमारा सूर्य एक मध्यम आकार का तारा है। खगोल-विज्ञान की शब्दावली में इसे हम पीले रंग का एक बौना तारा कह सकते हैं। आकाश के नीले-सफेद रंग के तारे हमारे सूर्य से अधिक उष्ण होते हैं और लाल रंग के तारे अपेक्षाकृत कुछ कम उष्ण।

आकाशगंगा-मंदाकिनी के अन्य अनेक तारों के अध्ययन के आधार पर खगोलविद सूर्य-तारे के भविष्य की रूपरेखा प्रस्तुत करने में समर्थ हैं। इस समय सूर्य की भट्ठी इसके केंद्रभाग में है। जब सूर्य के केंद्रभाग का हाइड्रोजन-ईंधन काफी घट जाएगा, तब ताजे हाइड्रोजन की तलाश में यह भट्ठी सूर्य की ऊपरी परतों में पहुंचती जाएगी।

सूर्य की विविध परतों की हम प्याज के छिलकों के रूप में कल्पना कर सकते हैं। निचली परत का हाइड्रोजन-ईंधन घट जाने पर सूर्य की भट्ठी इसकी ऊपरी परत में फैल जाएगी। इस प्रकार सूर्य की भट्ठी फैलती जाएगी। साथ-साथ सूर्य का आकार भी बढ़ता जाएगा। जाहिर है कि इस प्रक्रिया में सूर्य से उत्सर्जित होने वाली ऊर्जा एवं उष्मा भी काफी बढ़ जाएगी। तब सूर्य की इस ऊर्जा को इसकी सतह पर पहुंचने में इतना समय नहीं लगेगा। तब सूर्य की सतह का या इसके प्रकाशमंडल का तापमान भी बढ़ता जाएगा। साथ ही, इसकी कांति भी बढ़ेगी।

सूर्य की भट्ठी जब इसकी ऊपरी परतों में पहुंचेगी, तब इसका आकार बहुत अधिक बढ़ जाएगा। खगोल-विज्ञान की भाषा में कहें तो तब हमारा सूर्य लाल रंग का एक विशाल 'दानव-तारा' बन जाएगा। तब सूर्य इतना बड़ा हो जाएगा कि न केवल बुध और शुक्र ग्रह, बल्कि हमारी पृथ्वी और मंगल ग्रह भी इसके उदर में समा जाएंगे। स्मरण रहे कि आज मंगल ग्रह सूर्य से करीब 23 करोड़ किलोमीटर दूर है।

तब पृथ्वी के जीव-जगत का क्या होगा? जाहिर है कि उस समय पृथ्वी का सारा जीव-जगत समाप्त हो जाएगा। दरअसल, पृथ्वी का जीव-जगत उसी समय नष्ट हो जाएगा, जब सूर्य की भट्ठी इसकी कुछ ऊपरी बाह्य परतों में

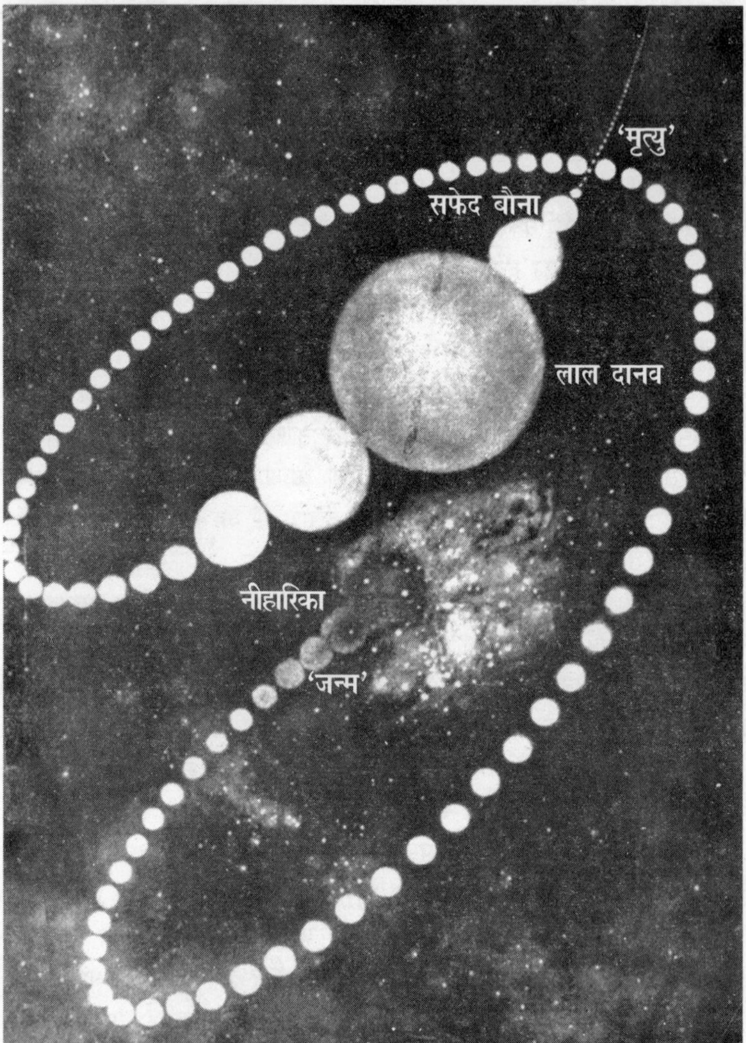

सूर्य-जैसे तारे का विकासक्रम : 'जन्म' से 'मृत्यु' तक

पहुंचेगी और उत्सर्जित होने वाली ऊर्जा की मात्रा काफी अधिक बढ़ जाएगी। लेकिन इससे हमें विशेष चिंता नहीं होनी चाहिए। खगोलविदों के हिसाब से वह समय करीब पांच अरब साल बाद ही आएगा।

स्मरण रहे कि हमारी इस धरती पर ढाई-तीन अरब साल पहले ही प्राथमिक

जीवों का प्रादुर्भाव हुआ था। विकास के अंतर्गत इस धरती पर मानव नामक प्राणी का आगमन करीब अस्सी लाख साल पहले हुआ है। इसलिए आज से पांच अरब साल बाद क्या होगा, इसकी हमें अधिक चिंता नहीं करनी चाहिए।

अंत में सूर्य का सारा हाइड्रोजन-ईंधन खर्च हो जाएगा। सूर्य की नाभिकीय भट्ठी बुझ जाएगी। तब सूर्य ठंडा होकर पुनः सिकुड़ने लग जाएगा। यह इतना अधिक सिकुड़ेगा कि अंत में यह पृथ्वी के आकार का पिंड बनकर रह जाएगा। तब सूर्य की द्रव्यराशि का घनत्व बहुत अधिक बढ़ जाएगा। ऐसे सूर्य की द्रव्यराशि का एक घन-सेंटीमीटर द्रव्य कई टन का होगा। खगोलविद ऐसे सघन एवं बुझे हुए तारों को श्वेत-वामन (white dwarf) तारे कहते हैं। हमारी आकाशगंगा-मंदाकिनी में ऐसे अनेक श्वेत-वामन तारे मौजूद हैं।

सभी तारे अंत में श्वेत-वामन तारे नहीं बनते। बड़े तारों का विकास एवं अंत कुछ भिन्न प्रकार से होता है। वे अंत में भीषण विस्फोट के साथ विखंडित हो जाते हैं और उनकी द्रव्यराशि आकाश में बिखर जाती है। ऐसे विस्फोटित तारों को 'नोवा' या 'सुपरनोवा' कहते हैं। आकाशगंगा में ऐसे अनेक तारे मौजूद हैं। हमारा सूर्य एक छोटा तारा है, इसलिए इसके नोवा या सुपरनोवा बनने की संभावना नहीं है।

सुपरनोवा का जो द्रव्य आकाश में बिखर जाता है, उससे अंत में पुनः नए तारे जन्म लेते हैं। खगोलविदों का मत है कि हमारा सूर्य ऐसे ही पुराने द्रव्य से बना है। यदि हमारा सूर्य ताजे द्रव्य से बना होता, तो इसमें लोहे-जैसे भारी तत्व मौजूद न होते। लेकिन हम जानते हैं कि, स्वल्प मात्रा में ही सही, हमारे सूर्य में लोहे-जैसे भारी तत्व भी मौजूद हैं। अब तक सूर्य में करीब 70 तत्व खोजे गए हैं। इससे पता चलता है कि किसी सुपरनोवा विस्फोट से बिखरी हुई द्रव्यराशि के मेल से ही हमारा सूर्य बना है।

ऐसा है हमारा सूर्य। हमारा जीवन पूर्णतः सूर्य पर निर्भर है। सूर्य की कृपा से ही इस धरती पर जीव-जगत का निर्माण हुआ है और अंत में सूर्य के कोप से ही इस पृथ्वी का जीव-जगत नष्ट हो जाएगा।

लेकिन इससे हमें चिंतित नहीं होना चाहिए। महाप्रलय का वह समय पांच अरब साल बाद ही आएगा। तब तक धरती का यह मानव अपने सुदूर भविष्य के अस्तित्व को सुरक्षित बनाए रखने के साधन अवश्य ही खोज निकालेगा।

☆

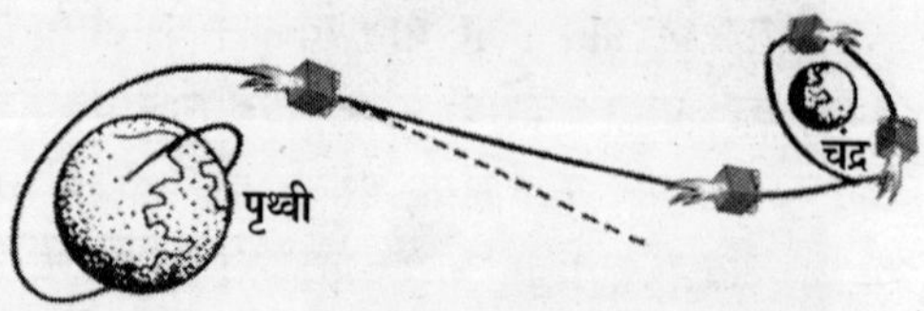

3 पृथ्वी और चंद्रमा

फलित-ज्योतिषियों की कुंडली में बारह घर (कोष्ठ) बारह राशियों के सूचक होते हैं। उन बारह घरों में किसी विशेष क्षण पर, विशेषकर किसी व्यक्ति के जन्म के क्षण पर, नौ 'ग्रहों' (सूर्य, चंद्र, पांच प्राचीन ज्ञात ग्रह, राहु व केतु) की स्थितियां दिखाई जाती हैं। फलित-ज्योतिषी ऐसी कुंडलियों से ही आदमी का भविष्य बताने का धंधा करते हैं।

लेकिन इस सारे गोरखधंधे की सबसे विचित्र बात यह है कि मनुष्य के जीवन पर जिस पिंड (ग्रह) का सबसे ज्यादा प्रभाव पड़ता है, उसी के लिए कुंडली में कोई स्थान नहीं है। राहु व केतु कोई भौतिक पिंड नहीं हैं, बल्कि आकाश के महज दो काल्पनिक बिंदु (चंद्रकक्षा के पात) हैं। फिर भी कुंडली में उन्हें स्थान दिया जाता है, उनके काल्पनिक प्रभाव की खूब चर्चा की जाती है। परंतु पृथ्वी के लिए कुंडली में कोई जगह नहीं है। वस्तुतः पृथ्वी और इसके पर्यावरण के प्रभाव ही हमारे लिए सबसे ज्यादा महत्वपूर्ण हैं। प्राचीन काल में हमारे देश के लोग, कई ज्योतिषी भी, समझते थे कि पृथ्वी अर्धगोलाकार या एक विशाल टीले-जैसी है और यह चार हाथियों पर टिकी हुई है और वे हाथी एक बड़े कछुए की पीठ पर खड़े हैं।

पृथ्वी चार हाथियों पर टिकी हुई है, हाथी कछुए की पीठ पर, कछुआ शेषनाग पर,...

एटलस

कुछ अन्य लोगों ने सोचा कि यह पृथ्वी शेषनाग के सिर पर टिकी हुई है। पाश्चात्य देशों में कई हजार साल तक लोगों का विश्वास बना रहा कि यह पृथ्वी 'एटलस' नाम के एक महादानव के कंधों पर टिकी हुई है। पर कोई नहीं बता सकता था कि कछुआ या शेषनाग या एटलस किस पर टिके हुए हैं।

अंत में हमारे देश में इस प्रश्न का सही उत्तर महान गणितज्ञ-खगोलविद भास्कराचार्य (जन्म 1114 ई.) ने दिया। वे अपने **सिद्धांत-शिरोमणि** ग्रंथ के 'गोलाध्याय' के 'भुवनकोश' प्रकरण में लिखते हैं :

मरुच्चलो भूरचला स्वभावतो यतो विचित्रा बत वस्तुशक्तयः ॥
आकृष्टिशक्तिश्च मही तया यत् खस्थं गुरु स्वाभिमुखं स्वशक्त्या।
आकृष्यते तत्पततीव भाति समे समन्तात् क्व पतत्वियं खे ॥ ...
अन्त्यं कल्प्या चेत् स्वशक्तिः किमाद्ये किं नो भूमेः साष्टमूर्तेश्च मूर्तिः।

अर्थात्, वस्तुओं का स्वभाव बड़ा विचित्र है। पृथ्वी अपनी ही आकर्षण-शक्ति से अचल टिकी हुई है, इसका कोई आधार नहीं है। यदि यह मान लिया जाए कि पृथ्वी किसी चीज पर टिकी है, तो भी प्रश्न बना रहता है कि वह वस्तु किस पर टिकी हुई है? और, इस तरह, प्रश्न का उत्तर कभी नहीं मिलता। कारण का कारण, और फिर उस कारण का कारण, ... यह क्रम चलता ही रहेगा। इस प्रकार का तर्क गलत है। यदि अंत में स्वशक्ति की कल्पना की जाए, तो वह पहले से ही क्यों न की जाए?

हजारों साल पहले का आदमी अधिकतर खुले आकाश के नीचे सोता था। तब उसे चांद और सितारों को देखने का और इनकी गतियों को जानने का खूब मौका मिलता था। तब चांद और सितारों को देखकर आदमी ने इनके बारे में अजीब-अजीब कल्पनाएं की थीं। तब बहुत-से लोग मानते थे कि चांद, सूरज से अधिक दूर है। सूरज अधिक तेज चमकता है, इसलिए वह नजदीक होना चाहिए और चांद शीतल है, इसलिए वह सूरज से भी अधिक दूर होना चाहिए। पुराने जमाने के ज्योतिषी सूरज और चांद को भी ग्रह मानते थे। और, सूर्य व चंद्र के ग्रहणों के बारे में तो अब भी बहुत-से लोग पुरानी बातों को ही मानते हैं।

राहु द्वारा चंद्रमा को ग्रसित किए जाने की भारतीय पुराणकथा पर आधारित बाली द्वीप से प्राप्त चित्र

पुराने जमाने में सूर्य या चंद्र को ग्रहण लगने पर लोग भयभीत हो जाते थे। **ऋग्वेद** (5.40.5-9) में स्वर्भानु (एक राक्षस) द्वारा सूर्य को ग्रसित करने से सूर्य-ग्रहण घटित होने और उससे पृथ्वी पर मचे हाहाःकार का वर्णन है। बाद में कल्पना की गई कि कोई राहु या केतु नामक राक्षस सूर्य-चंद्र को जकड़ लेते हैं। फलित-ज्योतिषियों ने भी जनता में भ्रामक बातें फैलाने के भरपूर प्रयास किए हैं।

लेकिन हमारे देश में कुछ ऐसे भी खगोलविद हुए, जिन्होंने आकाश की घटनाओं के बारे में काफी सही जानकारी दी थी। आर्यभट (जन्म 476 ई.) ने अपने **आर्यभटीय** ग्रंथ में स्पष्ट कहा है : (सूर्य-ग्रहण के समय) चंद्रमा सूर्य को ढक लेता है और (चंद्र-ग्रहण के समय) पृथ्वी की बड़ी छाया चंद्रमा को ढक लेती है (**छादयति शशी सूर्यं शशिनं महती च भूच्छाया**)। किसी राहु या केतु द्वारा सूर्य या चंद्र को निगल जाने की बातें झूठी हैं। फिर भी, चंद्र-ग्रहण या सूर्य-ग्रहण के

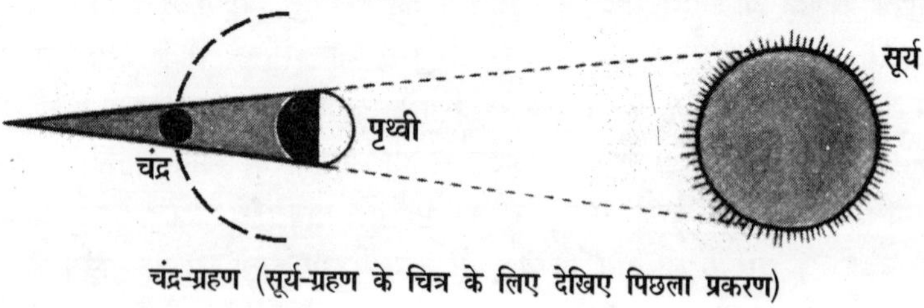

चंद्र-ग्रहण (सूर्य-ग्रहण के चित्र के लिए देखिए पिछला प्रकरण)

समय हमारे देश में बहुत-से लोग यही सोचकर दान-पुन करते हैं कि 'दे दान तो छूटे गिरान!'

लेकिन ये अंधविश्वास अब अधिक दिनों तक टिकने वाले नहीं हैं। अब हम चंद्रमा के बारे में बहुत-सी बातें यकीन के साथ जानते हैं।

हमारे देश में प्राचीन काल से ही माना जाता रहा कि पृथ्वी स्थिर है और यह विश्व के केंद्र में स्थित है। वेदों में भी पृथ्वी को अचल ही बताया गया है (पृथिवी ... प्रतिष्ठाम्, **अथर्ववेद**, 6.77.1)। आर्यभट (जन्म 476 ई.) पहले भारतीय गणितज्ञ-खगोलविद थे जिन्होंने स्पष्ट कहा कि पृथ्वी अपनी धुरी पर पश्चिम से पूर्व की ओर घूमती है, इसीलिए आकाश के तारे हमें पूर्व से पश्चिम की ओर जाते दिखाई देते हैं। परंतु आर्यभट की इस सही बात को भी उनके बाद के किसी भारतीय ज्योतिषी ने स्वीकार नहीं किया! हां, आर्यभट ने यह नहीं कहा था कि पृथ्वी सूर्य की परिक्रमा करती है। पृथ्वी सहित सभी ग्रह सूर्य की परिक्रमा करते हैं, यह सिद्धांत निकोलस कोपर्निकस (1473-1543 ई.) ने प्रस्तुत किया था।

हमारा सूर्य एक तारा है। यह हमारी पृथ्वी से लगभग 15 करोड़ किलोमीटर दूर है। सूर्य अपनी परमाणु-ऊर्जा से चमकता है। सूर्य के चहुं ओर दीर्घवृत्ताकार मार्ग में आठ प्रधान ग्रह परिक्रमा करते हैं : बुध, शुक्र, पृथ्वी, मंगल, बृहस्पति, शनि, यूनेरस, नेपच्यून। इनके परे प्लूटो व एरीस (2003 UB313) जैसे कई बौने

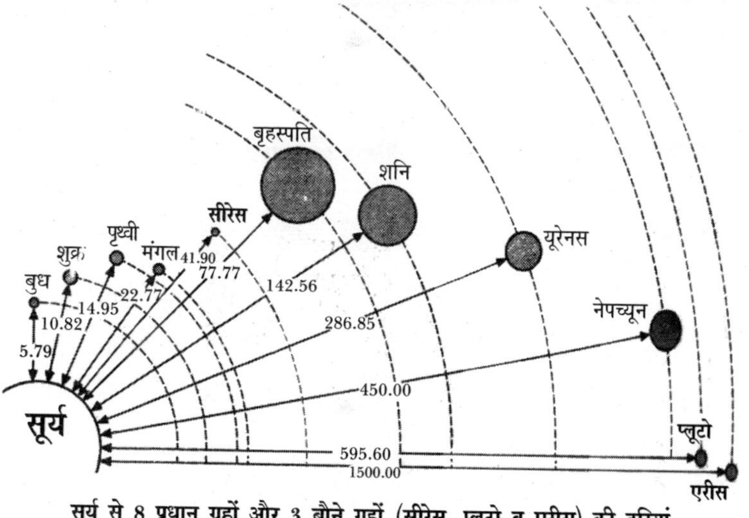

सूर्य से 8 प्रधान ग्रहों और 3 बौने ग्रहों (सीरेस, प्लूटो व एरीस) की दूरियां (करोड़ किलोमीटर में)

ग्रह हैं। बौने ग्रह एरीस की खोज 2005 ई. में हुई। बुध ग्रह सूर्य के सबसे नजदीक है और एरीस सबसे अधिक दूरी से सूर्य की परिक्रमा करता है। कई ग्रहों के अपने चंद्र (उपग्रह) हैं। बृहस्पति के 18 चंद्र हैं, शनि के 31, यूरेनस के 15, नेपच्यून के 8, मंगल के दो, प्लूटो के तीन और एरीस का एक। पृथ्वी का सिर्फ एक ही प्राकृतिक उपग्रह है, जिसे हम चंद्रमा कहते हैं।

हमारी पृथ्वी सौर मंडल का सबसे बड़ा ग्रह नहीं है। इसका द्रव्यमान (भार) 59,73,70,00,00,00,00,00,00,00,000 मीट्रिक टन है। बुध, शुक्र, पृथ्वी व मंगल सौर मंडल के 'भीतरी ग्रह' या 'पार्थिव ग्रह' कहलाते हैं, और इनमें पृथ्वी सबसे बड़ा ग्रह है, सबसे अधिक भारी भी। परंतु सौर मंडल के 'बाहरी ग्रहों'–बृहस्पति, शनि, यूरेनस व नेपच्यून–से पृथ्वी काफी छोटी है, द्रव्यमान में भी। सौर मंडल का सबसे बड़ा ग्रह बृहस्पति हमारी पृथ्वी से करीब 1300 गुना बड़ा और 317 गुना भारी है। प्लूटो व नया खोजा गया एरीस, दोनों ही पिंड आकार व द्रव्यमान में काफी छोटे हैं, इसलिए इन्हें 'बौने ग्रह' की श्रेणी में रखा गया है।

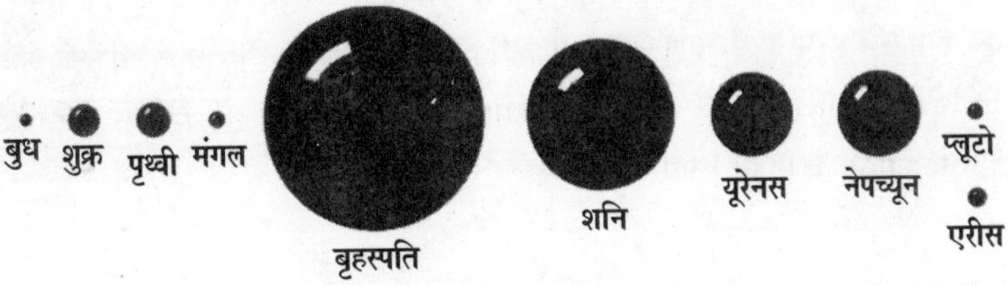

द्रव्यमानों के अनुसार 8 प्रधान ग्रहों तथा दो बौने ग्रहों (प्लूटो व एरीस) के गोलों के आकार

पृथ्वी पूर्णतः गोलाकार नहीं है। इसका विषुववृत्तीय व्यास इसके ध्रुवीय व्यास से करीब 40 किलोमीटर अधिक है। इसके दो ध्रुवों के बीच का अंतर (अर्थात्, इसकी धुरी की लंबाई) 12,711 किलोमीटर है और विषुववृत्त पर इसका व्यास 12,751 किलोमीटर है।

हमारी पृथ्वी, और उसके साथ हम भी, 29.76 किलोमीटर प्रति सेकंड के वेग से एक वर्ष में सूर्य का एक चक्कर लगाती है। सौर मंडल का कोई भी ग्रह ठीक वृत्ताकार कक्षा में सूर्य की परिक्रमा नहीं करता। पृथ्वी की कक्षा भी वृत्ताकार नहीं है। सभी ग्रह दीर्घवृत्ताकार कक्षाओं में सूर्य की परिक्रमा करते हैं। पुराने जमाने के ज्योतिषियों को पृथ्वी से सूर्य की सही दूरी ज्ञात नहीं थी। करीब दो सौ साल पहले ही सूर्य और पृथ्वी के बीच की सही दूरी मालूम हुई है। आज हम जानते हैं कि जुलाई महीने के आरंभ में पृथ्वी और सूर्य के बीच महत्तम

दूरी होती है। तब सूर्य से पृथ्वी की दूरी 15,20,00,000 किलोमीटर रहती है और इसका कक्षा-वेग होता है, प्रति सेकंड 29.27 किलोमीटर। जनवरी महीने के आरंभ में सूर्य और पृथ्वी के बीच न्यूनतम दूरी 14,70,00,000 किलोमीटर होती है और तब इसका कक्षा-वेग होता है, प्रति सेकंड 30.72 किलोमीटर। अतः सूर्य से पृथ्वी की औसत दूरी है 14,95,98,000 किलोमीटर (ठीक-ठीक 14,95,97,870.7 किलोमीटर)। आधुनिक खगोल-विज्ञान में इस औसत सूर्य-पृथ्वी दूरी को 'खगोलीय इकाई' (या 'खगोलीय एकक') का नाम दिया गया है, और सौर मंडल के विविध पिंडों की दूरियां मापने में इस पैमाने का व्यापक उपयोग होता है।

पृथ्वी को सूर्य की एक परिक्रमा पूरी करने में 365.2564 माध्य सौर दिन लगते हैं। सौर मंडल के सभी ग्रह लगभग एक समतल में सूर्य की परिक्रमा करते हैं (एकदम बाहर के बौने ग्रह प्लूटो व एरीस इसके अपवाद हैं)। मगर ये ग्रह अपनी धुरियों पर ग्रहों के उसी समतल में चक्कर नहीं लगाते। हमारी पृथ्वी की धुरी उस समतल से लगभग 66°30' का कोण बनाती है। दूसरे शब्दों में, पृथ्वी की धुरी ग्रहों के समतल पर डाले गए लंब के साथ लगभग 23°30' का कोण बनाती है। ग्रहों के समतल के साथ पृथ्वी की धुरी के झुकाव के कारण ही धरती पर ऋतुओं का चक्र चलता है। हमारी पृथ्वी 23 घंटे, 56 मिनट और 4 सेकंड में अपनी धुरी पर एक चक्कर लगा लेती है।

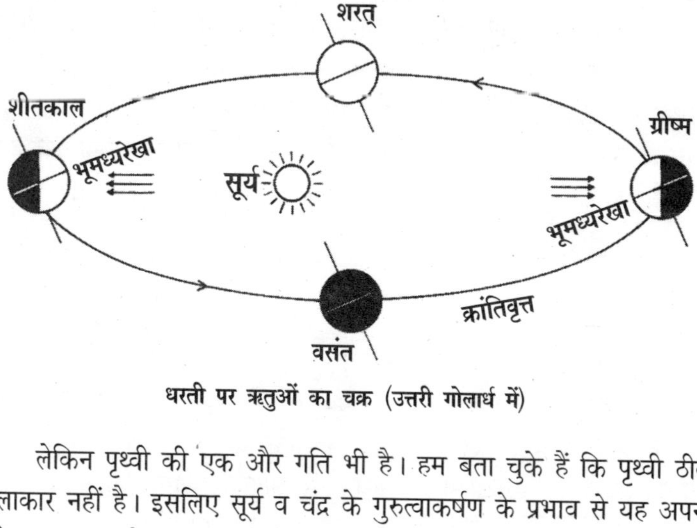

धरती पर ऋतुओं का चक्र (उत्तरी गोलार्ध में)

लेकिन पृथ्वी की एक और गति भी है। हम बता चुके हैं कि पृथ्वी ठीक गोलाकार नहीं है। इसलिए सूर्य व चंद्र के गुरुत्वाकर्षण के प्रभाव से यह अपनी धुरी पर लट्टू की तरह घूमती है। लट्टू अपनी कील पर घूमता है; साथ ही,

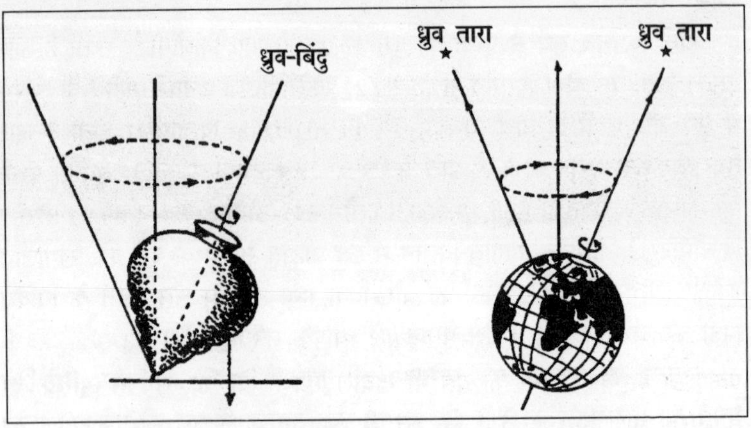

पृथ्वी लट्टू की तरह डोलती है

यह डोलता भी है। इसी प्रकार, पृथ्वी की धुरी भी डोलती है। पृथ्वी की धुरी बहुत धीमी गति से लगभग 26,000 वर्षों में एक गोल चक्कर पूरा करती है।

पृथ्वी की इस गति का एक अजीब परिणाम होता है। हम जानते हैं कि पृथ्वी की धुरी का उत्तरी सिरा आकाश में ध्रुव तारे की ओर निर्देश करता है। इसलिए ध्रुव तारा आकाश में हमें स्थिर दिखाई देता है और उत्तरी खगोल के तारे इसकी परिक्रमा करते नजर आते हैं। परंतु हम देख चुके हैं कि पृथ्वी की धुरी स्थिर नहीं है, इसलिए यह हमेशा एक ही तारे की ओर निर्देश नहीं कर सकती। आज पृथ्वी की धुरी का उत्तरी सिरा जिस तारे की ओर निर्देश करता है, उसे हम 'ध्रुव तारा' कहते हैं। किंतु आज से तीन-चार हजार साल पहले कोई दूसरा ही तारा ध्रुव तारा था। और, आज से तीन-चार हजार साल बाद कोई दूसरा ही तारा ध्रुव तारा कहलाएगा (विस्तृत विवेचन के लिए आगे देखिए प्रकरण 'ध्रुव तारा : ध्रुव नहीं है')।

चंद्रमा

आकाश में जितने भी पिंड हैं उनमें सूर्य के बाद चंद्रमा ने ही पृथ्वी के प्राणियों को सबसे अधिक प्रभावित किया है। चंद्र, सूर्य के प्रकाश से चमकता है, परंतु रात के अंधेरे में यही प्रकाश हमें सुख व शांति देता है। बहुत प्राचीन काल में चंद्र की घटती-बढ़ती कलाओं के आधार पर आदमी ने समय का हिसाब रखना शुरू कर दिया था। सबसे पहले चांद्र पंचांग ही बने थे।

पृथ्वी अपने चंद्र को साथ लेकर सूर्य की परिक्रमा करती है

पुराने जमाने के लोगों का खयाल था कि सूर्य की तरह चंद्रमा भी स्वयं-प्रकाशित है। कुछ लोगों का यह भी खयाल रहा है कि चंद्र, सूर्य से अधिक दूर है। परंतु आज हम जानते हैं कि चंद्र ही आकाश में हमारा सबसे नजदीक का पड़ोसी है।

पृथ्वी से चंद्रमा की औसत दूरी 3,84,400 किलोमीटर है। चंद्र वृत्ताकार कक्षा में नहीं, बल्कि दीर्घवृत्ताकार कक्षा में पृथ्वी की परिक्रमा करता है। इसलिए पृथ्वी से चंद्र की महत्तम दूरी 4,06,670 किलोमीटर रहती है और न्यूनतम दूरी 3,56,400 किलोमीटर। पृथ्वी से भेजी गई रेडियो-तरंगें 1.28 सेकंड बाद चंद्रतल पर पहुंच जाती हैं।

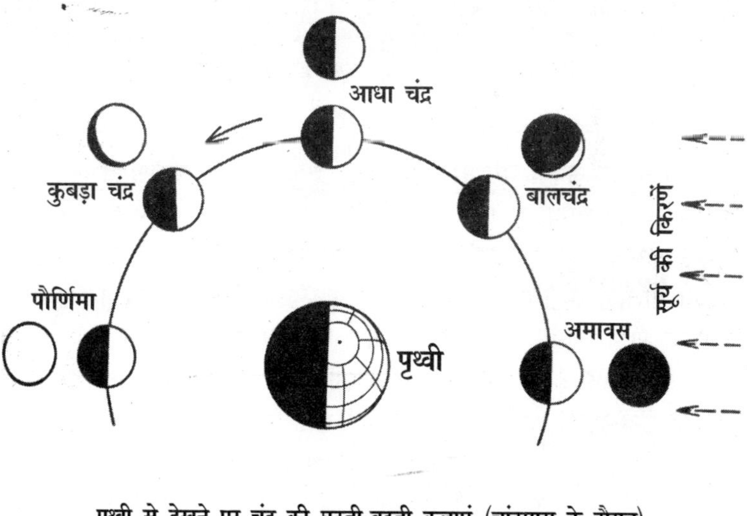

पृथ्वी से देखने पर चंद्र की घटती-बढ़ती कलाएं (चांद्रमास के दौरान)

मास दो प्रकार के हैं। चंद्रमा किसी स्थिर तारे के सापेक्ष 27 दिन, 7 घंटे और 43 मिनटों (करीब 27.3 दिनों) में पृथ्वी की एक परिक्रमा पूरी करता है। इस कालावधि को 'नाक्षत्र मास' कहते हैं। परंतु इस कालावधि में पृथ्वी सूर्य के सापेक्ष अपनी कक्षा में 30° आगे बढ़ जाती है। इसलिए चंद्रमा को एक अमावस्या से दूसरी अमावस्या तक या एक पूर्णिमा से दूसरी पूर्णिमा तक पहुंचने में 29 दिन, 12 घंटे और 44 मिनट (करीब 29.5 दिन) लगते हैं। अन्य शब्दों में, अमांत या पूर्णिमांत चांद्रमास, नाक्षत्र मास से करीब 2.2 दिन बड़े होते हैं। बारह चांद्रमासों का वर्ष लगभग 354 दिनों का होता है। परंतु चंद्र को साथ लेकर सूर्य की एक परिक्रमा पूरी करने में पृथ्वी को 365 और लगभग एक-चौथाई दिन लगते हैं।

अब तो धरती की बड़ी-बड़ी दूरबीनों ने चंद्रमा की सतह के हजारों फोटो उतारे हैं। चंद्रतल पर स्वचालित गाड़ियां चलाई गई हैं, यंत्रोपकरणों के पिटारे उतारे गए हैं। ये यंत्रोपकरण वहां से चंद्रमा के बारे में बहुत-सी जानकारी हमें भेज चुके हैं। धरती के मानव ने चंद्रतल पर उतरकर अब प्रत्यक्ष जानकारी भी प्राप्त कर ली है।

किंतु ये सब आधुनिक बातें हुईं। दूरबीन का आविष्कार होने के पहले आदमी चंद्रमा को केवल अपनी नंगी आंखों से ही देख सकता था। आंखों से भी यदि आप देखें, तो चंद्रतल पर कुछ काले धब्बे दिखाई देंगे। इन काले धब्बों के बारे में प्राचीन काल के लोगों ने बड़ी अद्‌भुत कल्पनाएं की थीं। किसी ने कहा कि चंद्रमा का काला हिस्सा पृथ्वी का हृदय है। किसी ने कहा—एक बार गौतम ऋषि अपनी लंगोट धो रहे थे, जिससे कुछ छींटें उड़कर चंद्रमा में पहुंचे और उन्होंने वहां कलंक का रूप धारण किया!

चंद्रमा जितने समय में पृथ्वी की एक परिक्रमा पूरी करता है, लगभग उतने ही समय में यह अपनी धुरी पर एक चक्कर लगा लेता है। परिणामतः हम पृथ्वी से चंद्र का सतत एक ही गोलार्द्ध देख पाते हैं। पहली बार 1959 ई. में रूस के लूना-3 नामक यान ने चंद्रमा के अदृश्य गोलार्द्ध के चित्र उतारे थे। चंद्रमा के अदृश्य गोलार्द्ध के चित्र में दरशाए गए पृष्ठ-लक्षणों में से तीन को भारतीय वैज्ञानिक भाभा (होमी), बसु (जगदीश) तथा साहा (मेघनाद) के नाम दिए गए हैं।

सन् 1609 ई. में गैलीलियो ने अपनी पहली दूरबीन से चंद्रमा को देखा, तो वहां उन्हें पहाड़, गड्ढे, मैदान आदि दिखाई दिए। तब से अब तक चंद्रमा के बारे में हमारी जानकारी बढ़ती ही चली गई।

चंद्रमा पर वायुमंडल नहीं है। बहुत पहले चंद्रमा पर वायुमंडल रहा होगा।

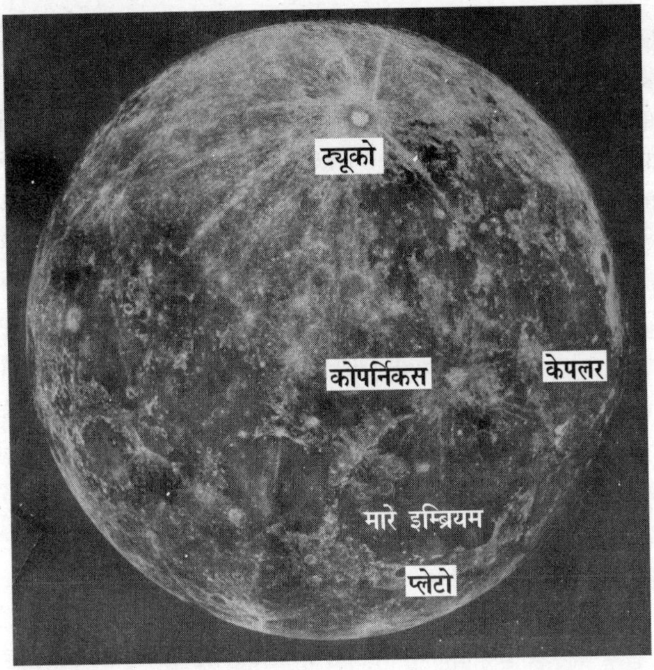

पौर्णिमा का चंद्र। इसके काले क्षेत्र 'मारे' यानी 'सागर' कहलाते हैं, किंतु वास्तव में ये जल-रहित सपाट मैदान हैं। चित्र के ऊपरी भाग में 'ट्यूको' (ब्राहे) नामक प्रसिद्ध खड्ड है। इसके चहुं ओर रश्मि-धाराएं उत्सर्जित होती दिखाई देती हैं। इस प्रकार की रश्मि-धाराएं 'कोपर्निकस' तथा 'केपलर' नामक खड्डों (दाईं ओर बीच में) से भी उत्सर्जित होती दिखाई देती हैं। नीचे 'प्लेटो' (अफलातून) नामक खड्ड है।

हमारी पृथ्वी पर वायुमंडल इसलिए है कि पृथ्वी की आकर्षण-शक्ति ने इसे थामे रखा है। पृथ्वी की तुलना में चंद्र बहुत छोटा है। पृथ्वी का व्यास लगभग 12,750 किलोमीटर है, तो चंद्र का केवल 3476 किलोमीटर–पृथ्वी के व्यास का लगभग चौथाई। चंद्र का द्रव्यमान पृथ्वी से 81 गुना कम है।

चंद्र के जिन क्षेत्रों को 'समुद्र' (मारे) कहा जाता है, वे सूखे, सपाट मैदान हैं। चंद्र की सतह पर बड़े-बड़े गड्ढे और ऊंचे-ऊंचे पर्वत हैं। चंद्र का जो गोलार्द्ध पृथ्वी से दिखाई देता है वहां विषुववृत्त पर दिन के समय तापमान 100° सेंटीग्रेड पर पहुंच जाता है और रात के समय शून्य के नीचे 170° सेंटीग्रेड पर उतर आता है।

चंद्र की आकर्षण-शक्ति कम होने से ही उसका वायुमंडल उड़ गया है। आज वहां अखंड शांति का राज्य है। वायु के माध्यम से ही आवाज एक स्थान

से दूसरे स्थान तक पहुंचती है। इसलिए चंद्रतल पर दो व्यक्ति सीधे एक-दूसरे की बात नहीं सुन सकते; उन्हें यंत्रोपकरणों की सहायता लेनी पड़ती है। चंद्रमा में कम आकर्षण-शक्ति (पृथ्वी का छठा भाग) होने के कारण वहां पृथ्वी की वस्तुओं का वजन भी घट जाएगा। आदमी का भार भी वहां घट जाता है। लेकिन चंद्रमा की सतह पर विचरण करने के लिए अंतरिक्षयात्री को भारी सूट पहनना पड़ता है, इसलिए उसका वजन बढ़ जाता है।

चंद्रमा पर किसी प्रकार के 'जीवन' का होना संभव नहीं है। 20 जुलाई, 1969 को अमरीका के अपोलो-11 यान के अंतरिक्षयात्री नील आर्मस्ट्रांग व एडविन ऑल्डरिन चंद्रतल पर उतरने वाले पहले व्यक्ति थे। अब तक अपोलो-11 से अपोलो-17 (1972 ई.) तक के धरती के 12 अंतरिक्षयात्री चंद्रतल पर उतरकर लौट आए हैं। चंद्रमा की कई किलोग्राम मिट्टी भी धरती पर लायी गई है। चंद्रतल पर रोबोट-गाड़ियां भी उतारी गई हैं। अतः अब हम चंद्रमा के बारे में बहुत-सी बातें अच्छी तरह जानते हैं।

पहले समझा गया था कि चंद्र पर पानी नहीं है। परंतु 1994 ई. में पहली बार पता चला कि चंद्र के दक्षिणी ध्रुवीय क्षेत्र में बर्फ के रूप में काफी पानी उपलब्ध है। उसके बाद चंद्र पर बर्फरूप पानी होने के और भी ठोस सबूत मिले हैं। परिणामतः चंद्र में अब दुनिया-भर की दिलचस्पी बहुत अधिक बढ़ गई है।

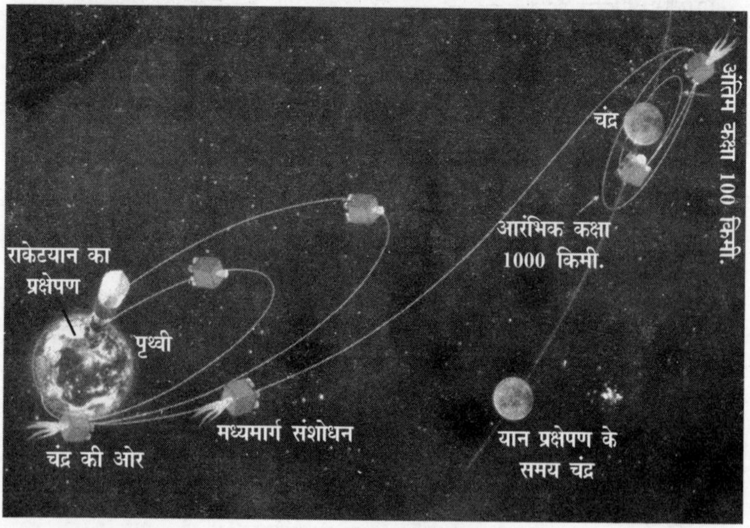

भारत का चंद्रयान-1 मिशन

नासा (अमरीका) मंगल ग्रह पर आदमी को भेजने की तैयारी में जुट गया है। पहले चंद्रतल पर पहुंचकर वहां से आगे मंगल की ओर यान भेजने में कई तरह की सुविधाएं हैं। इसलिए अमरीका 1972 ई. में मानव की अंतिम चंद्रयात्रा के बाद अब पुनः चंद्र पर आदमी को भेजने का सिलसिला शुरू करने जा रहा है। यूरोपीय अंतरिक्ष एजंसी ने चंद्रतल के खनिजों की गहन पड़ताल और उसके दक्षिणी ध्रुवक्षेत्र के क्रेटरों के नीचे बर्फ की खोजबीन के लिए सितंबर 2003 में **स्मार्ट-1** नामक यान चंद्र की ओर भेजा। विशेष बात यह है कि यह यान अपने सौर पैनलों से बिजली पैदा करके उससे निर्मित आयनों (ions) के जेट-इंजन का उपयोग करते हुए 14 महीने तक धीरे-धीरे अपनी कक्षा को बढ़ाते जाकर अंत में चंद्र के समीप पहुंचा था। स्मार्ट-1 यान अपना नियोजित कार्य पूरा करने के बाद 3 सितंबर, 2006 को चंद्र के मैदानी क्षेत्र 'लेक ऑफ एक्सीलेंस' की चट्टानी सतह से एक बड़े धमाके के साथ जा टकराया। जापान और चीन भी चंद्र पर यान भेजने की तैयारी में जुट गए हैं।

अब भारत ने भी चंद्रतल पर आदमी को उतारने की एक व्यापक योजना तैयार की है। सबसे पहले **चंद्रयान-1** मिशन के अंतर्गत 2008 ई. में एक मानव-रहित यान को चंद्रतल से करीब 100 किलोमीटर ऊंची वृत्ताकार कक्षा में स्थापित करने के लिए तैयारी की जा रही है। लगभग 525 किलोग्राम भार का यह चंद्रयान प्रमुखतः चंद्रतल के खनिजों व रसायनों का अध्ययन करेगा—लगभग दो साल तक।

चंद्र पर हीलियम-3 की प्राप्ति का बड़ा महत्व है। हीलियम-3 से शुद्ध, प्रदूषण-रहित व रेडियोधर्मिता-रहित नाभिकीय ऊर्जा प्राप्त की जा सकती है। दस लाख टन हीलियम-3 से पूरी पृथ्वी के लिए आगामी 1000 साल तक पर्याप्त ऊर्जा मिल सकती है। चंद्रतल के भीतरी द्रव्य का गहराई से अध्ययन करने पर यह भी पता लग सकता है कि चंद्र और सौर मंडल के ग्रहों तथा अन्य उपग्रहों का जन्म किस प्रकार हुआ है।

☆

4 बुध और शुक्र ग्रह

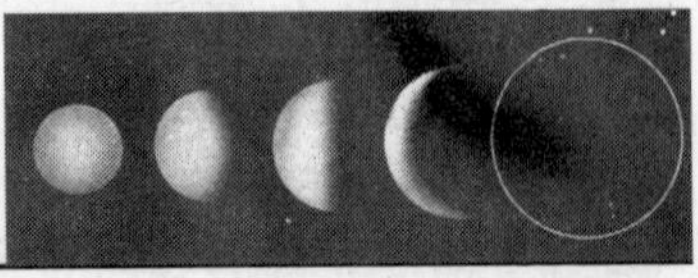

बुध और शुक्र ग्रह हमारी पृथ्वी की अपेक्षा सूर्य के अधिक समीप हैं। इसलिए इन ग्रहों को सूर्योदय और सूर्यास्त के समय सूर्य के आसपास ही देखा जा सकता है। इनमें बुध सूर्य के अधिक नजदीक है। मगर सूर्य की तेज रोशनी के कारण इस ग्रह को आकाश में मुश्किल से ही पहचाना जाता है। यह ग्रह दिन के समय ही सूर्य से सबसे अधिक अंतर पर रहता है, लेकिन तब इसे विशेष किस्म की अच्छी दूरबीन के बिना देख पाना संभव नहीं है। बताया जाता है कि कोपर्निकस (1473-1543 ई.) जीवन-भर बुध ग्रह को नहीं देख पाए, हालांकि यह संभव प्रतीत नहीं होता।

आकाश की ज्योतियों में तारों और ग्रहों को अलग-अलग पहचानने का एक मोटा-सा तरीका यह है कि तारे टिमटिमाते हैं, मगर ग्रह नहीं के बराबर टिमटिमाते हैं। पृथ्वी के वायुमंडल में सतत होने वाली हलचल के कारण ही आकाश की ज्योतियां हमें कमोबेश मात्रा में टिमटिमाती नजर आती हैं। बुध ग्रह सूर्य के समीप है, इसलिए इसे सूर्योदय के पहले पूर्वी क्षितिज पर या सूर्यास्त के बाद पश्चिमी क्षितिज पर ही देखा जा सकता है। तब इसका प्रकाश वायुमंडल की अधिक मोटी परत से होकर धरातल पर पहुंचता है, इसलिए यह कुछ ज्यादा टिमटिमाता है।

बुध को पुरातन काल में ही पहचान लिया गया था। प्राचीन काल में लोगों को आकाश के जिन पांच ग्रहों (बुध, शुक्र, मंगल, बृहस्पति व शनि–भारतीय ज्योतिषियों ने इन पांच ग्रहों को 'ताराग्रह' कहा है) का ज्ञान था, उनमें बुध भी एक है। सभी भारतीय ज्योतिष-सिद्धांतकारों ने बुध के भ्रमण-काल की जानकारी दी है। हमारे देश में इन पांच ग्रहों को 'पंचदेव' माना गया था। पुराणों की कथा के अनुसार बुध, चंद्रमा का बृहस्पति की पत्नी तारा के गर्भ से उत्पन्न पुत्र है। 'बुध' का अर्थ होता है 'बुद्धिमान'। रोमनों ने बुध को 'मरक्यूरी' (यूनानी 'हेरमेस') नाम दिया। उनकी

देवकथाओं के अनुसार, मरक्यूरी तेजी से दौड़कर एक देवता का संदेश दूसरे देवता तक पहुंचा देता था। जब देखा गया कि बुध ग्रह भी आकाश में तेजी से चलता है, तो इसे देवता मरक्यूरी का नाम दिया गया। रोमन लोग मरक्यूरी को व्यापार का देवता मानते थे।

पुराने जमाने में ग्रहों को देवताओं के नाम दिए गए, तो इसमें आश्चर्य की कोई बात नहीं है। पिछले लगभग सवा दो सौ वर्षों में खोजे गए प्रमुख ग्रह यूरेनस व नेपच्यून और बौने ग्रह प्लूटो के नाम भी यूनानी-रोमन देवताओं के ही नाम हैं। लेकिन इन नामों के आधार पर जब आदमी का भविष्य बतलाने का अंधविश्वासी गोरखधंधा चलाया जाता है, तो बड़ा आश्चर्य होता है। जैसे, बुध ग्रह की किसी विशेष आकाश-स्थिति के समय किसी बालक का जन्म होता है, तो पाश्चात्य देशों के फलित-ज्योतिषी कहेंगे कि वह बालक आगे जाकर एक सफल सौदागर होगा, क्योंकि उनके अनुसार बुध (मरक्यूरी) व्यापार का देवता है। लेकिन हमारे देश का फलित-ज्योतिषी कहेगा कि वह बालक आगे जाकर बहुत बड़ा विद्वान होगा!

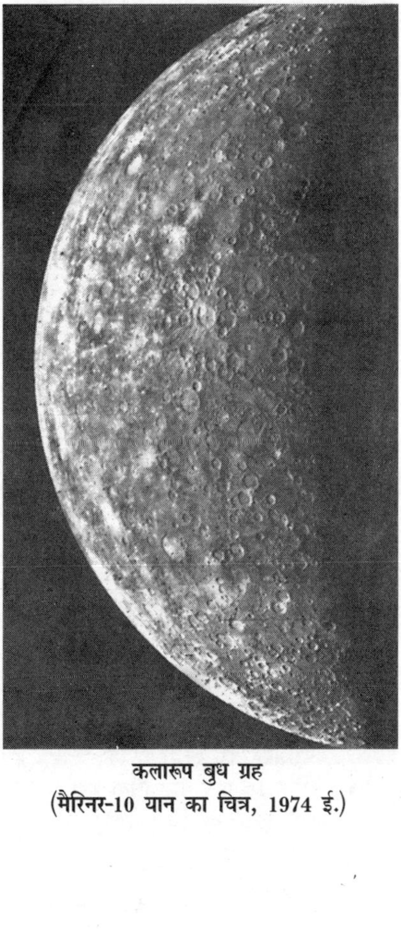

कलारूप बुध ग्रह
(मैरिनर-10 यान का चित्र, 1974 ई.)

आज हम जानते हैं कि बुध ग्रह पर किसी प्रकार का जीव-जगत नहीं है, किसी देवता के होने की बात तो दूर रही। बुध पर वायुमंडल नहीं। बुध के विषुववृत्तीय क्षेत्र में दिन के समय तापमान 400° सेंटीग्रेड से ऊपर रहता है और रात के समय –170° सेंटीग्रेड पर उतर आता है। दिन के समय बुध की सूर्य की ओर की सतह पर जानलेवा सौर विकिरण का प्रहार सतत जारी रहता है। संक्षेप में, बुध की परिस्थितियां नारकीय हैं।

बुध ग्रह पृथ्वी से काफी छोटा

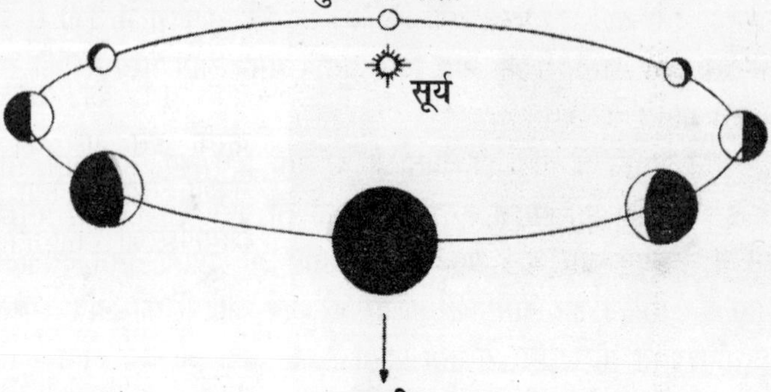

पृथ्वी से बुध और शुक्र की कलाएं इस प्रकार दिखाई देती हैं।

है। पृथ्वी का व्यास करीब 12,700 किलोमीटर है, तो बुध के गोले का व्यास 4850 किलोमीटर। आकार में हमारा चंद्र (व्यास 3476 किलोमीटर) बुध ग्रह के लगभग तीन-चौथाई है। एक लंबी अंडाकार कक्षा में परिक्रमा करते हुए बुध की सूर्य से न्यूनतम दूरी 4.6 करोड़ किलोमीटर रहती है और महत्तम दूरी 7 करोड़ किलोमीटर। इसलिए हम कहते हैं कि बुध ग्रह लगभग 5.8 करोड़ किलोमीटर की औसत दूरी से सूर्य की परिक्रमा करता है। हमारी पृथ्वी लगभग 15 करोड़ किलोमीटर की औसत दूरी से सूर्य का चक्कर लगाती है। इस सूर्य-पृथ्वी दूरी को खगोल-विज्ञान में एक 'खगोलीय इकाई' या 'खगोलीय एकक' का नाम दिया गया है, और सौर मंडल के पिंडों की दूरियां मापने में इसका व्यापक उपयोग होता है।

मैरिनर-10 यान द्वारा लिया गया बुध के क्रेटरों का चित्र (1974 ई.)

बुध ग्रह हमारे 88 दिनों में सूर्य की एक परिक्रमा पूरी कर लेता है। इतालवी खगोलवेत्ता गिओवान्नी शियापारेल्ली (1835-

बुध की सतह (कल्पना-चित्र)

1910 ई.) ने कई साल तक बुध का अवलोकन करके इस ग्रह का एक नक्शा तैयार किया था। शियापारेल्ली निष्कर्ष पर पहुंचे थे कि बुध 88 दिनों में सूर्य की एक परिक्रमा पूरी करता है और यह ग्रह अपनी धुरी पर भी इतने ही दिनों में एक चक्कर लगा लेता है। इसका परिणाम यह होता है कि बुध का एक गोलार्ध हमेशा सूर्य की ओर रहता है और दूसरा गोलार्ध हमेशा अंधेरे में रहता है। हमारे चंद्र का भी यही हाल है।

इस तरह, कई साल तक खगोलविद यही मानते रहे कि बुध को अपनी धुरी पर एक चक्कर लगाने में 88 दिन लगते हैं। लेकिन 1965 ई. के नए अध्ययनों से पता चला कि बुध को अपनी धुरी पर एक चक्कर लगाने में लगभग 59 दिन लगते हैं।

बुध ग्रह के सूर्य के अत्यधिक समीप होने के कारण इसके अनुसंधान में अनेक कठिनाइयां हैं। बुध एक अतितप्त संसार है। इसके तप्त गोलार्ध में टिन व सीसा भी पिघल जाएंगे। यही वजह है कि बुध की सतह पर अभी तक कोई मानव-रहित अंतरिक्षयान नहीं उतारा गया है। हमारे चंद्र की तरह बुध भी हमें घटती-बढ़ती कलाओं के रूप में दिखाई देता है, लेकिन बुध की इन कलाओं को दूरबीन से ही देखा जा सकता है। बुध का अपना कोई चंद्र नहीं है।

सूर्य का चक्कर लगाने के लिए भेजे गए अमरीका के मैरिनर-10 यान ने 1974 ई. में दो बार, जाते और लौटते समय, काफी नजदीक से बुध के बहुत-सारे चित्र उतारे थे। उनसे पता चला है कि बुध की सतह पर भी चंद्रमा-जैसे खड्ड (क्रेटर) हैं। बुध पर 2 से 4 किलोमीटर ऊंचे और सैकड़ों किलोमीटर लंबे पहाड़ भी हैं।

बुध की सभी भौतिक परिस्थितियों पर विचार करने से स्पष्ट होता है कि

इस ग्रह पर किसी प्रकार के जीव-जगत का अस्तित्व नहीं है। आदमी भी बड़ी कठिनाई से ही बुध की सतह पर उतर पाएगा।

शुक्र ग्रह

शुक्र हमारा पड़ोसी ग्रह है। इस ग्रह तक कई मानव-रहित अंतरिक्षयान पहुंच चुके हैं। कुछ यान इस ग्रह की सतह पर भी उतरे हैं। फिर भी शुक्र की सतह के बारे में अभी हमें स्पष्ट जानकारी नहीं मिली है।

शुक्रतल के बारे में हमारा इतना अज्ञान क्यों?

बात यह है कि शुक्र की सतह कई किलोमीटर ऊंचे वायुमंडल से ढकी हुई है। हमारी कोई भी दूरबीन शुक्र के इस वायुमंडल को भेदकर इसकी सतह को नहीं देख सकती। इसलिए वैज्ञानिक पिछले पांच-छह दशकों से नए-नए तरीकों से शुक्र के धरातल की खोजबीन में जुटे हुए हैं। सोवियत रूस के अंतरिक्ष-स्टेशन 'वीनस-4' व 'वीनस-7' शुक्र की सतह पर उतारे गए, तो वहां से यंत्रोपकरणों द्वारा भेजे गए संदेशों से शुक्र के बारे में काफी नई जानकारी मिली है। अमरीकी खगोलवेत्ताओं ने भी शुक्र की सतह के बारे में कुछ नई बातें खोज निकाली हैं। लेकिन इन्हें जानने के पहले शुक्र के बारे में वे बुनियादी बातें जाननी जरूरी हैं जो हजारों वर्ष पहले जान ली गई थीं।

शुक्र को रोमन लोग 'वीनस' (यूनानियों की 'एफ्रोडाइट') कहते थे। भारतीय शुक्र दैत्यगुरु हैं, तो वीनस सौंदर्य की देवी। शुक्र का यूनानी नाम 'कुप्रोस' या 'कुप्रिस' था। इसका लैटिन रूप 'सिप्रिस' हुआ। इस 'सिप्रिस' शब्द का 'शुक्र' शब्द से सादृश्य है। **ऋग्वेद** (10.123.1, वेनसूक्त) में उल्लेख है : यह सूर्यकिरणरूपी, पृथ्वीवत्सप्रेरक, प्रकाशोत्पन्न वेन उदित हुआ है (**अयं वेनश्चोदयत् पृश्निगर्भा, ज्योतिर्जरायू रजसो विमान** ...)। यहां 'वेन' शब्द आकाश की एक चमकीली ज्योति के अर्थ में प्रयुक्त हुआ है। लोकमान्य बाल गंगाधर तिलक का मत था कि 'वेन' और 'वीनस' तथा 'कुप्रिस' और 'शुक्र' शब्द एक ही अर्थ के द्योतक हैं। इस सादृश्य से यह सिद्ध होता है कि जब (लगभग चार हजार वर्ष पहले) यूनानियों और भारतीय आर्यों के पूर्वज एक स्थान पर रहते थे, तब वे शुक्र ग्रह को पहचानकर इसका नामकरण-संस्कार कर चुके थे।

शुक्र ग्रह पृथ्वी की अपेक्षा सूर्य के अधिक निकट है। सौर मंडल में बुध के बाद शुक्र का नंबर आता है। इसकी कक्षा बुध और पृथ्वी के बीच में है। सूर्य से पृथ्वी की दूरी लगभग 15 करोड़ किलोमीटर है, लेकिन शुक्र सूर्य से करीब 11 करोड़ किलोमीटर की दूरी से लगभग वृत्ताकार मार्ग में इसकी परिक्रमा करता

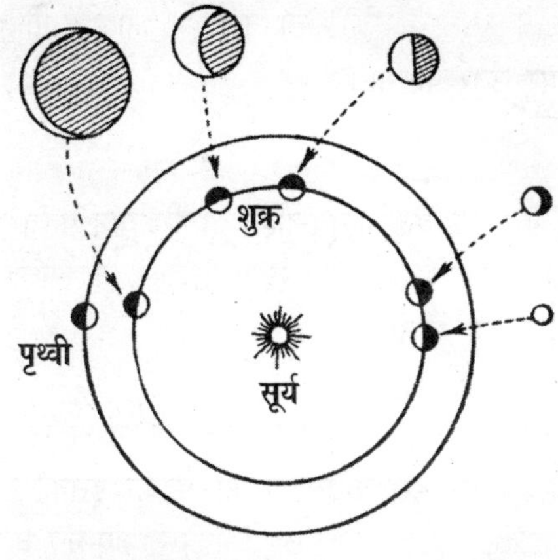

पृथ्वी से बदलती दूरी के अनुसार शुक्र के विभिन्न कलारूपों में इसका दृश्यव्यास भी बदलता रहता है। शुक्र जब पृथ्वी के निकट रहता है, तभी अपने कलारूप में यह अधिक चमकीला दिखाई देता है।

है। शुक्र चंद्रमा के बाद आकाश में हमारा निकटतम पड़ोसी है। शुक्र जब पृथ्वी के नजदीक आता है, तो इसकी दूरी लगभग चार करोड़ किलोमीटर रह जाती है। बुध की तरह शुक्र का भी अपना कोई चंद्र नहीं है।

चूंकि यह ग्रह हमारी अपेक्षा सूर्य के अधिक निकट है, इसलिए चंद्र और बुध ग्रह की तरह शुक्र ग्रह भी कलाएं दरशाता है। सूर्य से इसकी सर्वाधिक दूरी 47 अंश होती है। कलारूप शुक्र ही आकाश में सबसे अधिक चमकीला दिखाई देता है। तब यह इतना अधिक चमकता है कि इसके प्रकाश की छाया भी पड़ सकती है और तब इसे पश्चिमाकाश में कभी-कभी सूर्यास्त के पहले भी देखा जा सकता है। सूर्योदय के पहले, कुछ महीने, शुक्र ग्रह पूर्वाकाश में दिखाई देता है ('भोर का तारा'), तो कुछ महीने सूर्यास्त के बाद पश्चिमी क्षितिज के ऊपर ('सायंकाल का तारा')। उत्तर भारत के ग्रामवासी शुक्र को 'सुकवा' कहते हैं।

आकाश का सबसे चमकीला तारा है व्याध या लुब्धक (सिरियस)। शुक्र ग्रह इस तारे से 13 गुना अधिक चमकता है। अतः कोई आश्चर्य नहीं कि प्रातःकाल उठने वाले प्राचीनकाल के लोगों को शुक्र की गति-विधि का अच्छा ज्ञान रहा है। 'शुक्र' शब्द का अर्थ ही है—चमकीला।

मध्य-अमरीका की मय सभ्यता के पुरोहित-ज्योतिषियों को भी शुक्र ग्रह की गति का अच्छा ज्ञान था। सूर्य के बाद उनका प्रमुख देवता शुक्र (चाक् नोह् एक्) था। इसके लिए वे नरबलि भी देते थे। मय सभ्यता वालों ने काल-गणना में कल्पनातीत उन्नति की थी और उनका पंचांग यूरोप के ग्रेगोरी पंचांग से कहीं अधिक उन्नत था। शुक्र की गतियों के सतत तीन साल तक किए गए अध्ययन के बारे में एक मय पुस्तक 'ड्रेस्डेन कोडेक्स' में जानकारी है।

शुक्र को हम पृथ्वी का सहोदर मान सकते हैं। आकार-प्रकार और द्रव्यमान

में यह पृथ्वी के लगभग समान ही है। इसका व्यास करीब 12 हजार किलोमीटर है; आयतन पृथ्वी के 0.86 प्रतिशत और द्रव्यमान 0.81 प्रतिशत। शुक्र के भी ध्रुव-प्रदेश कुछ चपटे हैं। शुक्र की सतह पर गुरुत्व-शक्ति पृथ्वी की गुरुत्वाकर्षण-शक्ति के 0.87 प्रतिशत होगी। पृथ्वी 29 किलोमीटर प्रति सेकंड के वेग से सूर्य-परिक्रमा करती है, किंतु शुक्र 35 किलोमीटर प्रति सेकंड के वेग से सूर्य-परिक्रमा करता हुआ हमारे 225 दिनों में इसका एक चक्कर पूरा करता है; अर्थात्, शुक्र का 'वर्ष' हमारे 225 दिनों के बराबर है।

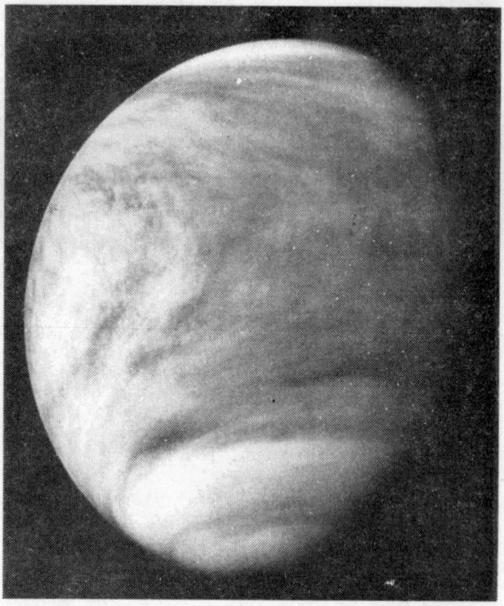

शुक्र की सतह घने बादलों से ढकी हुई है।

और शुक्र का एक दिन? शुक्र की सतह घने वायुमंडल से ढकी हुई है, इसलिए आरंभ में खगोलविद नहीं जान पाए थे कि यह ग्रह वस्तुतः ठीक कितने समय में अपनी धुरी पर एक चक्कर लगा लेता है। अब नए अनुसंधानों से पता चला है कि यह ग्रह अपनी धुरी पर विपरीत दिशा में, पूर्व से पश्चिम, चक्कर लगाता है (हमारी पृथ्वी अपनी धुरी पर पश्चिम से पूर्व दिशा में घूमती है)। शुक्र अपनी धुरी पर अत्यंत धीमी गति से हमारे 243 दिनों में एक चक्कर लगा लेता है। इस तरह, शुक्र को सूर्य की एक परिक्रमा करने में तो 225 दिन लगते हैं, मगर अपनी धुरी पर एक चक्कर लगाने में 18 दिन ज्यादा लगते हैं।

शुक्र के बारे में हमें बहुत-सी बातें ज्ञात नहीं हैं। कारण यह है कि इसकी सतह हमसे छिपी हुई है। शुक्र का जो चमकीला रूप दिखाई देता है वह इसकी सतह का नहीं है, वह इसका ऊपरी वायुमंडल है। शुक्र को हमसे करीब ढाई गुना अधिक सूर्य-प्रकाश मिलता है, इसलिए यह ग्रह चमकता भी खूब है। वैज्ञानिकों ने पता लगाया है कि शुक्र के वायुमंडल में ऑक्सीजन और जल-वाष्प नहीं हैं; इसके वायुमंडल में कार्बन-डाइऑक्साइड की प्रधानता है (96 प्रतिशत)। वनस्पति कार्बन-डाइऑक्साइड को ग्रहण करके ऑक्सीजन छोड़ती है। अतः शुक्र

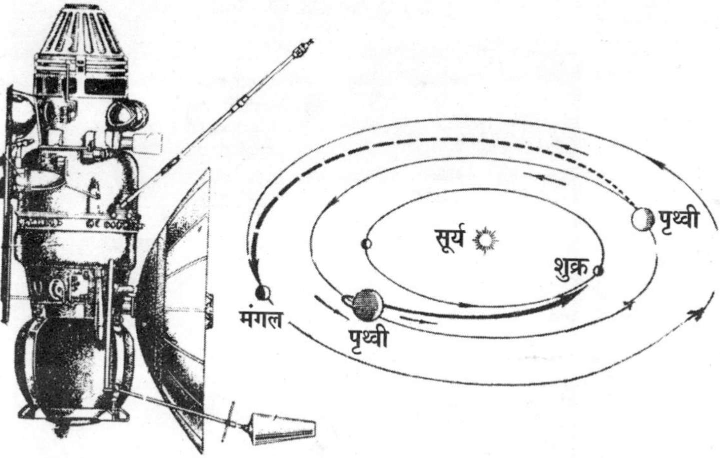

रूस के 'वेनेरा-7' नामक मानव-रहित स्टेशन (बाएं) का शुक्र तक का यात्रापथ।

की सतह पर वनस्पति नहीं हो सकती। अगर होती, तो यह कार्बन-डाइऑक्साइड का शोषण करके ऑक्सीजन पैदा करती।

दूसरा मत यह है कि शुक्र की सतह तप्त मरुभूमि से ढकी हुई है। अमरीकी वैज्ञानिकों ने 27 अगस्त, 1962 को 'मैरिनर-2' नामक एक अंतरिक्ष-स्टेशन शुक्र की ओर भेजा था। 109 दिनों की यात्रा के बाद यह शुक्र के 34,000 किलोमीटर नजदीक पहुंचा था। वहां से इस स्टेशन के यंत्रों ने 42 मिनटों तक शुक्र के बारे में रेडियो-संकेतों से जानकारी भेजी थी। इस जानकारी के अनुसार, शुक्र की सतह का तापमान 400° सेंटीग्रेड है और इस पर चुंबकीय क्षेत्रों का अभाव है।

शुक्र की सतह पर यंत्रोपकरणों को उतारने में पहली बार सफलता मिली रूसी वैज्ञानिकों को। 12 जून, 1967 को सोवियत रूस के 'वेनेरा-4' (वीनस) यान ने धरती से अपनी यात्रा आरंभ की और 129 दिनों में लगभग 3,40,00,000 किलोमीटर दूरी तय करके 18 अक्टूबर, 1967 को यह शुक्र की सतह पर उतरा। क्योंकि शुक्र का वायुमंडल पृथ्वी के वायुमंडल से लगभग 100 गुना घना है, इसलिए इस स्टेशन को वहां पैराशूट से उतारने की व्यवस्था की गई थी।

फिर दिसंबर 1970 में सोवियत संघ ने 'वेनेरा-7' यान को शुक्रतल पर उतारा। इस स्टेशन में स्थापित किए गए यंत्रोपकरणों ने वहां से शुक्र की सतह के बारे में महत्वपूर्ण जानकारी भेजी है। प्रमुख बातें हैं : शुक्र के वायुमंडल में कार्बन-डाइऑक्साइड की प्रधानता है। ऑक्सीजन लगभग 0.4 प्रतिशत है और

शुक्रतल से वायुमंडल की ऊंचाई

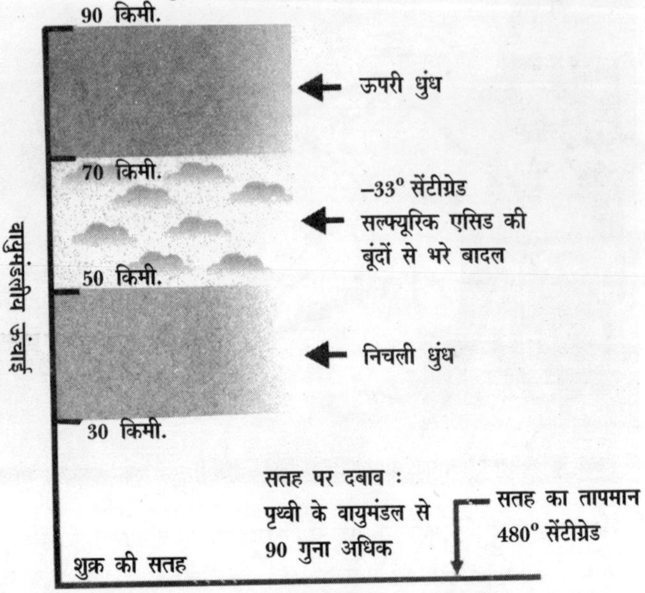

कार्बन-डाईऑक्साइड 96 %, नाइट्रोजन 3.5 % इत्यादि।

शुक्र का वायुमंडल

जल-वाष्प केवल 1.6 प्रतिशत। शुक्रतल का तापमान 480° सेंटीग्रेड और दाब 15 से 22 वायुमंडलों के बराबर है। शुक्र पर चुंबकीय क्षेत्र नगण्य है।

रूस ने 'वेनेरा' शृंखला के और भी कई स्वचालित यान शुक्र के अध्ययन के लिए भेजे हैं। नई विधियों से शुक्र की खोजबीन का यह केवल आरंभ ही है। भविष्य में शुक्र की सतह पर और भी अधिक अंतरिक्षयान उतारे जाएंगे। वहां कैमरे उतारे जाएंगे, तो फिर शुक्रतल के बारे में सचित्र जानकारी भी मिलेगी।

खगोल-विज्ञान के इतिहास की दृष्टि से शुक्र से संबंधित एक घटना का विशेष महत्व है। यह है शुक्र के पारगमन (transit) की घटना। जब पृथ्वी और सूर्य के बीच में चंद्रमा आ जाता है, तब सूर्य-ग्रहण होता है। जब बुध या शुक्र ग्रह पृथ्वी और सूर्य के बीच में आता है, तो उसे 'पारगमन' कहते हैं। चूंकि चंद्र की तुलना में बुध व शुक्र ग्रह पृथ्वी से काफी दूर हैं, इसलिए वे पारगमन के दौरान सूर्य की चमकीली सतह पर एक छोटा काला धब्बा बनाते हैं।

सूर्य की शुभ्र चकती के सामने से शुक्र का पारगमन एक महत्वपूर्ण घटना है, पर यह घटना काफी दुर्लभ भी है। दूरबीन के आविष्कार (1609 ई.) के बाद अब

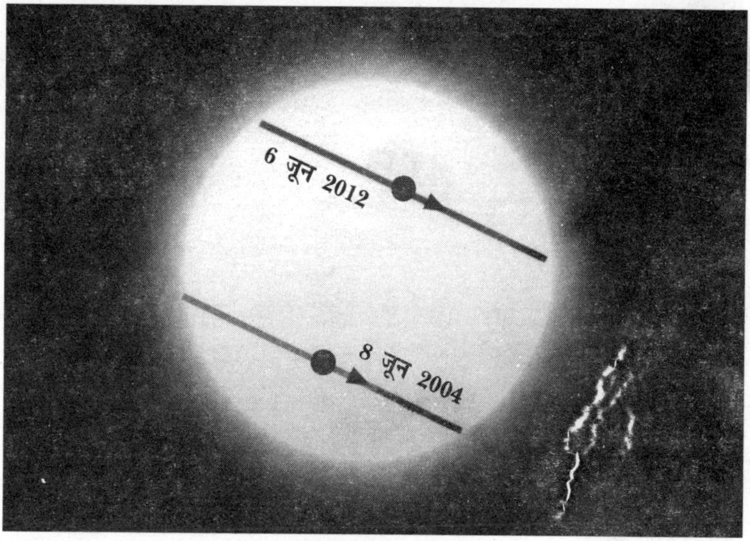

शुक्र का पारगमन : 2004 व 2012 ई.

तक सिर्फ सात बार (1631, 1639, 1761, 1769, 1874, 1882 व 2004 ई.) शुक्र का पारगमन घटित हुआ है। शुक्र के 8 जून, 2004 के पिछले पारगमन को भारत में बहुत से लोगों ने देखा है। शुक्र का अगला पारगमन अब 6 जून, 2012 में होगा। शुक्र के पारगमन के अध्ययन से खगोलविदों को सूर्य-पृथ्वी दूरी (खगोलीय इकाई) का सही मापन करने में मदद मिलती है।

शुक्र के पारगमन के अध्ययन के लिए खगोलविद दूर-दूर के देशों की यात्राएं करते रहे हैं। फ्रांसीसी खगोलविद लजेंतिल ने 1761 ई. के शुक्र के पारगमन को पदुच्चेरि (पांडेचेरि, भारत) से देखने का फैसला किया। वे एक फ्रांसीसी युद्धपोत में सवार होकर पदुच्चेरि के लिए रवाना हुए। तभी फ्रांस व इंग्लैंड के बीच युद्ध छिड़ गया और अंग्रेजों ने पदुच्चेरि पर कब्जा कर लिया। लजेंतिल युद्धपोत की छत से ही जैसे-तैसे पारगमन का थोड़ा अध्ययन कर सके। मगर वह फ्रांस वापस नहीं गए। उन्होंने 1769 ई. के अगले पारगमन तक भारत में ही रुकने का फैसला किया। यहां उन्होंने भारतीय ज्योतिष के बारे में काफी जानकारी एकत्र की। लेकिन 3 जून, 1769 को ऐन पारगमन के समय बादलों ने सूर्य को ढक लिया! लजेंतिल निराश होकर पूरे 11 साल बाद पेरिस लौटे। उनके रिश्तेदारों ने उन्हें मृत मान लिया था और वे उनकी सम्पत्ति के बंटवारे की तैयारी कर रहे थे!

☆

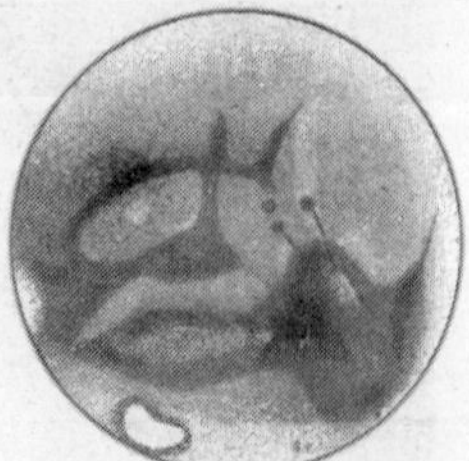

5 मंगल ग्रह

मंगल और शुक्र हमारे पड़ोसी ग्रह हैं। शुक्र के अध्ययन से पता चला है कि वहां आदमी को उतारने में कई कठिनाइयां हैं। अतः अब मंगल के अध्ययन पर अधिक ध्यान दिया जा रहा है। नासा (अमरीका) मंगल पर आदमी को उतारने की तैयारी में जुट गया है। मंगल और पृथ्वी में अनेक समानताएं हैं। मंगल पर अतीत में कभी काफी पानी रहा है, और संभवतः आज भी है। मंगल पर सूक्ष्म 'जीवन' के अस्तित्व की भी थोड़ी संभावना है।

मंगल ने प्राचीन काल से ही मानव को सबसे अधिक आकर्षित किया है। आकाश में मंगल कुछ लाल रंग का दिखाई देता है, इसलिए हमारे प्राचीन साहित्य में इस ग्रह के लिए 'अंगारक' और 'लोहितांग' जैसे नाम देखने को मिलते हैं। बहुत पहले मंगल की वक्र गति को पहचानकर इसे एक अनिष्टकारी ग्रह समझा गया था। **महाभारत** का उल्लेख है :

प्रत्यागत्य पुनर्जिष्णुर्जघ्ने संशप्तकान् बहून्।
वक्रातिवक्रगमनादङ्गारक इव ग्रहः ॥ 1 ॥–कर्णपर्व, अध्याय 19.

अर्थात्, जैसे मंगल ग्रह तीव्र वक्र गति से चलता हुआ अनिष्टकारी होता है, उसी प्रकार विजयी अर्जुन ने दंडधार की सेना से पुनः लौटकर बहुत-से संसप्तकों का संहार शुरू कर दिया।

कालिदास ने भी अपने नाटक **मालविकाग्निमित्र** (तृतीय अंक) में अंगारक की वक्र गति का उल्लेख किया है : ... **शीघ्रमपक्रमामः, यावदङ्गारको राशिमिवानुवक्रं प्रतिगमनं न करोति** (यहां से शीघ्र चले जाइए, इसके पहले कि वह मंगल की तरह पुनः राशि में वापस लौट आए)। भारतीय आख्यानों में मंगल को भूमि-पुत्र (भौम) कहा गया है। परंतु यूनानी-रोमन कथानकों में लाल रंग का यह ग्रह (रोमन 'मार्स', यूनानी 'आरेस') युद्ध का देवता है। आकाश में वृश्चिक राशि (तारा-मंडल) में लाल रंग का चमकीला ज्येष्ठा तारा है। पाश्चात्य खगोल-विज्ञान में इसका नाम 'एंटारेस' है। इस तारे का

रंग मंगल की तरह लाल है, इसीलिए इसे 'एंट-आरेस' का नाम दिया गया था। यूनानी भाषा में मंगल को 'आरेस' कहते थे, इसलिए 'एंट-आरेस' का अर्थ हुआ– 'मंगल का प्रतिद्वंद्वी'। आकाश में मंगल ग्रह और उसके 'प्रतिद्वंद्वी' ज्येष्ठा तारे की अलग-अलग स्पष्ट पहचान जरूरी है।

परंतु ज्येष्ठा तारा और मंगल ग्रह लाल रंग के दिखाई देते हैं, तो इसके कारण अलग-अलग हैं। ज्येष्ठा का लाल रंग इसके अपेक्षाकृत कम सतह-तापमान का सूचक है। मंगल की बालूमय मिट्टी में लौह ऑक्साइड (जंग लगा हुआ लोहा) मिला होने के कारण यह ग्रह लाल रंग का नजर आता है।

मंगल की वक्री चाल : एक दृष्टिभ्रम

हम देखते हैं कि ग्रह, अन्य आकाशीय पिंडों की तरह, पूर्व में उदित होकर पश्चिम में डूबते हैं। मगर ध्यान से देखें, तो पता चलता है कि तारों से वे पिछड़ जाते हैं। अर्थात्, वे तारों के सापेक्ष पश्चिम से पूर्व की ओर विभिन्न कोणीय वेगों से क्रांतिवृत्त (रविपथ) के आसपास रहकर यात्रा करते हैं। पश्चिम से पूर्व की ओर की अपनी इस गति में ग्रह कभी तेज चलते हैं, कभी मंद चलते हैं, कभी उलटे (वक्री) चलते हैं, तो कभी सीधे (मार्गी) चलते हैं। यदि कई रातों तक मंगल को देखा जाए, तो यह ग्रह तारों की पृष्ठभूमि में एक गोल चक्कर बनाता हुआ दिखाई देगा। यही है मंगल की वक्री चाल। मगर इसमें अजूबे-जैसी कोई बात नहीं है। इसका स्पष्ट कारण है, पृथ्वी और मंगल की सापेक्ष गतियां। पृथ्वी की कक्षा-गति (लगभग 30 किमी./से.) मंगल की कक्षा-गति (24 किमी./ से.) से ज्यादा है, इसीलिए मंगल आकाश में कभी वक्री, तो कभी मार्गी नजर आता है। वस्तुतः मंगल अपनी कक्षा में पीछे नहीं लौटता। वह लगभग 24 किलोमीटर प्रति

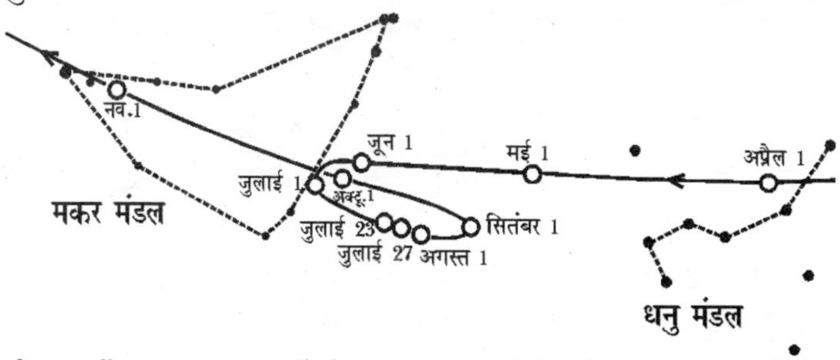

वक्री व मार्गी ग्रह : सन् 1939 में मंगल का दृश्यपथ। देखिए कि लगभग 1 जुलाई को यह ग्रह स्थिर नजर आता है। जुलाई और अगस्त में यह वक्री रहता है। लगभग 1 सितंबर को यह पुनः स्थिर दिखाई देता है।

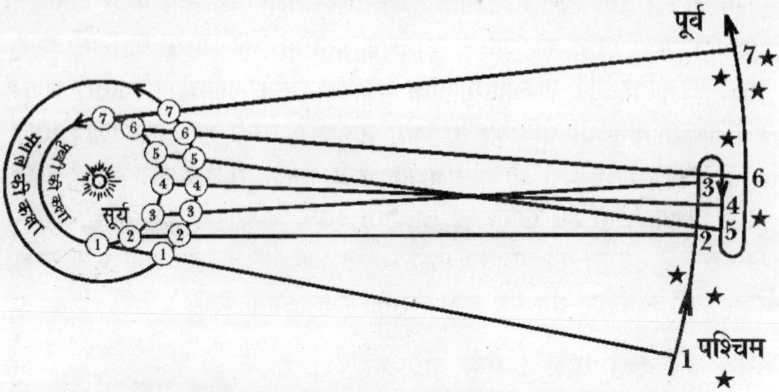

कोपर्निकस के सूर्यकेंद्री सिद्धांत के आधार पर मंगल की इन सीधी (मार्गी) और उलटी (वक्री) गतियों की व्याख्या की जा सकती है।

सेकंड की रफ्तार से निरंतर अपनी कक्षा में आगे बढ़ता रहता है। फलित-ज्योतिषी जिस अनिष्टकारी 'वक्री मंगल' की बात करते हैं वह महज एक दृष्टिभ्रम है, अंधविश्वास है।

ज्योतिष के हमारे प्राचीन सिद्धांत-ग्रंथों में कहीं पर भी यह स्पष्ट नहीं किया गया है कि आकाश में ग्रहों की ये विभिन्न गतियां कैसे पैदा होती हैं। कारण यह है कि पृथ्वी को अचल मानकर इन गतियों की व्याख्या कतई संभव नहीं है। इनकी समुचित व्याख्या निकोलस कोपर्निकस (1473-1543 ई.) द्वारा प्रतिपादित सूर्यकेंद्री सिद्धांत से ही संभव है।

आधुनिक काल में मंगल अधिक जिज्ञासा और कुतूहल का विषय बना है। इसका एक कारण तो यह है कि पृथ्वी की कक्षा के परे सूर्य की परिक्रमा करने वाला मंगल हमारा पड़ोसी ग्रह है। दूसरा कारण है, 1877 ई. में मंगल की सतह पर नहरों-जैसी लकीरों का जाल दिखाई देना और उसी साल इस ग्रह के दो अद्भुत चंद्रों की खोज होना। उसके बाद मंगल ग्रह बहुतों की कल्पना में "बुद्धिमान प्राणियों से आबाद" हो गया। मंगलवासियों के बारे में ढेर सारे वैज्ञानिक कथानक लिखे गए।

लेकिन अंतरिक्षयात्राओं का दौर शुरू होने के बाद, पिछले लगभग पांच दशकों में, मंगल का एक नितांत नया रूप प्रकट हुआ है। रूस और अमरीका के कई स्वचालित अंतरिक्षयान मंगल तक पहुंच चुके हैं। मंगल की सतह पर यंत्रोपकरणों के पिटारे उतारे गए हैं, रोबोट-गाड़ियां चलाई गई हैं। इनके जरिए मंगल के बारे में बहुत-सारी नई जानकारी मिली है, धरती पर मंगल की सतह

के हजारों चित्र प्राप्त किए गए हैं। अगस्त 2003 में मंगल ग्रह पृथ्वी के बहुत नजदीक आया था। तब नासा (अमरीका) ने मंगल की ओर 'स्पिरिट' व 'ऑपर्च्युनिटी' नामक दो रोबोट-गाड़ियां भेजी थीं। उन गाड़ियों ने जनवरी 2004 में मंगल की सतह पर पहुंचकर ढेर सारी जानकारी धरती की ओर भेजी। मंगल पर पानी होने के बारे में भी कुछ महत्वपूर्ण वैज्ञानिक सबूत मिले हैं।

मंगल की सतह और उस पर उतारी गई रोबोट-गाड़ी 'स्पिरिट'

मंगल तक का सुगम मार्ग

मंगल ग्रह पृथ्वी की अपेक्षा अधिक दूरी से हमारे 687 दिनों में सूर्य की एक परिक्रमा पूरी करता है। सौर मंडल का मंगल जैसा कोई बाहरी ग्रह पृथ्वी के आकाश में जब सूर्य की विपरीत दिशा में होता है, तो कहा जाता है कि वह वियुति (opposition) में है। ऐसे समय पृथ्वी उस ग्रह और सूर्य के बीच में होती है। तब वह ग्रह रात्रि के आकाश में खूब चमकीला नजर आता है।

मंगल ग्रह लगभग हर 2 साल और 2 महीने बाद (औसतन 780 दिन बाद) वियुति की स्थिति में पहुंचता है। पृथ्वी लगभग एक वृत्ताकार कक्षा में सूर्य की परिक्रमा करती है, तो मंगल एक अंडाकार कक्षा में। जब मंगल ग्रह सूर्य से अपनी न्यूनतम दूरी के समय वियुति में होता है, तब पृथ्वी से इसकी दूरी सिर्फ 560 लाख किलोमीटर रह जाती है। इसके विपरीत, जब यह ग्रह सूर्य से अपनी महत्तम दूरी के समय वियुति में होता है, तब पृथ्वी से इसकी दूरी 1020 लाख किलोमीटर

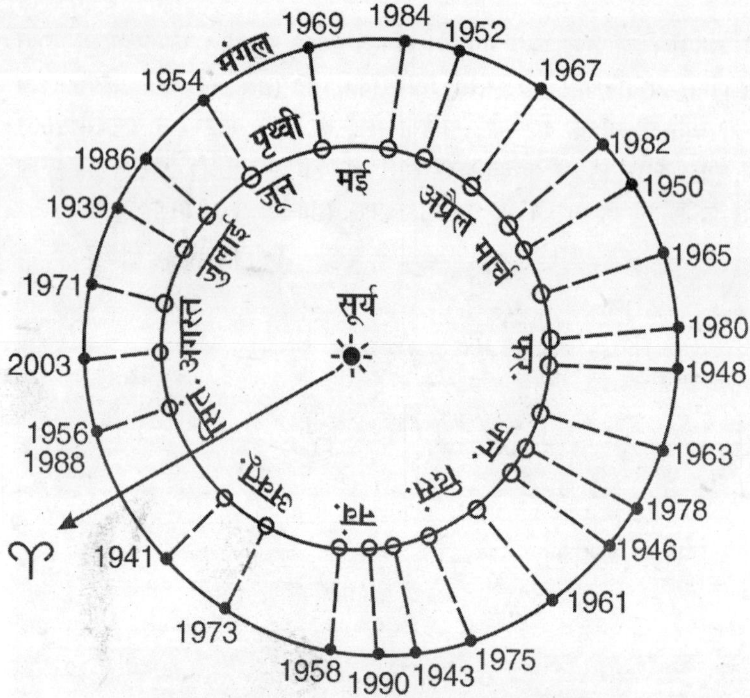

सन् 1919 से 2007 तक पृथ्वी से मंगल की वियुतियां

होती है। अतः स्पष्ट है कि मंगल जब सूर्य से अपनी न्यूनतम दूरी के समय वियुति में होता है, तभी इस ग्रह की ओर अंतरिक्षयान भेजने में सबसे कम ऊर्जा और सबसे कम समय लगता है। मंगल के पृथ्वी के सबसे नजदीक आने के ऐसे सुअवसर हर 15 या 17 साल (औसतन 16 साल) बाद उपलब्ध होते हैं। प्रायः ऐसे ही अवसरों पर अंतरिक्षयान मंगल की ओर भेजे जाते हैं।

सन् 1965 में जब मंगल पृथ्वी के नजदीक आया था, तब पहली बार नासा के 'मैरिनर-4' यान ने इस ग्रह के नजदीक से गुजरकर इसके 21 चित्र उतारे थे। अगस्त 1971 में मंगल ग्रह पृथ्वी के सबसे नजदीक आया था। तब पृथ्वी से मंगल की दूरी 562 लाख किलोमीटर थी। उस समय अमरीका ने अपना मैरिनर-9 यान और सोवियत रूस ने अपने 'मार्स' नामक दो अंतरिक्षयान मंगल की ओर भेजे थे। फिर 1975 ई. में मंगल पुनः पृथ्वी के नजदीक आया, तो नासा ने पहली बार इसकी सतह पर 'वाइकिंग-1' यान को उतारा और इसकी जलवायु तथा सतह के बारे में महत्वपूर्ण सूचनाएं प्राप्त कीं। सितंबर 1988 में इन दो ग्रहों के बीच न्यूनतम

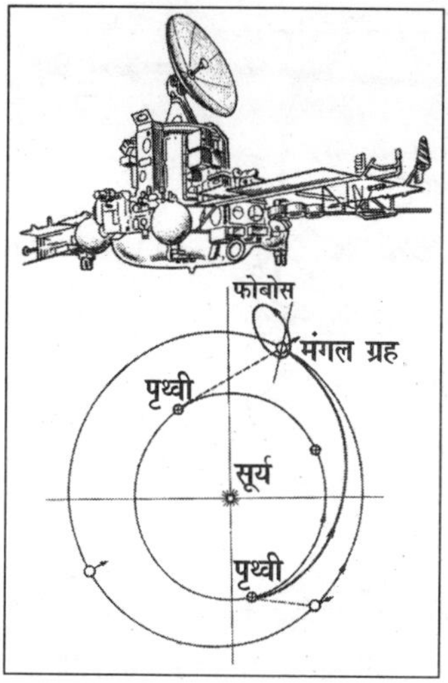

सोवियत संघ का 'फोबोस' यान और मंगल तक का उसका यात्रापथ

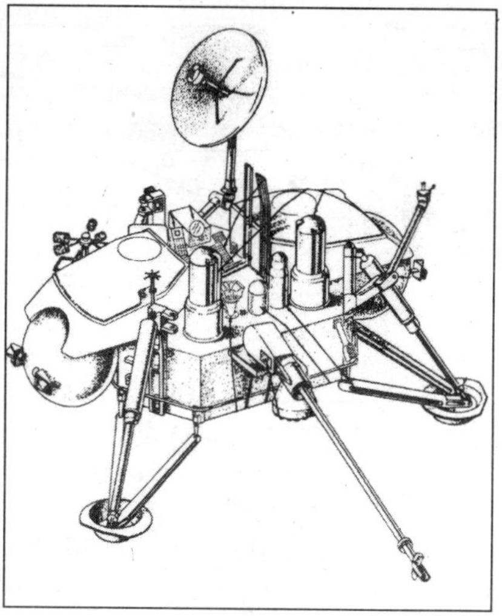

पहली बार मंगल की सतह पर उतारा गया नासा का 'वाइकिंग' यान

दूरी 584 लाख किलोमीटर थी। तब सोवियत संघ ने 'फोबोस' नामक दो स्वचालित अंतरिक्षयान मंगल की सतह पर उतरने के लिए भेजे थे।

सन् 2003 में पुनः पृथ्वी और मंगल के बीच न्यूनतम दूरी रही। 27-28 अगस्त (2003) को वियुति के समय पृथ्वी से मंगल सिर्फ 558 लाख किलोमीटर (ठीक-ठीक कहें तो 5,57,58,006 किलोमीटर) दूर था। विशेष बात यह है कि मंगल ग्रह करीब 60,000 साल बाद पृथ्वी के इतने अधिक नजदीक पहुंचा था। आगे 2287 ई. में ही मंगल पुनः पृथ्वी के इतने (वस्तुतः कुछ अधिक) निकट आएगा।

मंगल 2003 ई. में पृथ्वी के सबसे नजदीक आया, तो पहले ब्रिटेन ने एक और फिर जून-जुलाई में नासा (अमरीका) ने दो स्वचालित अंतरिक्षयान मंगल ग्रह की ओर भेजे। सबसे पहले जनवरी 2004 में 'बगी' गाड़ी मंगलतल पर उतरी। उसके कुछ दिन बाद नासा की 'स्पिरिट' व 'ऑपर्च्युनिटी' नामक रोबोट-गाड़ियां मंगल के पास पहुंचीं और इस ग्रह की विपरीत दिशाओं वाली सतहों पर उतरीं। नासा के दो स्वचालित यान ('सर्वेयर' और 'ओडेसी') पहले से ही मंगल की परिक्रमा कर रहे थे, उसकी सतह के बारे में सूचनाएं एकत्र कर रहे थे।

राकेटयान को धरातल से लगभग 8 किलोमीटर प्रति सेकंड के वेग से प्रक्षेपित किया जाए, तो वह एक वृत्ताकार कक्षा में पृथ्वी की परिक्रमा करने लग

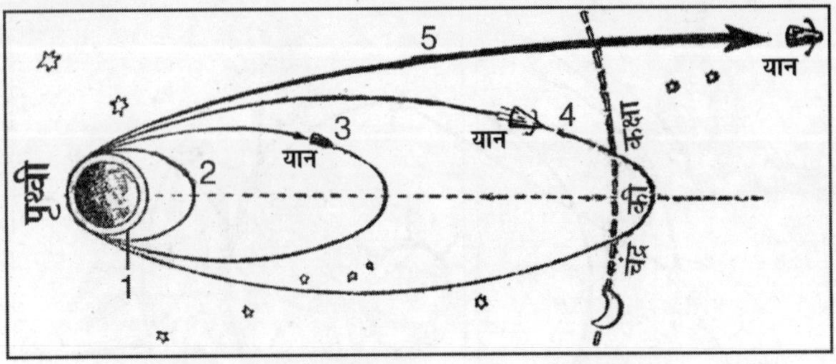

पृथ्वी से प्रक्षेपित राकेटयान की विभिन्न कक्षाएं : (1) वृत्ताकार; (2), (3) व (4) अधिकाधिक दीर्घवृत्ताकार; और (5) पलायन वेग तथा परवलीय कक्षा।

जाएगा। यदि किसी यान को 8 किलोमीटर प्रति सेकंड से अधिक का आरंभिक वेग प्रदान किया जाता है, तो वह एक दीर्घवृत्ताकार कक्षा में पृथ्वी का चक्कर लगाएगा। वस्तुतः 11 किलोमीटर प्रति सेकंड तक के वेग से छोड़े गए राकेटयान पृथ्वी की ही परिक्रमा करते हैं–विभिन्न दीर्घवृत्तीय कक्षाओं में।

परंतु किसी राकेटयान को 11.2 किलोमीटर प्रति सेकंड का वेग प्रदान किया जाए, तो वह दीर्घवृत्त में नहीं, बल्कि एक ऐसे वक्र में आगे बढ़ेगा जिसे परवलय (parabola) कहते हैं। इस कक्षा में छोड़ा गया अंतरिक्षयान पृथ्वी के गुरुत्वाकर्षण को लांघकर अंततः सूर्य की परिक्रमा करने लग जाएगा–बशर्ते कि उसके मार्ग में कोई दूसरा ग्रह न आ जाए। प्रति सेकंड 11.2 किलोमीटर के वेग को 'पलायन वेग' (escape velocity) का नाम दिया गया है, क्योंकि इस वेग से छोड़ा गया राकेटयान पृथ्वी के गुरुत्वाकर्षण-क्षेत्र से पलायन कर जाता है। पृथ्वी पर पलायन वेग 11.2 किमी./से. है, तो मंगल पर 5 किमी./से.।

पृथ्वी और मंगल, दोनों ही ग्रह सूर्य की सतत परिक्रमा करते रहते हैं। अतः यान के मंगल के समीप पहुंचने पर वह ग्रह अपनी कक्षा में ठीक किस स्थान पर रहेगा, इसकी सूक्ष्म गणना करने के बाद ही पूर्व-निर्धारित वेग से तथा एक सुनियोजित कक्षा में उस यान को मंगल की ओर भेजा जाता है। पृथ्वी के कक्षीय वेग का पूरा लाभ उठाते हुए प्रति सेकंड 11.6 किलोमीटर के पलायन वेग से निकला हुआ राकेटयान सात-आठ महीनों बाद मंगल के समीप पहुंचता है। एक बार पलायन वेग प्रदान कर देने पर राकेट-इंजन बंद हो जाते हैं। आगे की यात्रा मुक्त रूप से होती है। अंतरिक्षयान अपने वेग को शनैः-शनैः कम करते हुए आगे बढ़ता है। मंगल के गुरुत्वाकर्षण-क्षेत्र में पहुंचने के बाद पुनः इसका

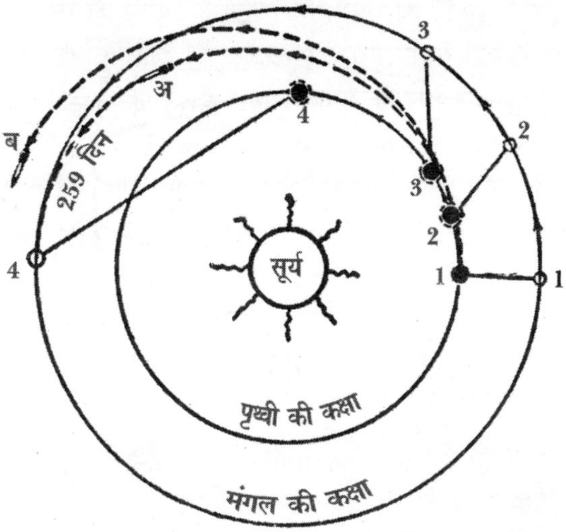

पृथ्वी से मंगल ग्रह तक अंतरिक्षयान का यात्रापथ। दोनों ग्रहों की कक्षाओं को स्पर्श करने वाला इस प्रकार का दीर्घवृत्तीय यात्रापथ काफी लंबा होता है, परंतु इस पथ से राकेटयान को भेजने में कम ऊर्जा लगती है। यान (अ) 259 दिन बाद मंगल के पास पहुंच जाता है, परंतु यान (ब) मंगल की कक्षा के बाहर चला जाता है।

वेग बढ़ता है। राकेट को मंगल की कक्षा में उतारने के लिए पश्चगामी राकेटों से इसका वेग कम करना पड़ता है।

वियुति के समय पृथ्वी से मंगल तक की यात्रा में छह से आठ महीने तक का समय लगता है। वहां से लौटने के लिए भी वियुति-काल को ध्यान में रखना होगा। तब वहां काफी समय तक रुकना पड़ेगा। मंगल से पृथ्वी पर लौटने के लिए भी सात-आठ महीनों का समय लगेगा। अतः स्पष्ट है कि मंगल की भौतिक परिस्थितियों को भलीभांति जान लेने के बाद ही उसकी सतह पर आदमी को उतार पाना संभव होगा।

मंगल की भौतिक परिस्थितियां

मंगल तक पहुंचे हुए स्वचालित अंतरिक्षयानों के जरिए अब तक इस ग्रह के बारे में काफी जानकारी हासिल की गई है। मंगल एक चट्टानी ग्रह है —बुध, शुक्र, पृथ्वी और चंद्रमा की तरह। यह बुध से बड़ा, परंतु पृथ्वी से काफी छोटा है। बुध का औसत व्यास 4850 किलोमीटर है, मंगल का औसत व्यास 6788 किलोमीटर है, तो पृथ्वी का 12,756 किलोमीटर। पृथ्वी की तरह मंगल पर भी, इसके अक्ष के

झुकाव के कारण, ऋतुओं का सिलसिला चलता है। मंगल की सतह पर, विशेषकर इसके दक्षिणी गोलार्ध में, विशाल खड्ड (क्रेटर) हैं। **हेलास** नामक एक खड्ड 2000 किलोमीटर चौड़ा और चार किलोमीटर गहरा है। मंगल पर बड़े-बड़े ज्वालामुखी शिखर भी हैं। मंगल का सबसे बड़ा ज्वालामुखी शिखर **ओलंपस मोंस** 600 किलोमीटर चौड़ा और 24 किलोमीटर ऊंचा है; अर्थात्, हमारे एवरेस्ट शिखर से भी करीब तीन गुना ऊंचा! मंगल पर हजारों किलोमीटर लंबी और अत्यंत चौड़ी तथा गहरी घाटियां (केनयंस) हैं। उदाहरण के लिए, **मैरिनर वैली** लगभग 4000 किलोमीटर लंबी, 200 किलोमीटर चौड़ी और 6 किलोमीटर गहरी है।

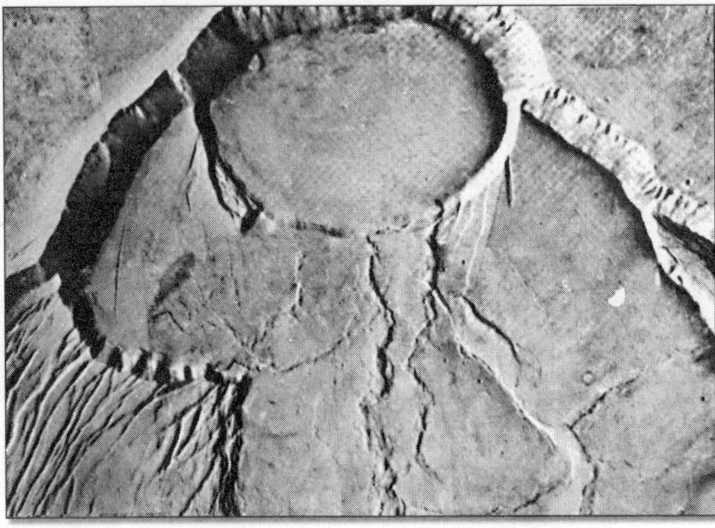

मंगल का ज्वालामुखी पर्वत-शिखर 'ओलंपस मोंस'

मंगल की सतह पर धूलभरी तेज हवाएं चलती हैं। यह भी पता चला है कि मंगल का कार्बन-डाइऑक्साइड (95 प्रतिशत) तथा नाइट्रोजन (3 प्रतिशत) का वायुमंडल अत्यंत विरल है और उसमें ऑक्सीजन की मात्रा नगण्य है। मंगल की सतह पर उसके वायुमंडल का दाब पृथ्वी की तुलना में महज एक प्रतिशत है।

मंगल पर तापमान की परिस्थितियां भी बड़ी विषम हैं। मंगल का औसत तापमान शून्य के नीचे लगभग 55° सेंटीग्रेड है। मंगल के ध्रुवीय क्षेत्र तुषार-परतों से ढके हुए हैं। ऋतु-परिवर्तन के साथ ये क्षेत्र घटते-बढ़ते रहते हैं। ऋतु, समय और स्थान-विशेष के अनुसार मंगल ग्रह की तापीय स्थितियों में काफी परिवर्तन होता रहता है, जिससे वायुमंडल के दाब में भी रद्दोबदल होता रहता है। परिणामतः

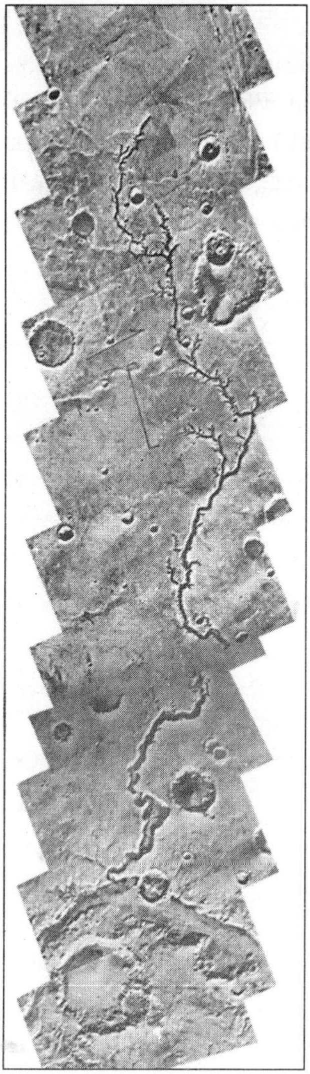

मंगल की 'निरगल घाटी'

मंगल पर धूल के तूफान उठते रहते हैं।

सबसे दिलचस्प बात यह है कि मंगल की सतह पर विशाल नदियों तथा उनकी सहायिकाओं के सूखे पाट भी मौजूद हैं। ये सूखे पाट 1500 किलोमीटर तक लंबे और 200 किलोमीटर तक चौड़े हैं। कई खगोलविदों का अनुमान है कि अतीत में किसी समय इन पाटों में निश्चय ही बेशुमार पानी बहा है।

प्रश्न उठता है–वह सारा पानी गया कहां? संभव है कि वह पानी मंगल के ध्रुवीय प्रदेशों में बर्फराशि की टोपियों के रूप में जम गया हो। नए प्राप्त चित्रों से पता चलता है कि मंगल के, न केवल दक्षिणी ध्रुव-क्षेत्र में, बल्कि उत्तरी ध्रुव-क्षेत्र में भी सतह के कुछ नीचे बर्फरूप पानी की परत मौजूद है। लगता है कि मंगल पर शीत और गरमी के लंबे दौर चलते रहे हैं। अतीत में मंगल पर ऑक्सीजन भले ही न रही हो, मगर पानी अवश्य रहा है। हम यह भी जानते हैं कि कुछ सूक्ष्म जीवाणु ऑक्सीजन के बिना भी पनप सकते हैं। आरंभ में पृथ्वी पर भी ऑक्सीजन नहीं थी।

मंगल के चंद्र

हमारी पृथ्वी का केवल एक चंद्र है। पुराने जमाने के लोगों को सौर मंडल के केवल इसी एक चंद्र की जानकारी थी। इसलिए 'चंद्र' शब्द को एक संज्ञा मान लिया गया था। गैलीलियो (1564-1642 ई.) ने 1610 ई. में बृहस्पति के चार चंद्रों की खोज की, तो यह शब्द सर्वनाम में बदल गया। अब सौर मंडल में कुल चंद्रों (उपग्रहों) की संख्या 75 से ऊपर पहुंच गई है।

बहुत ही दिलचस्प है सौर मंडल के इन चंद्रों की दुनिया। मगर इनमें सबसे

ज्यादा कुतूहल और विवाद का विषय बने हैं मंगल के दो नन्हे चंद्र। मंगल के इन चंद्रों की एक पहेली तो यही है कि सर्वप्रथम इनकी खोज आकाश में नहीं हुई। अंग्रेजी के प्रख्यात व्यंग्यकार जोनाथन स्विफ्ट ने 1726 ई. में प्रकाशित अपने कल्पित कथानक **गुलिवर की यात्राएं** में जानकारी दी कि लापुत के खगोलविदों ने मंगल ग्रह की परिक्रमा करने वाले दो चंद्रों की खोज की है। इतना ही नहीं, स्विफ्ट ने मंगल की सतह से इन चंद्रों की दूरियों के बारे में जो आंकड़े दिए वे काफी हद तक सही थे।

जोनाथन स्विफ्ट (1667-1745 ई.) ने कैसे अनुमान लगाया कि मंगल के दो चंद्र हैं? दरअसल, योहानेस केपलर 1610 ई. में ही अनुमान लगा चुके थे कि मंगल के दो चंद्र होने चाहिए। गैलीलियो ने उसी साल बृहस्पति के चार चंद्रों की खोज की थी। केपलर ने सोचा कि सौर मंडल में चंद्रों की संख्या ज्यामितीय श्रेणी (1, 2, 4, 8, ...) में बढ़नी चाहिए। सूर्य के नजदीक के बुध और शुक्र ग्रहों के अपने कोई चंद्र नहीं हैं। पृथ्वी का एक चंद्र है और गैलीलियो ने बृहस्पति के चार चंद्र खोजे थे। इसलिए केपलर ने अनुमान लगाया कि इन दोनों के बीच के मंगल ग्रह के दो चंद्र होने चाहिए। बहुत संभव है कि जोनाथन स्विफ्ट को केपलर के इस अनुमान की जानकारी रही हो।

जो भी हो, स्विफ्ट के समय तक किसी ने भी आकाश में मंगल के चंद्रों के दर्शन नहीं किए थे। इन्हें आकाश में खोज पाना पहली बार 1877 ई. में ही संभव हुआ। उस साल मंगल ग्रह पृथ्वी से न्यूनतम दूरी पर था। अमरीकी खगोलविद आसफ हाल (1829-1907 ई.) ने कई रातों तक प्रयास करने के बाद अंत में एक शक्तिशाली दूरबीन से मंगल के दो छोटे चंद्रों को खोज निकाला। यूनानी-रोमन आख्यानों के अनुसार, 'मार्स' (मंगल) युद्ध का देवता है। इसलिए आसफ हाल ने इन दो चंद्रों को 'मार्स' देवता के दो अनुचरों के नाम दिए—**फोबोस** (भय) और **देइमोस** (संत्रास)!

आसफ हाल (1829-1907 ई.)

मंगल के ये उपग्रह काफी नजदीक से अपने ग्रह की परिक्रमा करते हैं। भीतरी उपग्रह फोबोस केवल 6005 किलोमीटर की ऊंचाई से लगभग वृत्ताकार कक्षा में 7 घंटे और 40 मिनटों में मंगल का एक चक्कर लगा लेता है। आलू-जैसे बेढंगे आकार-प्रकार वाले फोबोस की लंबाई

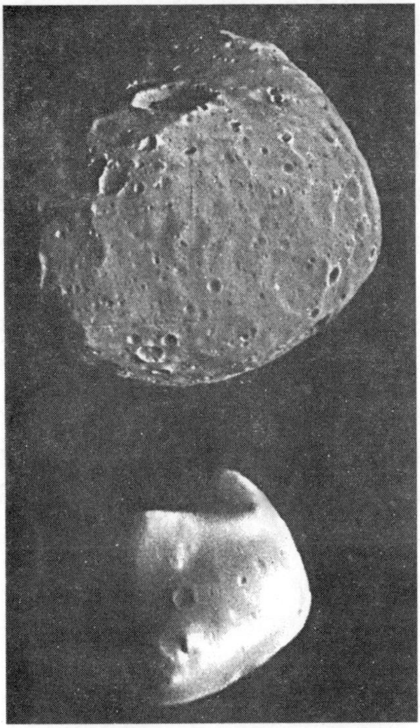

मंगल के दो चंद्र : फोबोस (ऊपर) और देइमोस (नीचे)

27 किलोमीटर और चौड़ाई 20 किलोमीटर है। देइमोस और भी छोटा है–14 किलोमीटर लंबा और 12 किलोमीटर चौड़ा। यह करीबन 23,500 किलोमीटर की ऊंचाई से 30 घंटे और 18 मिनटों में मंगल का एक चक्कर लगा लेता है। ये दोनों ही उपग्रह मंगल के विषुववृत्त के समतल में उसी दिशा में चक्कर लगाते हैं जिस दिशा में मंगल लगाता है। चूंकि मंगल अपनी धुरी पर करीब 24.5 घंटों में एक चक्कर लगा लेता है और फोबोस करीब आठ घंटों में उसकी एक परिक्रमा पूरी कर लेता है, इसलिए फोबोस मंगल के आकाश में पश्चिम में उदित होकर पूरब में डूबता दिखाई देगा।

उन्नीसवीं सदी के अंतिम चरण में खगोलविदों को पता चला कि फोबोस किसी कारण से धीरे-धीरे अपने ग्रह के नजदीक पहुंचता जा रहा है। क्या कारण हो सकता है? खगोलविदों ने अनुमान लगाया कि फोबोस के द्रव्य का घनत्व बहुत कम है और इसीलिए मंगल का अत्यंत विरल वायुमंडल उसकी गति में बाधक बन रहा है। कुछ खगोलविदों ने कल्पना प्रस्तुत की कि मंगल के ये दोनों उपग्रह भीतर से खोखले होने चाहिए। मगर ऐसी कोई प्राकृतिक व्यवस्था नहीं है जिसके अंतर्गत खगोल के पिंड भीतर से खोखले बन जाएं। तब कुछ उर्वर दिमागों ने कल्पना प्रस्तुत की कि फोबोस, और संभवतः देइमोस भी, कृत्रिम उपग्रह हैं और लाखों वर्ष पहले मंगल के "बुद्धिमान प्राणियों" ने इनका निर्माण किया था!

परंतु आज हम जानते हैं कि यह कल्पना बेबुनियाद है। मंगल और उसके उपग्रहों तक पहुंचे अंतरिक्षयानों की खोजबीन से पता चला है कि फोबोस के द्रव्य का औसत घनत्व करीब 2 ग्राम प्रति घन-सेंटीमीटर है (पानी का घनत्व 1,

पृथ्वी का 5.5 और मंगल का औसत घनत्व 4.1 है)। किसी पिंड का इतना कम घनत्व कोई अचरज की बात नहीं है। उल्कापिंडों का घनत्व लगभग इतना ही होता है।

फिर भी मंगल के इन चंद्रों की, विशेषकर फोबोस की, अनेक बातें वैज्ञानिकों के लिए पहेलियां बनी हुई हैं। मंगल और बृहस्पति के बीच हजारों क्षुद्रग्रह (asteroids) चक्कर लगा रहे हैं। वैज्ञानिकों का मत है कि फोबोस और देइमोस वस्तुतः मंगल द्वारा तीन-चार अरब साल पहले पकड़े गए क्षुद्रग्रह हैं। फोबोस जिस विशेष द्रव्य से बना है वह बाहरी सीमा के, बृहस्पति के समीप के, क्षुद्रग्रहों के द्रव्य से मेल खाता है। बाहरी सीमा के दो छोटे क्षुद्रग्रह मंगल के नजदीक कैसे पहुंच गए, इसे खगोलविद समझ नहीं पा रहे हैं। फोबोस की सतह पर बने विशाल खड्ड (क्रेटर) और गहरी दरारें भी वैज्ञानिकों के लिए पहेलियां बने हुए हैं। मंगल की गुरुत्वाकर्षण-शक्ति फोबोस को धीरे-धीरे अपनी ओर खींच रही है। खगोलविदों का अनुमान है कि आगे के तीन से सात करोड़ वर्षों में फोबोस उपग्रह मंगल की सतह पर जा गिरेगा!

मंगल पर उतरने की तैयारी करने के पहले इस ग्रह के नन्हे चंद्रों की भौतिक परिस्थितियों को भलीभांति जान लेना जरूरी है। इस दिशा में कुछ प्रयास हुए हैं। पहले फोबोस पर पहुंचकर, फिर मंगल पर उतरने में सुविधा होगी।

मंगल पर जीवन की तलाश

मंगल के अनुसंधान के इतिहास में 1877 ई. का साल बड़े महत्व का है। उस साल पृथ्वी और मंगल अपनी कक्षाओं में ऐसे स्थानों पर पहुंच गए थे कि दोनों के बीच न्यूनतम दूरी रह गई थी। खगोलविदों ने मौके का लाभ उठाने के लिए अपनी दूरबीनें मंगल की ओर मोड़ दीं। उस साल इतालवी खगोलविद जिओवान्नी शियापारेल्ली (1835-1910 ई.) ने मिलान की वेधशाला की दूरबीन से देखा कि मंगल की सतह पर सीधी लकीरों का एक जाल-सा बिछा हुआ है।

जिओवान्नी शियापारेल्ली
(1835-1910 ई.)

शियापारेल्ली ने मंगल की सतह पर देखी गई उन काली सीधी लकीरों को एक प्रकार की

परसिवल लोवेल (1855-1916 ई.) अपनी वेधशाला की दूरबीन से मंगल का अवलोकन करते हुए

नालियां समझकर उन्हें अपनी इतालवी भाषा में 'कनाली' नाम दे डाला। 'कनाली' का अर्थ है, 'पानी की संकरी नालियां'। मगर अंग्रेजी में अनूदित होकर वह 'कनाली' शब्द 'कनाल्स' (canals) यानी मानव-निर्मित नहरों का द्योतक बन गया। तब से मंगल की उन नहरों को वास्तविक माना जाने लगा। न केवल खगोलविदों की, अपितु जनसाधारण की भी यह धारणा बनती गई कि मंगल ग्रह बुद्धिमान प्राणियों से आबाद है!

बुद्धिमान प्राणियों से आबाद मंगल की इस धारणा को सबसे ज्यादा बल प्रदान किया अमरीकी खगोलविद परसिवल लोवेल (1855-1916 ई.) ने। उन्होंने 1894 ई. में फ्लैगस्टाफ (अरिजोना राज्य, अमरीका) में एक नई वेधशाला स्थापित की और वहां के स्वच्छ आकाश में कई साल तक मंगल का अवलोकन किया। उन्होंने मंगल के कई मानचित्र तैयार किए और उन पर करीब 500 नहरें दरशाईं। लोवेल ने 1908 ई. में **मंगल : जीवन का धारक** शीर्षक एक ग्रंथ लिखा और उसमें उन्होंने मंगल पर बुद्धिमान प्राणियों के अस्तित्व का पुरजोर प्रतिपादन किया।

मंगल ग्रह पर बुद्धिमान प्राणियों के निवास की मान्यता को परसिवल लोवेल से भी अधिक प्रचारित किया वैज्ञानिक कथानकों ने। एच. जी. (हर्बर्ट जॉर्ज) वेल्स ने 1898 ई. में प्रकाशित अपने उपन्यास **ग्रहों का युद्ध** (War of the Worlds) में मंगलवासियों का रोमांचकारी विवरण प्रस्तुत किया। इस कथानक में मंगल के निवासी पानी की प्राप्ति के लिए हमारी पृथ्वी पर आक्रमण करते हैं!

मंगल पर विकसित सभ्यता का अस्तित्व होने की धारणा बीसवीं सदी के मध्यकाल तक बरकरार रही। मगर यह समझना गलत होगा कि सभी खगोलविद मंगलवासियों और उनकी बनाई नहरों में यकीन करते थे। कई खगोलविद मंगल की नहरों को नहीं देख पाए थे और उन्हें महज एक दृष्टिभ्रम समझते थे। मंगल के गहन अध्ययन के बाद जब यह पता चला कि इस ग्रह पर वायुमंडल अत्यंत विरल है और उसमें पर्याप्त ऑक्सीजन नहीं, पानी नहीं, तो मंगलवासियों का मामला कमजोर पड़ने लगा।

फिर अंतरिक्षयानों का युग शुरू हुआ, तो मंगल का एक नितांत नया नजारा प्रकट हुआ। मंगल तक पहुंचे यानों द्वारा लिये गए हजारों चित्रों ने गवाही दी कि वहां नहरों-जैसी कोई चीज नहीं है। सन् 1971 में छोड़े गए मैरिनर-9 यान ने मंगल के समीप पहुंचकर 1600 किलोमीटर की ऊंचाई से करीब एक साल तक उस ग्रह की परिक्रमाएं कीं और हजारों चित्र उतारे। उन चित्रों के आधार पर मंगल की सतह का एक प्रामाणिक नक्शा तैयार हुआ। स्पष्ट हुआ कि मंगल पर उन्नत किस्म के जीव-जगत के अस्तित्व के लिए अनुकूल परिस्थितियां नहीं हैं।

मंगल पर सूक्ष्म जीवाणुओं का अस्तित्व है या नहीं, यह जानने के लिए 1975 ई. में नासा ने दो वाइकिंग-यान मंगल की ओर भेजे। उन यानों के यंत्रोपकरणों ने मंगल की मिट्टी की जांच-पड़ताल की। किसी दूसरे ग्रह पर जीवन के अस्तित्व की खोजबीन का वह पहला वैज्ञानिक प्रयास था। परंतु परिणाम निराशाजनक रहे। मंगल पर आज या अतीत में जीवन का अस्तित्व होने के बारे में कोई स्पष्ट सबूत नहीं मिला है।

परंतु वाइकिंग के निष्कर्षों को अंतिम रूप से निर्णायक नहीं माना जा सकता। वाइकिंग-यानों ने मंगल की सतह के केवल दो स्थलों की जांच-पड़ताल की है। हम यह भी जानते हैं कि अनेक सूक्ष्म जीवाणु अत्यंत प्रतिकूल परिस्थितियों में भी जीवित रह सकते हैं। कुछ शैवाल ताजे पानी में तो मर जाते हैं, मगर नमकीन पानी में बड़े मजे में जिंदा रहते हैं। कुछ ऐसे भी पौधे हैं जो वर्षा-रहित स्थानों पर केवल ओस की बूंदों पर जीवित रहते हैं।

प्रयोग करके देखा गया है कि मंगल पर जैसी भौतिक परिस्थितियां हैं, उनमें सूक्ष्म जीवाणु सहज जीवित रह सकते हैं। यह संभव है कि मंगल के जीवाणु पृथ्वी के जीवाणुओं-जैसे न हों और उनका जैव-रसायन भी भिन्न प्रकार का हो। हो सकता है कि मंगल के जीवाणु 'हिम-भक्षक' हों। संभव है कि कुछ जीवाणु 'शैल-भक्षक' भी हों और चट्टानों से पानी तथा तथा खनिज प्राप्त करते हों।

तात्पर्य यह कि, यकीन के साथ नहीं कहा जा सकता कि मंगल पर जीव-जगत का अस्तित्व कतई नहीं है। नई जानकारी मिली है कि मंगल के ध्रुवीय क्षेत्रों की सतह के नीचे बर्फरूप पानी की परत मौजूद है। पानी जीवन का मूलाधार है। 'बगी' और 'रोवर' नामक जो रोबोट-गाड़ियां मंगल पर उतारी गई हैं, वे उस ग्रह की सतह पर दूर-दूर तक चली हैं। उनके यंत्रोपकरणों ने कई दिनों तक मंगल की मिट्टी का वैज्ञानिक परीक्षण किया और सूचनाएं धरती की ओर भेजी हैं।

अगर इस बार भी मंगल पर जीवन के अस्तित्व के बारे में ठोस सबूत नहीं मिलते, तब भी आस्था बरकरार रहेगी कि हमारे इस पड़ोसी ग्रह पर कहीं-न-कहीं, किसी-न-किसी रूप में 'जीवन' मौजूद है। हर वियुति के समय मंगल की ओर स्वचालित यान भेजने का सिलसिला जारी रहेगा। ब्रिटेन के नेतृत्व में यूरोप के देश 'एक्सोमार्स' नामक एक व्यापक योजना के अंतर्गत एक स्वचालित यान 2011 ई. में मंगल की ओर भेजने की तैयारी में जुटे हुए हैं; वह यान मंगल की सतह पर उतरकर वहां की भौतिक परिस्थितियों का गहन अध्ययन करेगा। फिर नातिदूर भविष्य में, संभवतः 2019 ई. में, धरती का मानव मंगल पर पहुंचेगा और इस ग्रह की स्वयं गहरी छानबीन करेगा। तब तो स्पष्ट हो ही जाएगा कि मंगल ग्रह किसी प्रकार के जीवन से आबाद है या नहीं। यदि नहीं है, तो अंततः इस पड़ोसी ग्रह को धरती के आदमी से तो आबाद होना ही है। भूमिपुत्र मंगल का यही भविष्य है, यही नियति है।

मंगल ग्रह की एक चट्टान (रोबोट-गाड़ी 'स्पिरिट' से प्राप्त चित्र)

☆

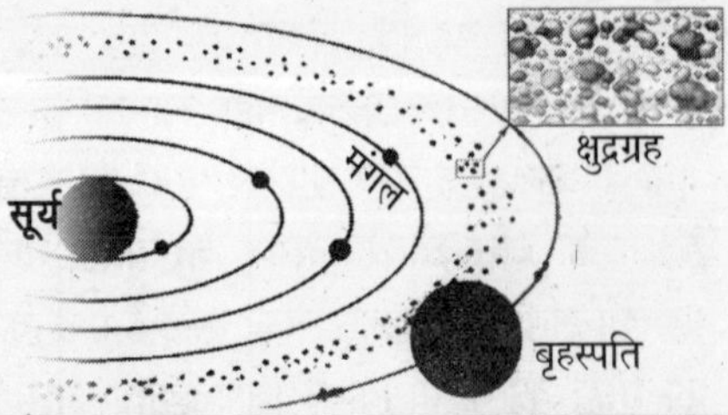

6 हजारों क्षुद्रग्रह

जियूसेप्पे पियाज्जी
(1746-1826 ई.)

उन्नीसवीं सदी के प्रथम वर्ष के प्रथम दिन (1 जनवरी, 1801 ई.) की पूर्वरात्रि। सिसिली द्वीप (भूमध्यसागर) की पालेर्मो वेधशाला की दूरबीन से खगोलविद जियूसेप्पे पियाज्जी ने सौर मंडल में एक नए पिंड की खोज की, जिसे फसल की रोमन देवी **सीरेस** (Ceres) का नाम दिया गया।

विज्ञान के क्षेत्र में जब कोई नई खोज होती है, तो कुछ पुरानी परिकल्पनाओं को समर्थन प्राप्त होता है और कुछ गलत मान्यताओं का खंडन होता है। सीरेस की खोज ने यूरोप में तहलका मचा दिया। बर्लिन वेधशाला के निदेशक योहान्न एलेर्ट बोडे (1747-1826 ई.) ने सूर्य से ग्रहों की दूरियों के बारे में 1772 ई. में एक नियम प्रकाशित किया (जिसे वस्तुतः कुछ साल पहले एक अन्य जर्मन व्यक्ति टिटियूस ने खोजा था), जो अब 'बोडे-नियम' के नाम से खगोल-विज्ञान में प्रसिद्ध है। संख्याओं का यह क्रम लीजिए : 0, 3, 6, 12, 24, 48, 96, 192 और 384 । अब यदि प्रत्येक संख्या में 4 को जोड़ा जाए, तो संख्याएं मिलेंगी : 4, 7, 10, 16, 28, 52, 100, 196 और 388 । सूर्य से पृथ्वी की दूरी को यदि 10 माना जाए, तो ये संख्याएं क्रमशः सूर्य से प्रत्येक ग्रह की दूरी बतलाती हैं। जैसे, सूर्य से पृथ्वी की दूरी 10 है, तो मंगल की दूरी 16 और बृहस्पति की दूरी 52 होगी।

स्पष्ट है कि इस 'बोडे-नियम' के अनुसार 28 की दूरी के लिए मंगल और बृहस्पति के बीच एक ग्रह होना चाहिए था। मंगल और बृहस्पति की कक्षाओं के बीच सीरेस की खोज होने से बोडे-नियम को समर्थन मिला।

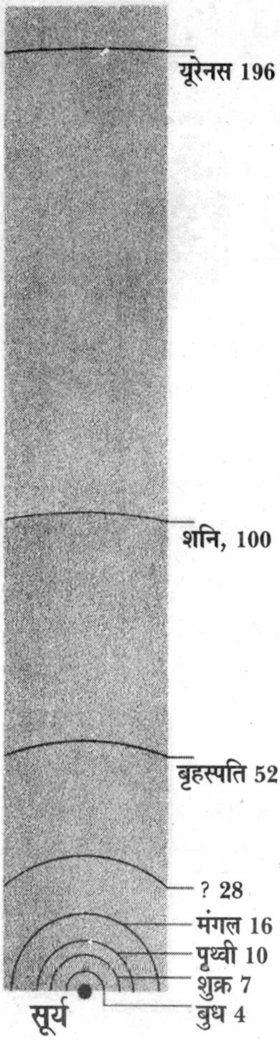

बोडे-नियम		
ग्रह	सूर्य से दूरी	
	बोडे-नियम के अनुसार	वास्तविक
बुध	4	3.9
शुक्र	7	7.2
पृथ्वी	10	10.0
मंगल	16	15.2
---	28	---
बृहस्पति	52	52.0
शनि	100	95.4
यूरेनस	196	191.8

बोडे-नियम के अनुसार सूर्य से ग्रहों की दूरियां

दूसरी ओर, सीरेस की खोज ने ग्रहों से संबंधित पुरानी मान्यताओं पर भी आघात किया। यूरोप के पुराने खगोलविदों की मान्यता थी कि चंद्र और सूर्य को मिलाकर आकाश में सिर्फ सात ही ग्रह हैं; सात से अधिक ग्रह हो ही नहीं सकते। किंतु जब सीरेस और उसके बाद अनेकानेक क्षुद्रग्रहों (asteroids) की खोज हुई, तो 'ईश्वर निर्मित सात ग्रहों' की मान्यता में विश्वास रखने वाले यूरोपवासियों को गहरा धक्का लगा। जर्मन दार्शनिक हेगेल (1770-1831 ई.) को भी इस खोज से बड़ा मानसिक आघात पहुंचा था, क्योंकि 'ईश्वर' के बनाए सात, और सिर्फ सात, ग्रहों वाली मान्यता का समर्थन करके ही वह ज़ेना विश्वविद्यालय में प्राध्यापक बने थे।

लेकिन अब तो प्रत्यक्ष प्रमाण सामने था। वस्तुतः स्वयं पियाज्जी भी आरंभ में अपनी इस नई खोज के महत्व को समझ नहीं पाए थे। वे इस नए पिंड का कुछ समय तक ही अवलोकन कर पाए थे कि यह सूर्य के प्रकाश में लुप्त हो गया। तरुण जर्मन गणितज्ञ कार्ल फ्रेडरिख़ गौस (1777-1855 ई.) की सहायता से ही इस क्षुद्रग्रह की कक्षा निर्धारित की जा सकी। वस्तुतः सीरेस सबसे बड़ा क्षुद्रग्रह है, इसका व्यास लगभग 950 किलोमीटर है और यह 42 करोड़ किलोमीटर

कार्ल फ्रेडरिख़ गौस (1777-1855 ई.)

की दूरी से 4.6 वर्षों में सूर्य का एक चक्कर लगाता है। इस क्षुद्रग्रह की कक्षा बोडे-नियम के अनुरूप थी। परंतु सीरेस इतना छोटा निकला कि इसे ग्रह नहीं माना जा सकता था। मंगल और बृहस्पति के बीच की खाली जगह को संतोषजनक रूप से भरने के लिए और भी कई क्षुद्रग्रहों की जरूरत थी। खोज आरंभ हुई।

मार्च, 1802 ई. में हेनरिख़ ओल्बेर्स ने सीरेस से कुछ छोटे **पालास** क्षुद्रग्रह को खोज निकाला। ग्रहों के समतल के साथ सीरेस की कक्षा 10.5 अंशों का कोण बनाती है, तो पालास की कक्षा 34 अंशों का। सन् 1804 में तीसरा क्षुद्रग्रह **जूनो** खोजा गया। सन् 1809 में चौथा क्षुद्रग्रह **वेस्ता** खोजा गया। वस्तुतः क्षुद्रग्रहों में वेस्ता सबसे अधिक चमकीला है और अनुकूल परिस्थितियों में यह नंगी आंखों से भी दिखाई देता है।

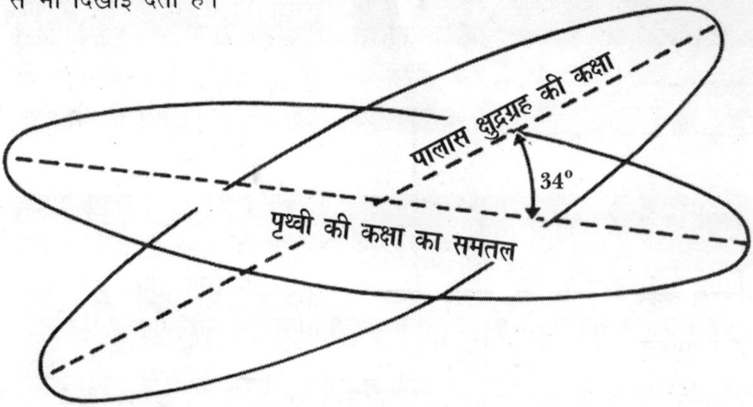

फिर 1845 ई. तक कोई नया क्षुद्रग्रह नहीं खोजा जा सका। उसके बाद खगोलविद कार्ल हेन्के ने दो साल में दो नए क्षुद्रग्रह खोज निकाले। खगोलविद गोल्डस्मिथ ने 1852 और 1861 ई. के बीच 14 नए क्षुद्रग्रहों की खोज की। सन् 1868 में क्षुद्रग्रहों की संख्या 100 तक पहुंच गई; 1879 ई. में 200 तक

और 1890 ई. में 300 तक।

मंगल और बृहस्पति के बीच खोजे गए इन ढेर सारे छोटे-छोटे पिंडों को 'ग्रह' कहना उचित ही है, क्योंकि ये सूर्य की परिक्रमा करते हैं। पाश्चात्य खगोल-विज्ञान में इन्हें 'एस्टेरोआइड' (asteroid यानी लघुतारा) कहा जाता है। आकार में बहुत छोटे हैं, बेढंगे आकार के हैं, इसलिए हम इन्हें **क्षुद्रग्रह** या कभी-कभी **लघुग्रह** कहते हैं। अंतर्राष्ट्रीय खगोल विज्ञान संघ ने सबसे बड़े लगभग गोलाकार **सीरेस** को अगस्त 2006 में 'बौने ग्रह' (dwarf planets) की श्रेणी में रखा है।

फोटोग्राफी का आविष्कार होने के बाद क्षुद्रग्रहों को खोजने में आसानी हुई। आकाश के किसी स्थान की ओर कैमरे को यदि उसका शटर खोलकर कुछ समय के लिए ऐसा ही खुला छोड़ दिया जाए, तो चित्र में क्षुद्रग्रह का मार्ग एक स्पष्ट लकीर के रूप में दिखाई देगा, क्योंकि क्षुद्रग्रह तारों के सापेक्ष अपनी स्थिति बदलते रहते हैं।

इस नए तरीके से क्षुद्रग्रह बड़ी तेजी से खोजे जाने लगे। खगोलविद वोल्फ ने लगभग 100 क्षुद्रग्रह खोजे। अब तक करीब 6000 क्षुद्रग्रहों का पता चला है। किंतु इनमें से केवल 1700 क्षुद्रग्रहों के भ्रमण-मार्गों की ही सही जानकारी प्राप्त हो सकी है।

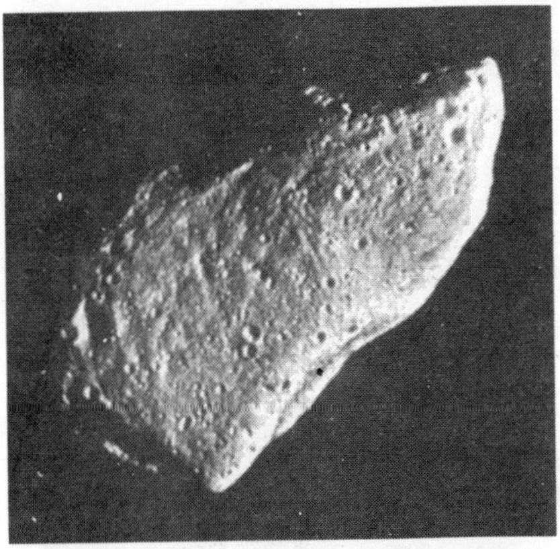

बेढंगी चट्टान के आकार का 'गास्परा' क्षुद्रग्रह

अधिकांश क्षुद्रग्रह बहुत छोटे हैं। कुछ ही क्षुद्रग्रह 100 किलोमीटर व्यास के हैं। छोटे होने से इनका गुरुत्वाकर्षण नगण्य है और इसीलिए किसी भी क्षुद्रग्रह पर वायुमंडल नहीं है। ये निर्जीव संसार हैं। इनमें से कुछ गोलाकार हैं, तो कुछ किसी भयानक विस्फोट से टूटी हुई बेढंगी चट्टानों के आकार के भी हैं। उदाहरणार्थ, **इरोस** क्षुद्रग्रह कुछ-कुछ सिगार के आकार का है। यह 35 किलोमीटर लंबा और 7 से 16 किलोमीटर तक मोटा है। इरोस (प्रेम के यूनानी देवता) की खोज 1898 ई. में हुई थी। बृहस्पति ग्रह के अध्ययन के लिए भेजा गया 'गैलीलियो' यान 1993 ई. में जब क्षुद्रग्रहों के पास से गुजरा, तो उसने **इडा** व **गास्परा** नामक क्षुद्रग्रहों के

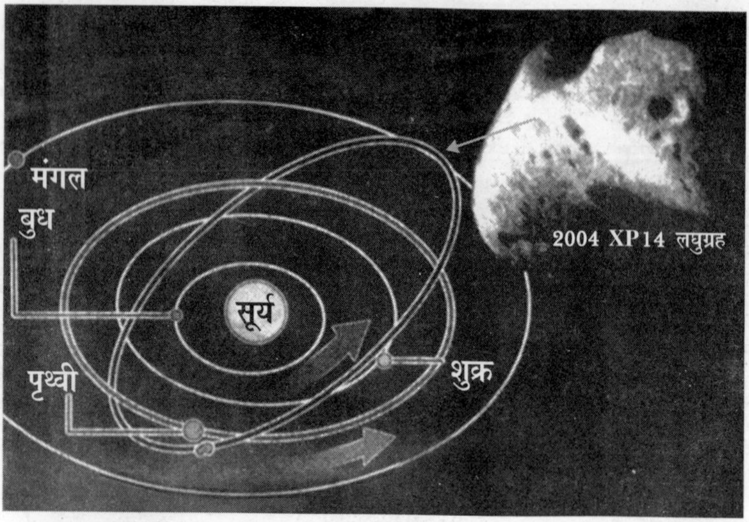

जुलाई 2006 में पृथ्वी के काफी नजदीक से गुजरे 2004 XP14 क्षुद्रग्रह का यात्रापथ

चित्र उतारकर धरती पर भेजे थे।

कुछ क्षुद्रग्रह पृथ्वी के काफी नजदीक पहुंच सकते हैं। 3 जुलाई, 2006 को करीब सात-आठ सौ मीटर चौड़े एक क्षुद्रग्रह (2004 XP14) की पृथ्वी से न्यूनतम दूरी सिर्फ 4,32,308 किलोमीटर रह गई थी। तुलना में पृथ्वी से चंद्र की औसत दूरी 3,84,400 किलोमीटर है।

इरोस पहला क्षुद्रग्रह है जिसकी चट्टानी सतह पर 12 फरवरी, 2001 को

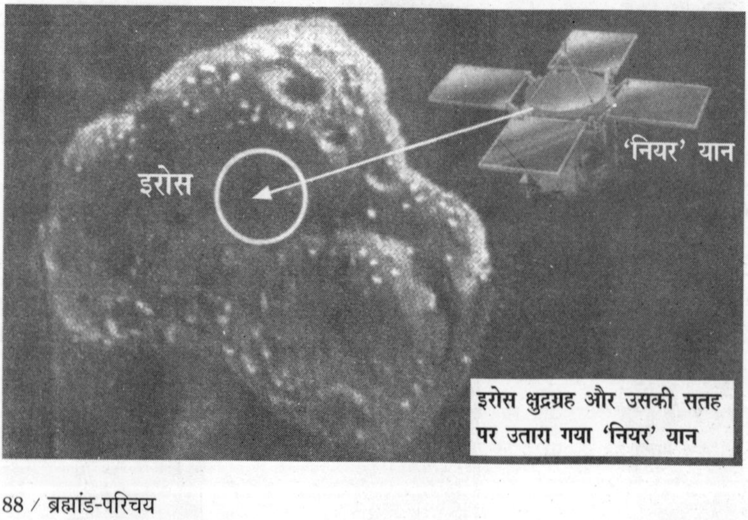

इरोस क्षुद्रग्रह और उसकी सतह पर उतारा गया 'नियर' यान

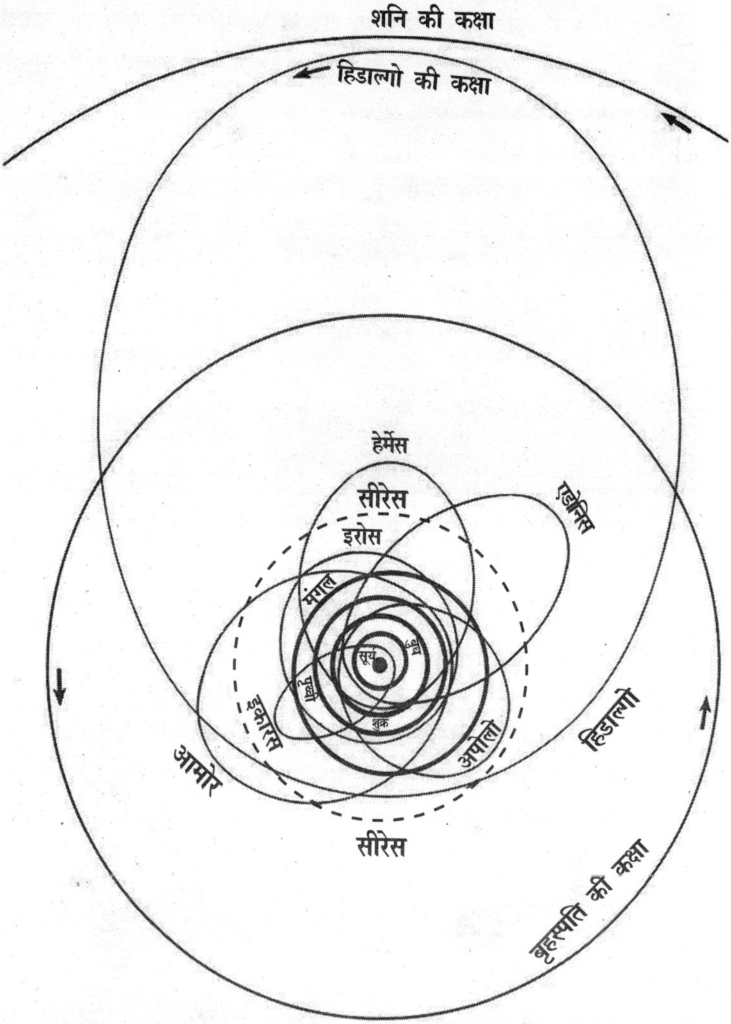

कुछ प्रसिद्ध क्षुद्रग्रहों की कक्षाएं। इनमें सीरेस (कक्षा ---) को अब 'बौना ग्रह' माना गया है।

पृथ्वी से भेजे गए अमरीका के 'नियर' नामक एक गैर-नासा स्वचालित यान को उतारा गया। धीमी रफ्तार से इरोस की सतह पर उतरने के बाद 'नियर' यान ने पृथ्वी की ओर बहुत-से चित्र भेजे। इस सफल प्रयोग से एक बात स्पष्ट हो गई है : यदि भविष्य में कभी कोई क्षुद्रग्रह पृथ्वी की ओर अग्रसर होता दिखाई देता है, तो प्रक्षेपास्त्र भेजकर उसे ऊपर अंतरिक्ष में ही नष्ट कर दिया जा सकता है।

सन् 1920 में खोजा गया **हिडाल्गो** क्षुद्रग्रह बृहस्पति की कक्षा को लांघकर शनि ग्रह की कक्षा के समीप पहुंच जाता है। इन क्षुद्रग्रहों की कक्षाएं ग्रहीय समतल के साथ न्यूनाधिक अंशों का कोण बनाती हैं, इसलिए ग्रहों से इनके टकराने की संभावना नहीं के बराबर है। हिडाल्गो की कक्षा ग्रहों के समतल के साथ 43° का कोण बनाती है। हिडाल्गो किसी काल्पनिक देवता का नाम नहीं है। मेक्सिको की आजादी की लड़ाई में 1811 ई. में शहीद हुए स्पेनी वीर हिडाल्गो के नाम पर इस अद्‌भुत लघुग्रह का नामकरण हुआ है।

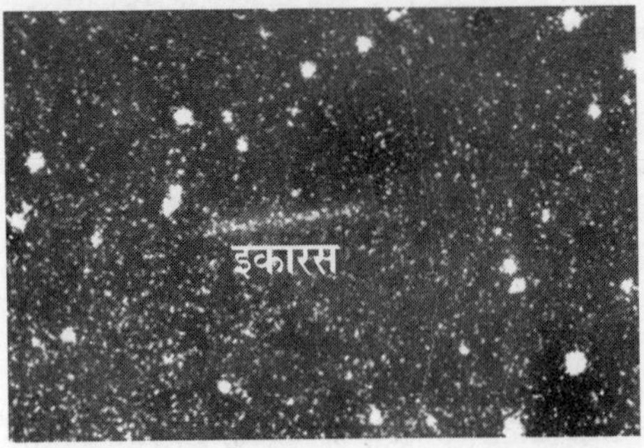

धुंधली रेखा के रूप में इकारस क्षुद्रग्रह का आकाश-मार्ग

सन् 1949 में खोजे गए **इकारस** का भ्रमण-मार्ग इतना दीर्घवृत्ताकार है कि यह सूर्य के सबसे नजदीक पहुंचता है—बुध की भी कक्षा के भीतर। इसी तरह, **इरोस** भी सूर्य के काफी निकट चला जाता है—मंगल की कक्षा के भीतर। यह क्षुद्रग्रह कभी-कभी पृथ्वी के काफी नजदीक आ जाता है। सन् 1931 और 1975 ई. में इरोस पृथ्वी के नजदीक आया था। क्षुद्रग्रह जब पृथ्वी के निकट आते हैं, तो खगोलविद इनके आधार पर सौर मंडल के अन्य सदस्यों की दूरियां ज्ञात कर सकते हैं।

अधिकांश क्षुद्रग्रह मंगल और बृहस्पति की कक्षाओं के बीच ही सूर्य की परिक्रमा करते हैं। अब तक जितने क्षुद्रग्रहों की खोज हुई है उनमें से 97 प्रतिशत क्षुद्रग्रह मंगल और बृहस्पति की कक्षाओं के बीच में सूर्य से 2.2 से 3.6 खगोलीय इकाइयों के अंतर पर परिक्रमा करते रहते हैं। खगोल-विज्ञान में सूर्य और पृथ्वी के बीच के औसत अंतर को एक खगोलीय

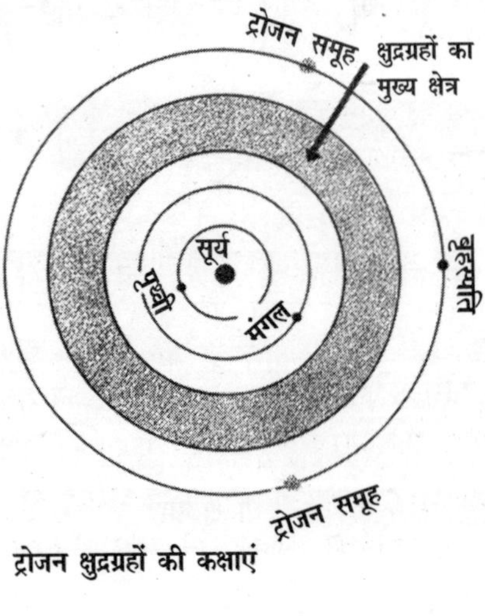

ट्रोजन क्षुद्रग्रहों की कक्षाएं

इकाई (लगभग 15 करोड़ किलोमीटर) कहा जाता है।

परंतु कुछ ऐसे क्षुद्रग्रहों की भी खोज हुई है जो ठीक बृहस्पति की कक्षा में इसके कुछ आगे और कुछ पीछे समूह बनाकर सूर्य की परिक्रमा करते रहते हैं। इन क्षुद्रग्रहों को प्रसिद्ध ट्रोजन युद्ध के वीरों के नाम दिए गए हैं।

क्षुद्रग्रहों की खोज आज भी जारी है। सन् 1950 ई. में एक नए लघुग्रह का पता चला। यह पृथ्वी के 90,00,000 किलोमीटर निकट आया था। 1948 और 1949 ई. के बीच ऐसे चार क्षुद्रग्रहों को खोजा गया, जो चित्रों में उल्का-जैसे दिखाई देते थे।

शुरू में इन क्षुद्रग्रहों को यूनानी देवी-देवताओं के नाम दिए गए थे। परंतु बाद में इतने अधिक क्षुद्रग्रहों की खोज हुई कि देवी-देवताओं के नामों का खजाना खाली हो गया और इन क्षुद्रग्रहों को तब केवल संख्याओं से व्यक्त किया जाने लगा। कई क्षुद्रग्रहों को उनके खोजकर्ताओं और आइंस्टाइन तथा मदाम क्यूरी जैसे विख्यात वैज्ञानिकों के भी नाम दिए गए हैं। एक क्षुद्रग्रह के साथ अब एक भारतीय का भी नाम जुड़ गया है। ये हैं जयपुर के प्रतिभाशाली कंप्यूटर प्रोग्रामर अक्षत सिंघल; क्षुद्रग्रह नं. 12599 को 'सिंघल' नाम दिया गया है।

खगोलविदों का अनुमान है कि कुल क्षुद्रग्रहों की संख्या लगभग एक लाख होनी चाहिए। इतना होने पर भी सारे क्षुद्रग्रहों की द्रव्यराशि पृथ्वी की द्रव्यराशि के हजारवें हिस्से के बराबर ही होगी।

कुछ वैज्ञानिकों का विचार है कि किसी समय मंगल और बृहस्पति के बीच कोई ग्रह था। मंगल की आकर्षण-शक्ति काफी कम और बृहस्पति की बहुत अधिक है। इसलिए कई खगोलविदों का अनुमान है कि इन दो ग्रहों की आकर्षण-शक्तियों के इस असंतुलन के कारण वह ग्रह टूटकर टुकड़े-टुकड़े हो गया होगा। कुछ वैज्ञानिकों ने यह भी कल्पना की है कि मंगल और बृहस्पति के बीच के उस ग्रह पर बुद्धिमान प्राणियों का निवास रहा होगा।

मगर अब बहुत-से वैज्ञानिक इस मान्यता में विश्वास नहीं करते कि बहुत प्राचीन काल में मंगल और बृहस्पति के बीच कोई ग्रह रहा है। वे कहते हैं कि सौर मंडल की उत्पत्ति के समय ही ये क्षुद्रग्रह अस्तित्व में आ गए थे। धरती के वायुमंडल में पहुंचने वाली उल्काएं संभवतः इन्हीं क्षुद्रग्रहों के टुकड़े हैं।

ऐसा है सौर मंडल के हजारों क्षुद्रग्रहों का यह अनोखा संसार। हमें स्मरण रखना चाहिए कि सभी क्षुद्रग्रहों की खोज 1800 ई. के बाद हुई है।

☆

7 बृहस्पति : सबसे बड़ा ग्रह

खगोल-विज्ञान के इतिहास में वर्ष 1609 ई. का विशेष स्थान है। उस वर्ष केपलर (1571-1630 ई.) ने ग्रहों की गतियों से संबंधित अपने दो नियम प्रकाशित किए। लेकिन उससे भी अधिक महत्व की बात यह है कि उसी वर्ष इटली के महान वैज्ञानिक गैलीलियो गैलीलेई (1564-1642 ई.) ने अपनी दूरबीन से पहली बार आकाश के पिंडों का अवलोकन किया। उन्होंने चंद्र की सतह पर खड्ड व पहाड़ देखे और सूर्य की सतह पर काले धब्बों को पहचाना। फिर जनवरी 1610 में गैलीलियो ने अपनी दूरबीन से आकाश में बृहस्पति ग्रह की ओर देखा और पाया कि चार चंद्र इस ग्रह की उसी तरह परिक्रमा कर रहे हैं, जिस तरह हमारा चंद्र पृथ्वी की परिक्रमा करता है। गैलीलियो ने विद्वानों को अपनी इस खोज की जानकारी दी। लेकिन उस जमाने के अधिकतर विद्वान यह मानने के लिए तैयार नहीं थे कि आकाश

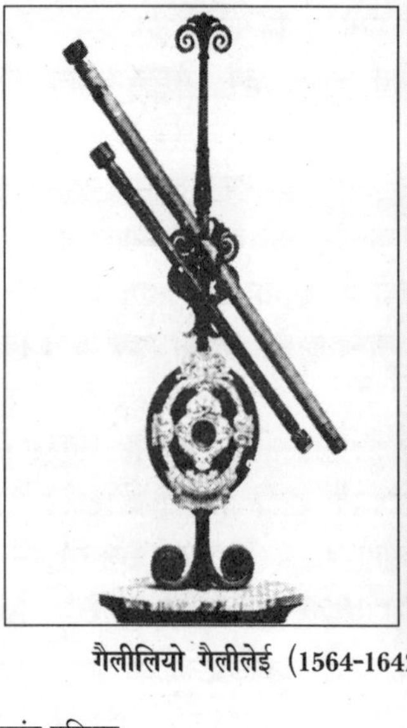

गैलीलियो गैलीलेई (1564-1642 ई.) और उनकी दो दूरबीनें (बाएं)

में हमारे चंद्र के अलावा और भी चंद्र हैं। उनमें से कुछ इन चंद्रों को दूरबीन से देखना भी नहीं चाहते थे। उनका कहना था : "पुरानी पुस्तकों में इन चंद्रों के बारे में कोई जानकारी नहीं है।" वे लोग पुराने ज्ञान को अधिक महत्व देते थे।

गैलीलियो ने समझाया : "पुराने जमाने के लोग केवल अपनी नंगी आंखों से आकाश को देखते थे। लेकिन मेरी यह दूरबीन दूर की वस्तुओं को बड़ा बनाकर दिखाती है। आओ, इससे आकाश के नजारों को देखो। चंद्रमा के पहाड़ देखो, सूर्य की सतह पर काले धब्बे देखो और बृहस्पति ग्रह की परिक्रमा करने वाले चार चंद्र देखो।"

हमारे देश में आज भी ऐसे बहुत-से लोग हैं जो सोचते हैं कि पुराने जमाने के हमारे ऋषि-मुनियों ने अपनी 'दिव्यदृष्टि' से सब कुछ जान लिया था। पर सच्चाई यह है कि हमारे किसी भी प्राचीन ग्रंथ में बृहस्पति के चंद्रों का कोई उल्लेख नहीं है। फिर भी, आज के वैज्ञानिक युग में भी, बहुत-से लोग आधुनिक खगोल-विज्ञान की बजाए फलित-ज्योतिष की निराधार बातों में यकीन करके अंधविश्वास के शिकार हो जाते हैं।

जो लोग सोचते हैं कि पुराने जमाने के ज्योतिषियों ने ब्रह्मांड के बारे में सब कुछ जान लिया था, उन्हें गैलीलियो ने बड़ा अच्छा जवाब दिया था : "पुराने ज्योतिषी सिर्फ आंख व कान के धनी थे, परंतु गैलीलियो के पास आंख व कान के अलावा एक दूरबीन भी है।"

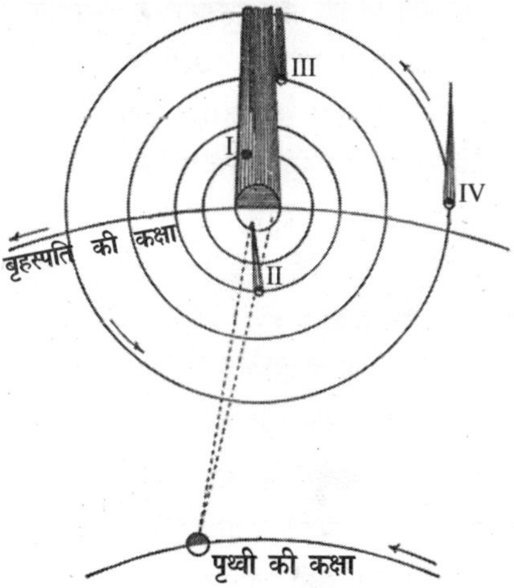

बृहस्पति के चार चंद्रों को लगने वाले ग्रहण

आकाश में झांकने वाली वह संसार की पहली दूरबीन थी। बाद में बड़ी-बड़ी दूरबीनें बनीं। इन दूरबीनों से हमें आकाश के ग्रहों और तारों के बारे में बहुत-सी नई बातों की जानकारी मिली। बड़ी दूरबीनों से और बृहस्पति तक पहुंचे अंतरिक्षयानों से अब तक प्राप्त हुई जानकारी के अनुसार इस ग्रह के चार नहीं, 18 चंद्र हैं। बृहस्पति के तीन चंद्र हमारे चंद्र से भी बड़े हैं, और इस ग्रह का ग्यानीमेड नामक चंद्र तो बुध ग्रह

से भी बड़ा है। मगर इसमें आश्चर्य की कोई बात नहीं है। बृहस्पति का अपना एक स्वतंत्र परिवार है। बृहस्पति की भव्यता के कारण कई वैज्ञानिक इसे सौर मंडल का 'दूसरा सूर्य' मानते हैं।

हमारी पृथ्वी का सिर्फ एक चंद्र है। अब आदमी चंद्रमा की यात्रा करके लौट आया है। पृथ्वी से भेजे गए मानव-रहित अंतरिक्षयान मंगल और शुक्र ग्रहों तक पहुंच गए हैं। इन ग्रहों पर वैज्ञानिक यंत्र-उपकरण उतारे गए हैं, पर अभी तक आदमी इन ग्रहों तक नहीं पहुंचा है।

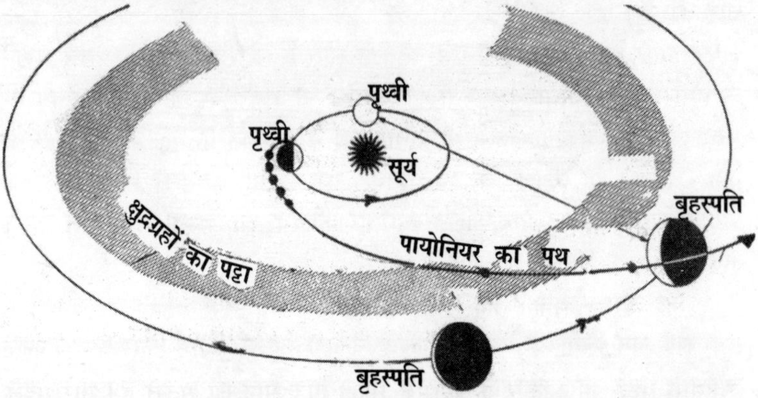

पायोनियर यान का बृहस्पति तक का यात्रापथ

मंगल से और अधिक दूर सौर मंडल का पांचवां ग्रह बृहस्पति है। स्वचालित अंतरिक्षयानों से इस ग्रह की भी खोजबीन शुरू हो गई है। धरती से भेजा गया पायोनियर-10 यान दिसंबर 1973 में बृहस्पति के पास से गुजरकर आगे बढ़ गया था। फिर अगले वर्ष पायोनियर-11 यान इसी तरह बृहस्पति के पास से होकर आगे बढ़ गया। उसके बाद 1979 ई. में दो 'वायजर' यान बृहस्पति के नजदीक से गुजरकर आगे बढ़ गए। इन यानों ने बृहस्पति और इसके चंद्रों के बारे में ढेर सारी सूचनाएं एकत्र करके धरती की ओर भेजी हैं।

फिर प्रमुखतः बृहस्पति के अध्ययन के लिए 'गैलीलियो' यान को 1993 ई. में इस ग्रह की ओर भेजा गया, जिसने दिसंबर 1995 में इसके पास पहुंचकर बहुत सारी जानकारी पृथ्वी की ओर भेजी। देर-सवेर आदमी भी बृहस्पति ग्रह के पास पहुंच जाएगा, इसके किसी बड़े चंद्र पर उतर सकेगा। इसलिए इस ग्रह के बारे में कुछ प्रमुख बातों की जानकारी सबको होनी चाहिए।

बृहस्पति सौर मंडल का सबसे बड़ा ग्रह है। यह इतना बड़ा है कि इसमें

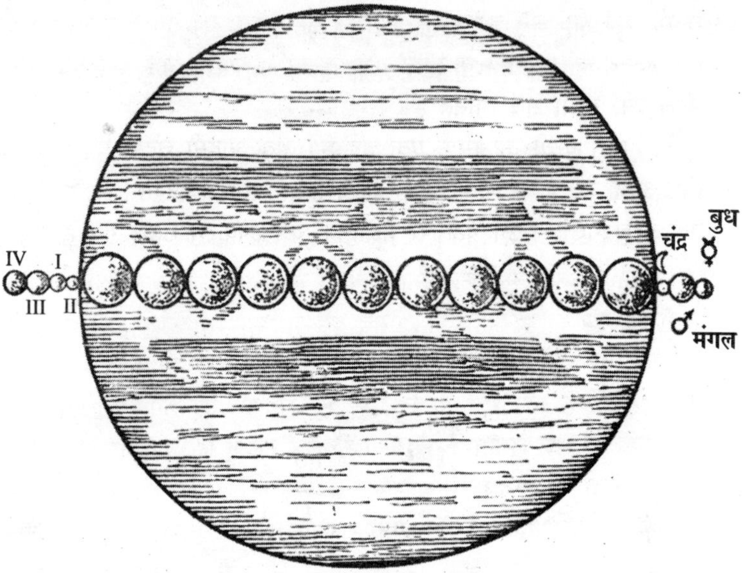

बृहस्पति का विषुववृत्तीय व्यास 11 पृथ्वियों के बराबर है। तुलना में हमारा चंद्र, मंगल व बुध (दाईं ओर) और गैलीलियो द्वारा खोजे गए बृहस्पति के चार चंद्रों के आकार (बाईं ओर)।

हमारी पृथ्वी के आकार के लगभग 1300 पिंड समा जा सकते हैं। सौर मंडल के शेष आठ ग्रहों को जोड़ा जाए, तब भी बृहस्पति उनसे तीन गुना बड़ा होगा। बृहस्पति के विषुववृत्त पर इसका व्यास 1,42,980 किलोमीटर है–हमारी पृथ्वी के व्यास के लगभग 11 गुना। परंतु बृहस्पति का ध्रुवीय व्यास 1,33,500 किलोमीटर है। अर्थात्, विषुववृत्त पर बृहस्पति फूला हुआ है।

लेकिन पूरा बृहस्पति हमारी पृथ्वी की तरह ठोस द्रव्य से नहीं बना है। इसका विशाल वायुमंडल हलकी गैसों से निर्मित है। बृहस्पति हमारी पृथ्वी से लगभग 1300 गुना बड़ा है, पर यह पृथ्वी से 1300 गुना भारी नहीं है। कारण यह है कि बृहस्पति का घनत्व पृथ्वी के घनत्व से काफी कम है (पानी का घनत्व 1 माना जाता है)। पृथ्वी का औसत घनत्व 5.5 है, तो बृहस्पति का औसत घनत्व सिर्फ 1.3 है। फिर भी बृहस्पति हमारी पृथ्वी से लगभग 318 गुना भारी है।

बहुत प्राचीन काल में इस ग्रह को पहचान लिया गया था और इसे देवगुरु बृहस्पति का नाम दिया गया था। **तैत्तिरीय ब्राह्मण** का उल्लेख है : **बृहस्पतिः प्रथमं जायमानः, तिष्यं नक्षत्रमभिसंबभूव** (जब बृहस्पति पहले प्रकट हुआ, वह तिष्य यानी पुष्य नक्षत्र के निकट था)। **महाभारत** के 'भीष्मपर्व' में कहा गया है कि अत्यंत

प्रज्वलित बृहस्पति वर्ष भर विशाखा नक्षत्र के समीप रहेगा।

हमारे देश की पुरानी देवकथाओं के अनुसार बृहस्पति देवताओं के गुरु थे। इसलिए बृहस्पति को 'गुरु' भी कहते हैं। उधर रोमनों ने इस ग्रह को जूपिटर (Jupiter, जो यूनानियों का Zeus व वैदिक 'द्यौस्' है) कहा। यूनानी व रोमन लोग जूपिटर को सबसे बड़ा देवता मानते थे।

लेकिन आज हम जानते हैं कि बृहस्पति या जूपिटर देवता नहीं है। यह हमारी पृथ्वी की तरह सूर्य की परिक्रमा करने वाला एक विशाल पिंड है। हम बता चुके हैं कि सूर्य से बृहस्पति की औसत दूरी लगभग 78 करोड़ किलोमीटर है।

सारे ग्रह दीर्घवृत्ताकार मार्गों में सूर्य का चक्कर लगाते रहते हैं। बृहस्पति बहुत बड़ा ग्रह है और सूर्य से बहुत दूर है, इसलिए यह हमारे 11.86 वर्षों में सूर्य का एक चक्कर लगाता है। इसका मतलब यह है कि बृहस्पति ग्रह का एक वर्ष हमारे लगभग 12 वर्षों के बराबर होता है।

हमारी पृथ्वी 24 घंटों में अपनी धुरी पर एक चक्कर लगाती है। लेकिन बृहस्पति ग्रह इतना बड़ा होने पर भी करीब 10 घंटों में अपनी धुरी पर एक चक्कर लगा लेता है। इसका अर्थ यह हुआ कि बृहस्पति ग्रह का एक दिन केवल 10 घंटों का होता है। तेज़ी से घूमता है, इसलिए अपने विषुववृत्त पर यह ग्रह कुछ फूल गया है। देवगुरु बृहस्पति की तोंद निकल आई है।

चंद्रमा हमारी पृथ्वी से काफी छोटा है, इसलिए चंद्र की सतह पर आदमी कुछ हलका हो जाता है। लेकिन बृहस्पति की सतह पर आदमी का वजन करीब ढाई गुना बढ़ जाएगा। पृथ्वी पर किसी व्यक्ति का वजन यदि 100 किलोग्राम

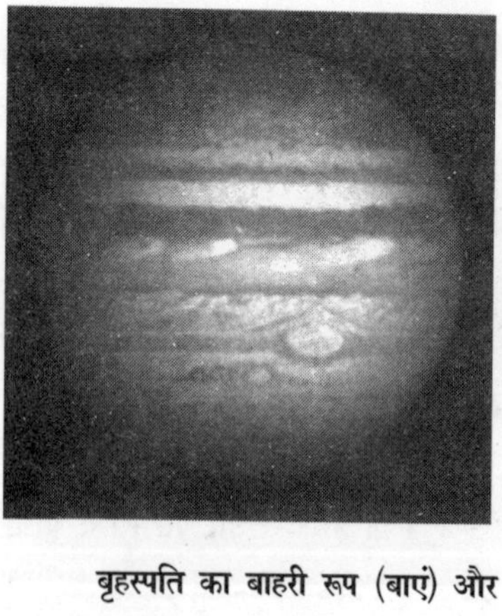

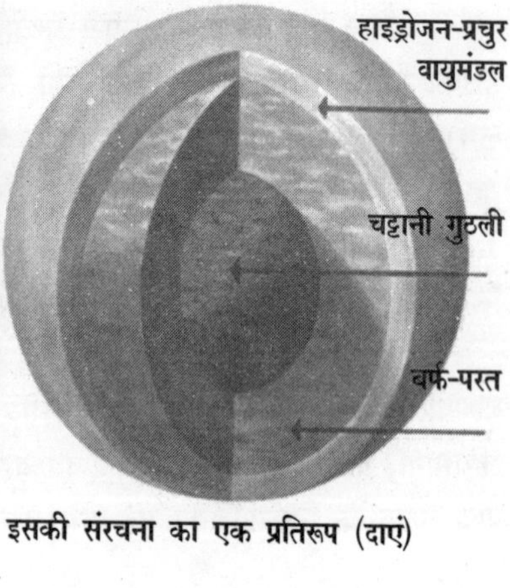

बृहस्पति का बाहरी रूप (बाएं) और इसकी संरचना का एक प्रतिरूप (दाएं)

है, तो बृहस्पति की सतह पर उसका वजन 250 किलोग्राम हो जाएगा।

बृहस्पति ग्रह के ऊपर हजारों किलोमीटर ऊंचा इसका घना वायुमंडल है। यह वायुमंडल हाइड्रोजन, एमोनिया और मीथेन गैसों से बना है। ये जहरीली गैसें हैं। लेकिन यदि आदमी अपने साथ ऑक्सीजन के सिलिंडर ले जाता है, तो भी बृहस्पति की सतह पर उतर नहीं पाएगा। बृहस्पति की सतह पर इसके वायुमंडल का इतना अधिक भार है कि उसके नीचे फौलाद की गाड़ी भी चकनाचूर हो जाएगी। ऐसी हालत में अभी बृहस्पति पर उतरना संभव नहीं है। शुरू में बृहस्पति के बड़े चंद्रों पर उतरकर ही इस ग्रह का अध्ययन किया जाएगा।

बृहस्पति ग्रह हमारी पृथ्वी की अपेक्षा सूर्य से बहुत दूर है, इसलिए वहां सूर्य का बहुत कम ताप पहुंचता है। बृहस्पति के वायुमंडल का तापमान शून्य के नीचे लगभग 150° सेंटीग्रेड रहता है। बृहस्पति का वायुमंडल बहुत घना है। इसलिए दूरबीन से हम इस ग्रह के बाहरी वायुमंडल को ही देख सकते हैं। बृहस्पति की सतह किस तरह की है, इस बात की हमें कोई स्पष्ट जानकारी नहीं है।

दूरबीन से देखने पर बृहस्पति पर हमें लाल रंग के कई पट्टे दिखाई देते हैं। इनके अलावा, बृहस्पति के दक्षिणी गोलार्ध में लाल-गुलाबी रंग का एक विशाल धब्बा (Great Red Spot) भी दिखाई देता है, जो इस ग्रह की एक विशिष्ट पहचान बन गया है। इसे 1665 ई. में खोजा गया था। यह धब्बा 40,000

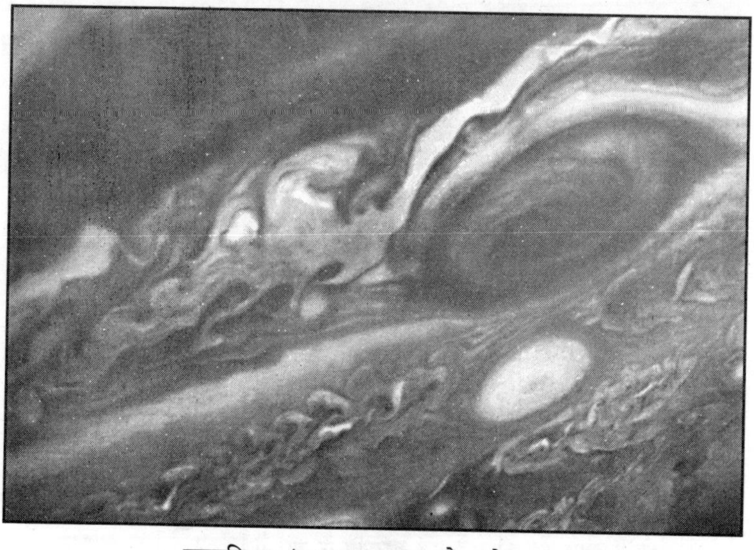

बृहस्पति का 'बड़ा लाल धब्बा' और 'छोटा लाल धब्बा'

किलोमीटर लंबा और 14,000 किलोमीटर चौड़ा है; मगर यह घटता-बढ़ता है और बृहस्पति की सतह पर सरकता भी है। इसमें तीन पृथ्वियां समा जा सकती हैं। वैज्ञानिक समझ नहीं पा रहे हैं कि यह धब्बा किस चीज का है। शायद यह बृहस्पति पर उठे हुए बहुत बड़े चक्रवात का द्योतक है।

विशाल धब्बे के नजदीक लगभग पृथ्वी के आकार का एक लघु लाल धब्बा (Little Red Spot) भी है। पहले यह पीला-सफेद नजर आता था, परंतु पता चला है कि अब (अक्तूबर 2006) यह अधिकाधिक लाल होता जा रहा है।

हम बता चुके हैं कि सबसे पहले गैलीलियो ने बृहस्पति के चार चंद्रों की खोज की थी। ये 'गैलीलियी चंद्र' कहलाते हैं। लेकिन अब बृहस्पति के 18 चंद्रों की खोज हो चुकी है; बृहस्पति के और भी कुछ चंद्र खोजे जा सकते हैं। शनि ग्रह के 31 चंद्र हैं, मंगल के दो और हमारी पृथ्वी का सिर्फ एक चंद्र है। बुध और शुक्र ग्रहों का एक भी चंद्र नहीं है।

बृहस्पति के अठारह चंद्रों में चार बड़े हैं और शेष छोटे हैं। चार बड़े चंद्रों में तीन चंद्र हमारे चंद्र से भी बड़े हैं। बृहस्पति का **ग्यानीमेड** चंद्र तो बुध ग्रह (व्यास 4850 किलोमीटर) से भी बड़ा है। चार 'गैलीलियी चंद्रों' में **आइओ**, जिसका व्यास 3600 किलोमीटर है, बृहस्पति के सबसे नजदीक है। यह 42½ घंटों में अपने ग्रह की एक परिक्रमा पूरी करता है। आइओ पर अत्यंत सक्रिय सैकड़ों ज्वालमुखी देखे गए हैं। ये ज्वालामुखी तरल गंधक उगल रहे हैं, जिसका कारण स्पष्ट नहीं है।

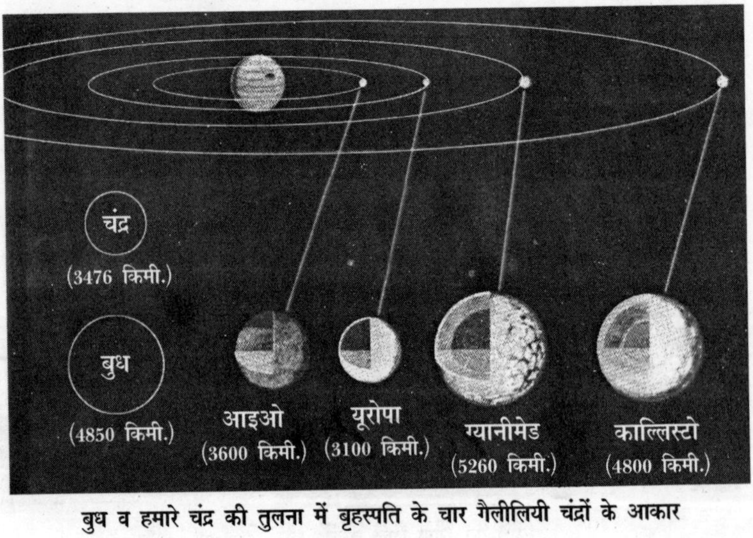

बुध व हमारे चंद्र की तुलना में बृहस्पति के चार गैलीलियी चंद्रों के आकार

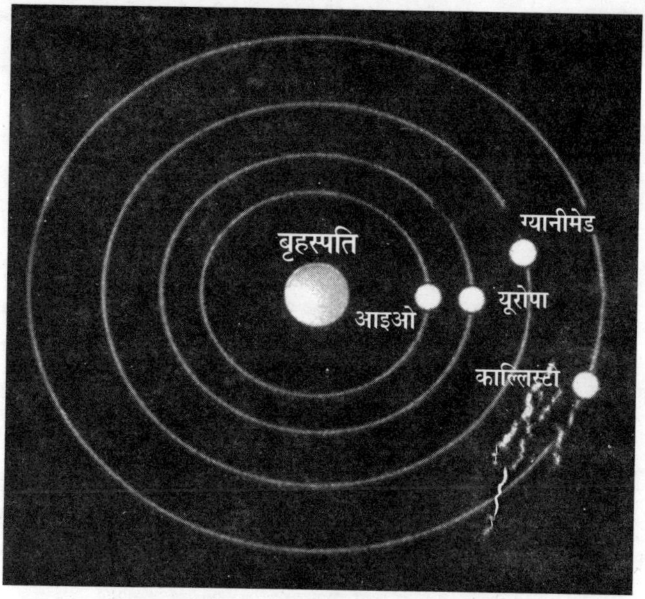

बृहस्पति के चार 'गैलीलियी चंद्रों' की कक्षाएं

दूसरा चंद्र **यूरोपा** गैलीलियी चंद्रों में सबसे छोटा है। इसका व्यास 3100 किलोमीटर है। यह बर्फ के कवच से ढ़का हुआ है। वैज्ञानिकों का मत है कि इस कवच के नीचे पानी मिश्रित बर्फ का बहुत गहरा महासागर हो सकता है। यूरोप पर सूक्ष्म जीव-जगत भी हो सकता है। तीसरे गैलीलियी चंद्र **ग्यानीमेड** का व्यास 5260 किलोमीटर है। यह सौर मंडल का सबसे बड़ा चंद्र है—बुध ग्रह से भी बड़ा। चौथे गैलीलियी चंद्र **काल्लिस्टो** का व्यास 4800 किलोमीटर है। ग्यानीमेड और काल्लिस्टो, दोनों ही बर्फ व चट्टान के गोले हैं। बृहस्पति के बाकी चंद्र काफी छोटे हैं।

हमारा चंद्र लगभग चार लाख किलोमीटर की दूरी से पृथ्वी की परिक्रमा करता है। लेकिन बृहस्पति का अंतिम चंद्र करीब ढाई करोड़ किलोमीटर की दूरी से इस ग्रह की परिक्रमा कर रहा है। बृहस्पति के चंद्रों के बारे में एक और अद्‌भुत बात यह है कि इसके अंतिम चार चंद्र उलटी दिशा में इस ग्रह की परिक्रमा करते हैं।

दरअसल, बृहस्पति के बारे में कई बातें बड़ी अद्‌भुत हैं। नजदीक जाकर अध्ययन करने पर ही इस ग्रह के बारे में अब हमें अधिक जानकारी मिल सकती है। बृहस्पति पर किसी प्रकार के जीव-जगत के होने की संभावना नहीं है, क्योंकि

इस ग्रह का वायुमंडल जहरीली गैसों से बना है।

फिर भी वैज्ञानिक इस ग्रह का नजदीक से अध्ययन करना चाहेंगे। प्रयत्न शुरू हो गए हैं। दो पायोनियर यान और दो वायजर यान बृहस्पति के नजदीक से होकर आगे बढ़ गए, सौर मंडल के बाहर चले गए हैं। फिर विशेष रूप से बृहस्पति और इसके चंद्रों के अध्ययन के लिए भेजे गए गैलीलियो यान ने इस ग्रह के बारे में काफी नई जानकारी पृथ्वी की ओर भेजी है।

बृहस्पति के बारे में सबसे महत्वपूर्ण नई खोज यह है कि शनि की तरह इस ग्रह के गिर्द भी वलय हैं, मगर शनि से कुछ कम घने। वायजर-1 द्वारा भेजे गए एक चित्र में पहली बार बृहस्पति के इन वलयों की खोज हुई थी। फिर वायजर-2 ने भी बृहस्पति के गिर्द वलय होने की पुष्टि की।

इस प्रकार, बृहस्पति की टोह लेने का सिलसिला शुरू हो गया है। धरती का मानव सबसे पहले बृहस्पति के यूरोपा जैसे चंद्र पर ही उतर पाएगा। बृहस्पति का जब निकट से अध्ययन होगा, तभी हमें इस ग्रह के बारे में यथार्थ जानकारी मिल सकेगी और तभी धरती का मानव सौर मंडल के इस सबसे बड़े ग्रह के वातावरण में उतरने का साहस कर सकेगा।

☆

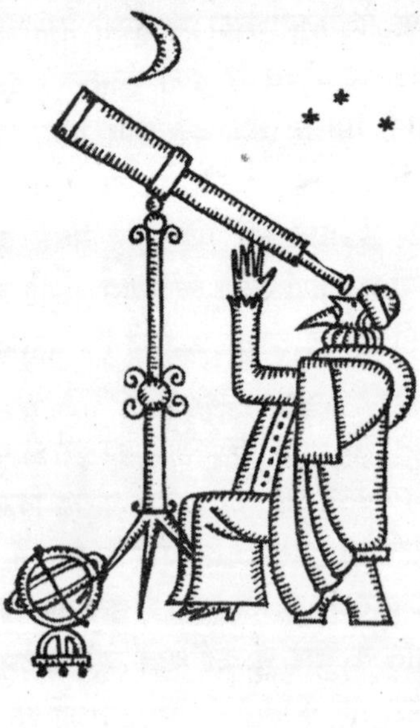

8 शनि : सबसे सुंदर ग्रह

शनि को 'शनैश्चर' भी कहते हैं। यह ग्रह करीब 30 वर्षों में सूर्य की एक परिक्रमा पूरी करता है, इसलिए आकाश में यह काफी धीमी गति से यात्रा करता हुआ दिखाई देता है। इसीलिए प्राचीन काल में इस ग्रह को 'शनैःचर' नाम दिया गया था। लेकिन बाद के लोगों ने 'शनैःचर' को 'सनीचर' बना डाला! सनीचर का नाम लेते ही अंधविश्वासियों की रूह कांपने लगती है। फलित-ज्योतिष की पोथियों में इस ग्रह को इतना अशुभ माना गया है कि जिस राशि में इसका निवास होता है उसके आगे और पीछे की राशियों को भी यह छेड़ता है। एक बार यदि यह ग्रह किसी की राशि में पहुंच जाए, तो साढ़े सात वर्ष तक उसकी खैर नहीं!

हमारे देश के पुराने ग्रंथों में शनि को 'मंथिन्' भी कहा गया है। 'मंथिन्' का अर्थ मथने वाला या पीड़ा देने वाला भी होता है। इस अर्थ के आधार पर भी शनि को कष्ट देने वाला ग्रह माना गया था। ईसा की छठी सदी के प्रसिद्ध ज्योतिषी वराहमिहिर ने तो अपने **बृहत्संहिता** ग्रंथ में शनि के अशुभ फलों के बारे में 'शनैश्चरचार' नामक एक स्वतंत्र अध्याय ही लिख डाला है।

प्राचीन काल के लोगों को सूर्य, चंद्र और काल्पनिक राहु-केतु के अलावा जिन पांच ग्रहों (ताराग्रहों) का ज्ञान था, उनमें शनि भी एक था। **महाभारत** के 'भीष्मपर्व' (3, 14 व 27) में शनैश्चर का उल्लेख है : **भगं नक्षत्रमाक्रम्य सूर्यपुत्रेण पीड्यते। ··· संवत्सरस्थायिनौ च ग्रहौ प्रज्वलितावुभौ, विशाखयाः समीपस्थौ बृहस्पति शनैश्चरौ** (पूर्वाफाल्गुनी को पकड़कर सूर्यपुत्र शनि उसे पीड़ित करेगा। ··· अत्यंत प्रकाशमान बृहस्पति व शनैश्चर ग्रह विशाखा नक्षत्र के समीप वर्ष-भर रहेंगे, और ग्रहों की ये स्थितियां अत्यंत अनिष्टकारी हैं)।

हमारी पौराणिक कथाओं के अनुसार शनि महाराज सूर्य के पुत्र हैं। भैंसा इनका वाहन है। पाश्चात्य ज्योतिष में शनि को 'सैटर्न' कहते हैं। रोमन

आख्यानों के अनुसार सैटर्न, जूपिटर के पिता हैं। रोमन लोग 'सैटर्न' को कृषि का देवता मानते थे। हमारे देश में शनि महाराज तेल के देवता बन गए हैं!

अभी 1609 ई. तक किसी को भी आकाश की ज्योतियों को असली 'दिव्यदृष्टि' यानी दूरबीन से देखने का अवसर नहीं मिला था। गैलीलियो ने पहली बार अपनी दूरबीन से आकाश का अवलोकन किया। जो कोई भी दूरबीन से इस 'सनीचर' को देखेगा, इस ग्रह के बारे में उसके पुराने खयाल अवश्य बदल जाएंगे।

शनि और इसके खूबसूरत वलय

शनि सौर मंडल का सबसे खूबसूरत ग्रह है। इसके गले में प्रकृति ने कई सारे रंग-बिरंगे मनोहर 'हार' डाल दिए हैं। शनि के ये हार या वलय या कंकण खगोल का एक अद्भुत दृश्य है। ऐसा गौरव किसी भी अन्य ग्रह को प्राप्त नहीं है। शनि के ये वलय क्या हैं, कैसे हैं, यह जानने के पहले, आइए, इस ग्रह के आकार-प्रकार और इसकी भौतिक संरचना के बारे में कुछ बातें मालूम कर लें।

शनि सौर मंडल का क्रमानुसार छठा ग्रह है। यह बृहस्पति और यूरेनस के बीच में है। आकार में यह सौर मंडल का दूसरा बड़ा ग्रह है। सबसे बड़ा बृहस्पति है। शनि के गोले का विषुववृत्तीय व्यास लगभग 1,20,500 किलोमीटर है; इसका ध्रुवीय व्यास 1,08,000 किलोमीटर है। यह इतना बड़ा है कि इसमें हमारी 750 पृथ्वियां समा जा सकती हैं। लेकिन इसकी द्रव्यराशि का घनत्व बहुत ही कम– केवल 0.7 है (पानी का घनत्व 1 माना जाता है)। अतः शनि पानी के किसी

अतिविशाल महासागर पर तैर सकता है! सौर मंडल में यह सबसे कम घनत्व वाला पिंड है। आकार में बहुत बड़ा, किंतु घनत्व में बहुत कम होने के कारण इसकी सतह पर गुरुत्वाकर्षण-शक्ति काफी कम है। शनि ग्रह पृथ्वी से 740 गुना बड़ा होने पर भी केवल 95 गुना भारी है।

सूर्य से शनि 143 करोड़ किलोमीटर की औसत दूरी पर है। हमारी पृथ्वी लगभग वृत्ताकार कक्षा में 15 करोड़ किलोमीटर की औसत दूरी से एक साल में सूर्य का एक चक्कर लगाती है। मंद गति से सूर्य का चक्कर लगाने में शनि ग्रह को हमारे 29 साल और 168 दिन लगते हैं। यही कारण है कि साल-भर के अंतराल के बाद भी आकाश में शनि की स्थिति में कोई विशेष परिवर्तन नहीं दिखाई देता। लेकिन शनि का 'दिन' हमारे दिन से काफी छोटा होता है। कास्सिनी यान की नई खोज के अनुसार, शनि 10 घंटे और 47 मिनटों में अपनी धुरी पर एक चक्कर लगा लेता है। अतः शनि का 'वर्ष' इसके अपने लगभग 25,000 दिनों के बराबर होगा।

सूर्य से अत्यधिक दूर होने के कारण शनि तक सूर्य का बहुत कम ताप पहुंच पाता है—पृथ्वी का मात्र सौवां हिस्सा। अतः शनि का तापमान शून्य के 180° सेंटीग्रेड नीचे रहता है। शनि के वायुमंडल में 90 प्रतिशत नाइट्रोजन और शेष प्रमुखतः मीथेन है।

शनि के तल की क्या स्थिति है, इसके बारे में कोई जानकारी नहीं मिल सकी है। संभव है कि काफी नीचे तापमान सैकड़ों डिग्री और दाब भी हमारे सैकड़ों वायुमंडलों के तुल्य हो। पता चला है कि शनि ग्रह प्रमुखतः हाइड्रोजन व हीलियम से बना है।

शनि की सबसे अद्भुत चीज है—इसके गले में पड़े हुए 'हार'! छोटी-सी दूरबीन से भी शनि के इन हारों यानी वलयों को देखा जा सकता है। पहले-पहल गैलीलियो ने ही इन वलयों को देखा था। पहले तो खगोलविदों ने शनि के गिर्द केवल एक ही वलय की कल्पना की थी, परंतु

जिओवान्नी कास्सिनी (1625-1712 ई.)

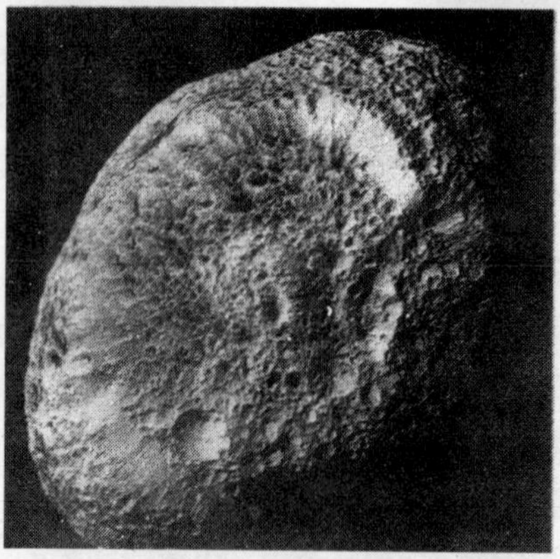

शनि का एक बहुत छोटा 'हाइपरिओन' चंद्र

इतालवी खगोलविद जिओवान्नी कास्सिनी (1625-1712 ई.) ने 1675 ई. में शनि के दो पृथक् वलयों को पहचाना। इन दो प्रमुख वलयों के बीच के अंतराल को अब 'कास्सिनी विभाजन' के नाम से जाना जाता है। सन् 1997 में शनि की ओर भेजे गए अमरीका और यूरोपीय देशों के 'कास्सिनी-हाइगेंस' नामक संयुक्त यान ने 2005 ई. में शनि के वलयों के पास पहुंचकर इनका अन्वेषण किया है। इस यान ने शनि के एक छोटे चंद्र 'हाइपरिओन' का नजदीक से चित्र लेकर उसे धरती की ओर भेजा है। हाइपरिओन की सतह पर खड्ड हैं।

पृथ्वी से देखने पर शनि के वलयों के बदलते दृश्य

आज हम जानते हैं कि शनि के चहुंओर कम-से-कम तीन प्रमुख सकेंद्री वलय हैं। ये तीनों वलय मुख्य ग्रह से और एक-दूसरे से दूर-दूर हैं। इन वलयों का व्यास 2,70,000 किलोमीटर है और मोटाई करीब 100 मीटर। ये शनि की सतह से 70 हजार किलोमीटर की ऊंचाई पर शुरू होते हैं और 140 हजार किलोमीटर की ऊंचाई तक फैले हुए हैं।

किस वस्तु से बने हैं शनि के ये वलय? आरंभ में खगोलविदों का विश्वास था कि शनि के वलय ठोस या द्रवरूप हैं। परंतु 1857 ई.

में प्रसिद्ध ब्रिटिश भौतिकवेत्ता जेम्स क्लार्क मैक्सवेल (1831-1879 ई.) ने कैम्ब्रिज विश्वविद्यालय की एक पुरस्कार-प्रतियोगिता के लिए निबंध लिखकर अंतिम रूप से यह सिद्ध कर दिया कि शनि के वलय न ठोस हैं, न द्रवरूप। उन्होंने गणित के आधार पर यह सिद्ध किया कि कोई भी ठोस या द्रवरूप संयोजन इस प्रकार के स्थायी वलय नहीं बना सकता। उन्होंने कहा : "एक-दूसरे से स्वतंत्र असंख्य कण अपनी-अपनी दूरियों पर अलग-अलग वेगों से (शनि) ग्रह की परिक्रमा करते हुए ही इस प्रकार की वलय-योजना को स्थायी बनाए रख सकते हैं।" तात्पर्य यह कि, इन वलयों का प्रत्येक कण अपने आप में एक 'लघुचंद्र' है और यह अपनी कक्षा में शनि के विषुववृत्त की परिक्रमा करता है।

शनि के इन अरबों 'लघुचंद्रों' की हम मात्र कल्पना ही कर सकते हैं। वास्तव में ये आकार में बहुत ही छोटे हैं—संभवतः नींबू के आकार के। कुछ तो इससे भी छोटे हो सकते हैं। ये सूर्य-प्रकाश को काफी अधिक मात्रा में परावर्तित करते हैं। जब ये वलय हमारी ओर पूर्ण रूप से खुले होते हैं, तो मुख्य ग्रह की अपेक्षा ये अधिक चमकीले दिखाई देते हैं।

रूसी खगोलविद बोब्रोव ने शनि के इन वलयों के बारे में हमें नई जानकारी दी है। पहले वैज्ञानिकों का अनुमान था कि शनि के इन वलयों की मोटाई एक सेंटीमीटर से अधिक नहीं है। स्मरण रहे कि इन वलयों की चौड़ाई 70 हजार किलोमीटर है। किंतु कई वर्षों के अनुसंधान के बाद बोब्रोव ने यह सिद्ध किया है कि शनि के ये वलय लगभग एक किलोमीटर मोटे हैं। उनके मतानुसार इन वलयों के ये 'लघुचंद्र' एक घन-सेंटीमीटर से अधिक बड़े नहीं हैं। यह भी सिद्ध

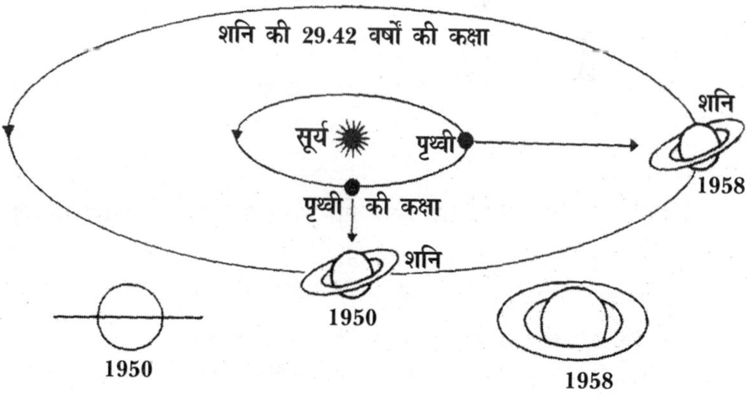

पृथ्वी से देखने पर शनि के वलयों के बदलते दृश्य

किया गया कि शनि के ये वलय उतने ही पुरातन हैं जितना कि स्वयं यह ग्रह।

अब महत्व का प्रश्न है : शनि ग्रह के चारों ओर ही ये वलय कैसे अस्तित्व में आए?

शनि ग्रह की सतह पर इसके आरंभकाल में भीषण शक्ति वाले ज्वालामुखी रहे होंगे। इन ज्वालामुखियों के विवरों से उत्सर्जित द्रव्यराशि से शनि के ये वलय बने हो सकते हैं।

दूसरी संभावना यह है कि इन वलयों के स्थान पर अतीत में शनि का कोई चंद्र इसकी परिक्रमा करता होगा। यह चंद्र किसी कारण से शनि के अधिक नजदीक आ गया होगा और तब शनि की गुरुत्वाकर्षण-शक्ति से विखंडित होकर उसके टुकड़े-टुकड़े हो गए होंगे। हम जानते हैं कि मंगल और बृहस्पति के बीच किसी समय शायद एक ग्रह था, लेकिन बृहस्पति की अत्यधिक गुरुत्वाकर्षण-शक्ति के कारण उसके टुकड़े-टुकड़े हो गए। लेकिन ये टुकड़े काफी बड़े हैं, क्षुद्रग्रह कहलाते हैं। इसके विपरीत, शनि के वलयों के कण घन-सेंटीमीटर के आकार के हैं। अतः यह संभव नहीं है कि शनि के किसी चंद्र के विखंडित होने से उसके ये वलय बने हैं।

इधर अधिकांश खगोलविद इस राय से सहमत दिखाई देते हैं कि शनि के वलय आरंभकाल से ही यथावत् बने हुए हैं। इसी प्रकार के वलयों से उपग्रहों का जन्म होता है। इन वलयों से भविष्य में शनि का एक और चंद्र जन्म ले सकता है।

सन् 1898 ई. तक शनि के 9 चंद्र खोज लिए गए थे। दसवां चंद्र **जानुस** दिसंबर, 1966 में खोजा गया। जानुस का व्यास करीब 200 किलोमीटर है।

बृहस्पति के बाद, 1981 ई. में शनि ग्रह के पास से होकर आगे बढ़ गए दो वायजर यानों ने शनि के वलयों के बारे में काफी नई सूचनाएं और कई चित्र धरती की ओर भेजे हैं। इन यानों ने शनि के कई नए चंद्रों की खोज की। अब तक शनि के 31 चंद्र खोजे जा चुके हैं। शनि के और भी कुछ चंद्र खोजे जा सकते हैं।

शनि का **टाइटन** नामक चंद्र हमारे सौर मंडल का दूसरा बड़ा चंद्र है; यह बृहस्पति के ग्यानीमीडे चंद्र से थोड़ा-सा ही छोटा है। टाइटन हमारे चंद्र से तो बड़ा है ही, यह बुध ग्रह से भी बड़ा है। टाइटन का व्यास 5150 किलोमीटर है। अतः शनि का यह चंद्र मंगल ग्रह से थोड़ा ही छोटा है।

सबसे बड़ी बात यह है कि टाइटन पर वायुमंडल भी है, जिसमें 90 प्रतिशत हिस्सा नाइट्रोजन का है और बाकी मीथेन है। टाइटन पर ऑक्सीजन नहीं है।

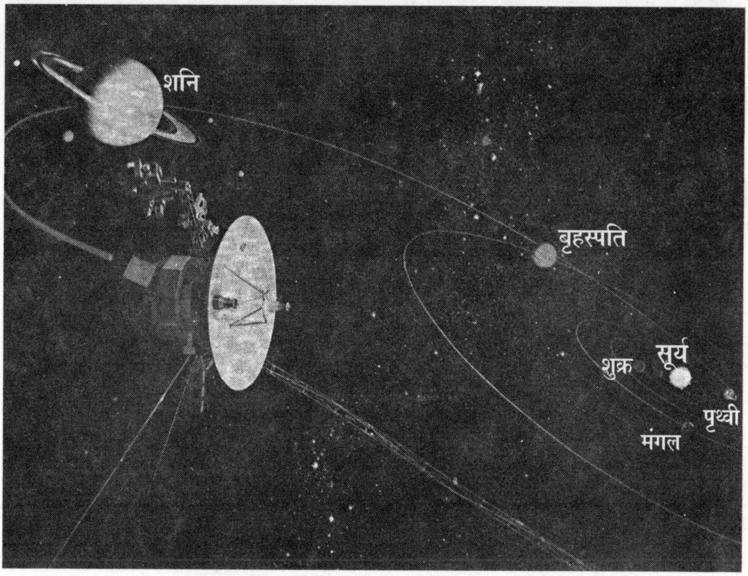

बृहस्पति और शनि के आगे बढ़ चुका वायजर यान

'कास्सिनी' यान से अलग होकर इसका 'हाइगेंस' प्रोब टाइटन की सतह पर उतर चुका है और वहां से धरती की ओर सूचनाएं भेज रहा है। 'हाइगेंस' ने टाइटन के उत्तरी ध्रुव-क्षेत्र में हाइड्रोकार्बन (हाइड्रोजन व कार्बन के यौगिक) की कुछ झीलें भी खोजी हैं। टाइटन का सतह-तापमान बहुत कम है—शून्य के नीचे 180° सेंटीग्रेड।

शनि की दूरी पर पहुंचकर सबसे पहले अंतरिक्षयान इस ग्रह के टाइटन चंद्र पर उतारे जाएंगे। शनि एक खूबसूरत ग्रह है, इसलिए अंतरिक्षयात्री बृहस्पति के भी पहले शनि के इसी टाइटन चंद्र पर उतरने का प्रयत्न करेंगे।

☆

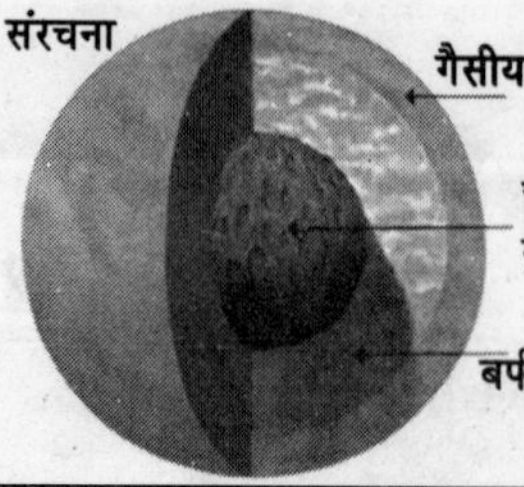

9 यूरेनस और नेपच्यून

भारतीय परंपरा में ग्रह नौ माने गए हैं–सूर्य, सोम (चंद्र), बुध, शुक्र, भौम (मंगल), गुरु (बृहस्पति), शनि, राहु व केतु। इन नवग्रहों की मूर्तियां बनी हैं, इनकी पूजा होती रही है, आज भी होती है। परंतु आधुनिक खगोल-विज्ञान के अनुसार, सूर्य एक तारा है, चंद्र एक उपग्रह है और राहु तथा केतु आकाश के महज दो काल्पनिक बिंदु हैं। प्राचीन मान्यता के इन 'नवग्रहों' में वास्तविक ग्रह पांच ही हैं–बुध, शुक्र, मंगल, बृहस्पति व शनि, जिन्हें मानव ने हजारों साल पहले पहचान लिया था। हमारी पृथ्वी भी सौर मंडल का एक ग्रह ही है, मगर इसे परंपरागत नवग्रहों में स्थान नहीं मिला।

हम नहीं जानते कि प्राचीन काल से ज्ञात पांच ग्रहों की खोज सर्वप्रथम किसने की थी, कब और किस देश में हुई थी। मगर शनि से अधिक दूरी पर सौर मंडल में जो नए ग्रह खोजे गए हैं, उनका इतिहास हम जानते हैं। ये नए ग्रह पिछले लगभग सवा दो सौ वर्षों में खोजे गए हैं। बड़ी ही दिलचस्प है इनकी खोज की गाथा।

पहली बात तो यही है कि पुराने जमाने के खगोलविद-ज्योतिषी इन नए ग्रहों की खोज कर ही नहीं सकते थे। जिन दो प्रमुख साधनों से इन ग्रहों की खोज हुई है, वे हैं–ग्रह-गतियों के गणितीय नियम और दूरबीन। केपलर (1571-1630 ई.) ने ग्रहों की गतियों के तीन नियम खोज निकाले। गैलीलियो (1564-1642 ई.) ने आकाश के अवलोकन के लिए पहली बार 1609 ई. में एक दूरबीन का उपयोग किया। न्यूटन (1642-1727 ई.) ने गुरुत्वाकर्षण के सिद्धांत की स्थापना की। बाद में आकाश के अनेकानेक पिंडों की खोजबीन में फोटोग्राफी व स्पेक्ट्रोस्कोपी के साधनों ने भी खूब सहयोग दिया।

एक बात और। गैलीलियो की पहली दूरबीन इन नए ग्रहों को खोजने में समर्थ नहीं थी। इसी प्रकार, केवल केपलर तथा न्यूटन के गणितीय सिद्धांतों से आकाश में इन ग्रहों के ठीक-ठीक स्थान निर्धारित कर पाना संभव नहीं था।

केपलर व न्यूटन के बाद यूरोप के अन्य कई गणितज्ञों ने उनके सिद्धांतों को परिष्कृत किया, तभी ये नए ग्रह आकाश में खोजे गए।

यूरेनस ग्रह

अठारहवीं सदी में यूरोप के कई खगोलविद सोचने लग गए थे कि आकाश के बारे में जो कुछ जानना था, वह लगभग सारा जान लिया गया है। इसलिए जब इंग्लैंड के एक शौकिया खगोलविद विलियम हर्शेल (1738-1822 ई.) ने दूरबीन से 13 मार्च, 1781 को आकाश में एक नए ग्रह की खोज की, तो सभी चकित रह गए।

विलियम हर्शेल (1738-1822 ई.)

कैरोलिन हर्शेल (1750-1848 ई.)

नए ग्रह की खोज करने के पहले यूरोप के अधिकांश गणितज्ञ व खगोलविद विलियम हर्शेल के नाम से अपरिचित थे। हर्शेल दरअसल पुश्तैनी वाद्य-संगीतज्ञ थे। महज शौक की खातिर उन्होंने आकाश का अध्ययन शुरू किया था। विलियम का जन्म हानोवर (जर्मनी) के एक जर्मन-यहूदी परिवार में हुआ था; उस समय हानोवर का शासन ब्रिटिश साम्राज्य के अधीन था। विलियम के पिता हानोवर की फौज के बैंड में संगीत-वाद्य-वादक थे। आरंभ में विलियम ने भी उसी पेशे को अपनाया, मगर बाद में वह, 19 साल की आयु में, इंग्लैंड चले आए और यहां बाथ नामक शहर में उन्होंने संगीत-शिक्षक का काम शुरू कर दिया। साथ ही, गणित व खगोल-विज्ञान का अपना अध्ययन भी जारी रखा। वे स्वयं अपनी दूरबीनें बनाने में जुट गए। इस कार्य में उन्हें भाई अलेक्जेंडर और बहन कैरोलिन

से बहुत मदद मिली। कैरोलिन हर्शेल (1750-1848 ई.) ने स्वतंत्र रूप से भी काफी महत्वपूर्ण अनुसंधान-कार्य किया; उन्होंने कई धूमकेतु खोजे और लगभग 2500 नीहारिकाओं तथा तारा-गुच्छों की एक सारिणी भी तैयार की। विलियम हर्शेल के पुत्र जॉन हर्शेल (1792-1871 ई.) भी नामी खगोलविद हुए। उन्होंने दक्षिण अफ्रीका में वेधकार्य करके लगभग 2000 नीहारिकाओं और उतने ही जुड़वां-तारों की एक सारिणी प्रकाशित की।

विलियम हर्शेल ने नई-नई दूरबीनें बनाईं। उन्होंने 1781 ई. में जिस परावर्तक दूरबीन से मिथुन (जेमिनी) तारा-मंडल में नए ग्रह की खोज की थी उसके दर्पण का व्यास करीब 16 सेंटीमीटर था। आरंभ में हर्शेल को लगा था कि नया खोजा गया पिंड कोई धूमकेतु है, किंतु जल्दी ही स्पष्ट हो गया कि यह सौर मंडल का एक नया ग्रह है और इसकी कक्षा शनि के परे है।

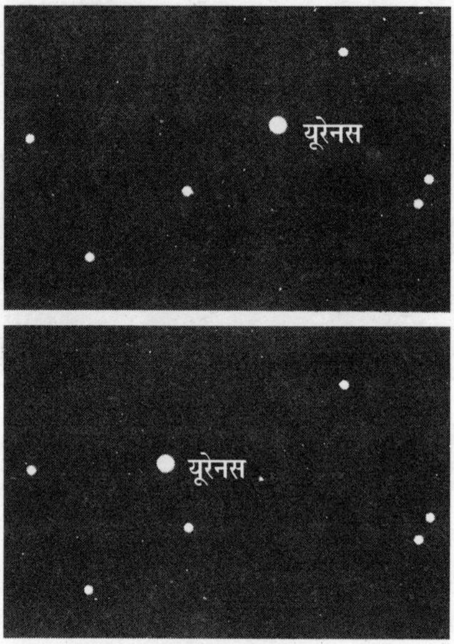

तारों की पृष्ठभूमि में यूरेनस ग्रह का दो दिनों में स्थित्यंतर

लेकिन हर्शेल का कार्य नए ग्रह की खोज तक ही सीमित नहीं रहा। उन्होंने बहुत से जुड़वां-तारों का पता लगाया और आकाशगंगा के आकार-प्रकार के बारे में एक लगभग सही अनुमान प्रस्तुत किया। उनकी इन खोजों से खगोल-विज्ञान में एक नए युग—तारों के वैज्ञानिक अन्वेषण के युग—की शुरुआत हुई। हर्शेल कहते थे : "एक भी नया तथ्य सामने आ जाए, तो हमें अपने पुराने सिद्धांत को संशोधित कर लेना चाहिए।"

सौर मंडल में नए ग्रह को खोजने पर सारे यूरोप में हर्शेल का नाम मशहूर हो गया। इंग्लैंड के राजा जॉर्ज तृतीय ने उन्हें अपना निजी खगोलविद नियुक्त किया। बदले में हर्शेल ने नए खोजे हुए ग्रह को राजा के नाम पर 'जॉर्जियम् सिडुस्' (जॉर्ज का तारा) नाम देना चाहा, पर यूरोप के दूसरे देशों के खगोलविदों ने इसे स्वीकार नहीं किया। अंत में इस नए ग्रह को **यूरेनस** नाम

दिया गया। यूनानी-रोमन आख्यानों के अनुसार यूरेनस, जूपिटर (बृहस्पति) के पितामह और सैटर्न (शनि) के पिता हैं। इसीलिए शनि की कक्षा के परे खोजे गए इस नए ग्रह को 'यूरेनस' नाम दिया गया। हमारे देश के कुछ ज्योतिषी अब भी इस ग्रह को 'हर्शेल' नाम से ही जानते हैं।

बाहरी सौर मंडल में विशाल गैसीय पिंडों वाले जो चार ग्रह हैं उनमें यूरेनस एक है; अन्य तीन बड़े ग्रह हैं–बृहस्पति, शनि व नेपच्यून। यूरेनस सौर मंडल का तीसरा बड़ा ग्रह है। विषुववृत्त पर यूरेनस का व्यास 51,000 किलोमीटर है, जो शनि के व्यास के आधे से कुछ कम, किंतु पृथ्वी के व्यास से चार गुना है। यूरेनस का भार लगभग 15 पृथ्वियों के बराबर है; इसका औसत घनत्व 1.5 है।

यूरेनस ग्रह सूर्य से 287 करोड़ किलोमीटर की औसत दूरी पर है। इसका अर्थ यह हुआ कि यह ग्रह हमारी पृथ्वी की अपेक्षा सूर्य से 19 गुना अधिक दूर है। यूरेनस लगभग 7 किलोमीटर प्रति सेकंड की गति से हमारे 84 वर्षों में सूर्य की एक परिक्रमा पूरी करता है। लेकिन यह ग्रह सिर्फ 11 घंटों में अपनी धुरी पर एक चक्कर लगा लेता है। दूरबीन से इसका सिर्फ बाहरी वायुमंडल ही दिखाई देता है। यूरेनस का केंद्रीय भाग संभवतः ठोस चट्टान का है। इसका घना वायुमंडल प्रमुखतः हाइड्रोजन, हीलियम व मीथेन गैसों से बना है, इसलिए यह कुछ हरे रंग का नजर आता है। यूरेनस तक बहुत कम सूर्य-ताप पहुंचता है, इसलिए इसके वायुमंडल का तापमान शून्य के भी 200° सेंटीग्रेड नीचे रहता है।

यूरेनस यद्यपि रचना की दृष्टि से बृहस्पति व शनि की तरह का ग्रह है, परंतु एक बात में यह सौर मंडल का बड़ा ही विलक्षण ग्रह है। पीछे हमने बताया है कि सौर मंडल के सभी ग्रह लगभग एक समतल में सूर्य की परिक्रमा करते हैं। यह है ग्रहों का समतल अथवा खगोल का क्रांतिवृत्त। ग्रहों के इस समतल के साथ एक लंब रेखा खींचिए। सभी ग्रहों की धुरियां इस लंब के साथ कम-ज्यादा अंशों का कोण बनाती हैं। जैसे, पृथ्वी की धुरी इस लंब के साथ 23°45' का कोण बनाती है। बृहस्पति की धुरी इसके साथ सिर्फ 3°1' का कोण बनाती है।

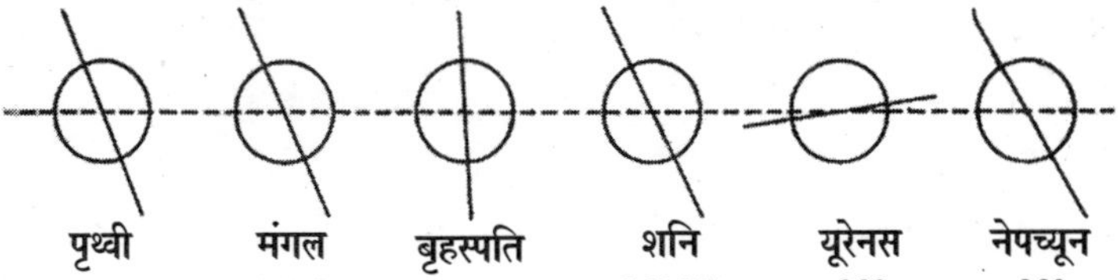

सौर मंडल के ग्रहों की धुरियों के झुकाव

लेकिन यूरेनस की स्थिति एकदम निराली है। इस ग्रह की धुरी उस लंब के साथ 98° का कोण बनाती है। इसका अर्थ यह हुआ कि यूरेनस की धुरी लगभग ग्रहों के समतल में रहती है। इसलिए मौसम की जैसी स्थिति पृथ्वी के ध्रुवीय प्रदेशों पर रहती है, वैसी ही स्थिति यूरेनस के विषुववृत्तीय प्रदेश पर रहती है। इस तरह, यूरेनस के ध्रुवीय क्षेत्रों को ही अधिक सूर्य-ताप मिलता है। पृथ्वी से देखने पर कुछ साल तक यूरेनस ग्रह के ध्रुवीय क्षेत्र नजर आते हैं, तो बाकी साल तक इसके विषुववृत्तीय क्षेत्र। यूरेनस की धुरी ग्रहों के समतल के साथ इतनी अधिक क्यों झुकी हुई है, इसके बारे में यकीन के साथ कुछ नहीं बताया जा सकता।

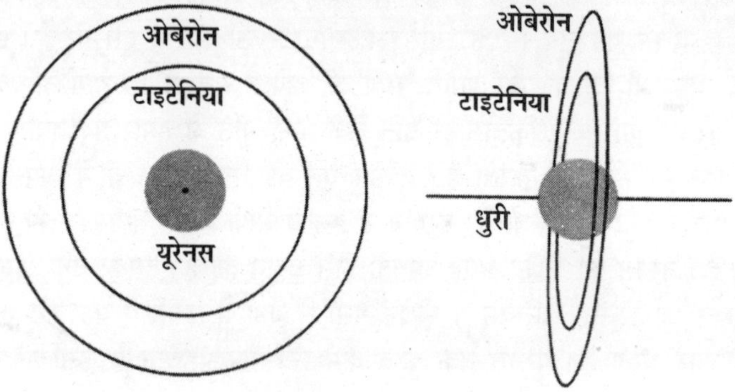

पृथ्वी से देखने पर यूरेनस के दो प्रकार के नजारे।

अब तक यूरेनस के 15 चंद्र खोजे गए हैं। इसके दो बड़े चंद्र हर्शेल ने ही खोजे थे। यूरेनस के सबसे बड़े चंद्र टाइटेनिया का व्यास लगभग 1500 किलोमीटर है, यानी हमारे चंद्र के व्यास के आधे से कुछ कम। दूसरे ग्रहों के चंद्रों की तरह यूरेनस के चंद्र भी इस ग्रह के विषुववृत्त के समतल में ही परिक्रमा करते हैं। परंतु यूरेनस की धुरी ग्रहों के समतल के लंब के साथ 98° का कोण बनाती है, इसलिए इसके चंद्र ग्रहों के समतल के साथ लगभग एक समकोण बनाते हुए परिक्रमा करते हैं।

शनि के बाद यूरेनस सौर मंडल का दूसरा ग्रह है जिसके गिर्द 1977 ई. में पहली बार वलय खोजे गए थे। अब तक 9 वलय खोजे गए हैं। ये वलय 10 से 100 किलोमीटर तक चौड़े हैं और इनके बीच में 300 से 2000 किलोमीटर तक का अंतर है। यूरेनस के इन वलयों की खोज करने में हमारे देश की कावलूर (तमिळनाडु) और नैनीताल की वेधशालाओं ने महत्वपूर्ण भूमिका अदा की है।

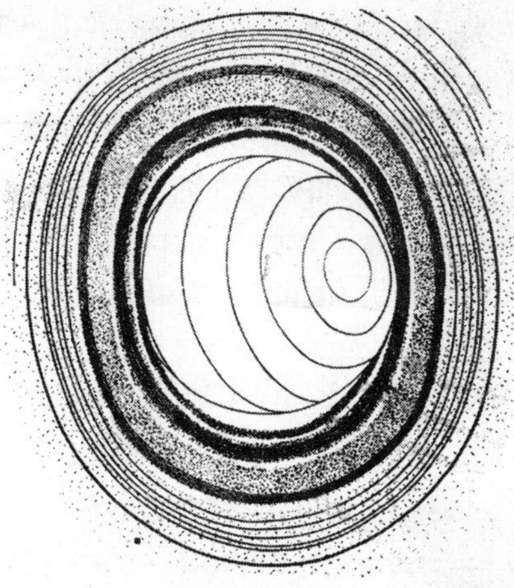

यूरेनस के वलय

ऐसा है सौर मंडल का यह सातवां ग्रह–यूरेनस। इसी ग्रह की कक्षा का गहन अध्ययन करने से सौर मंडल के आठवें ग्रह नेपच्यून की खोज हुई। नेपच्यून ग्रह की खोज पहले कागज के पन्नों पर हुई और तदनंतर आकाश में।

नेपच्यून ग्रह

न्यूटन का गुरुत्वाकर्षण का सिद्धांत बताता है कि विश्व का हर पिंड हर दूसरे पिंड को आकर्षित करता है। हमारी पृथ्वी को, न केवल सूर्य अपनी ओर खींचता है, बल्कि चंद्र और सौर मंडल के दूसरे ग्रह भी इसे थोड़ा-बहुत अपनी ओर आकर्षित करते हैं।

यूरेनस की खोज होने के बाद गणितज्ञों ने इस ग्रह की कक्षा निर्धारित की। कक्षा निर्धारित करते समय ध्यान रखा गया कि इस ग्रह पर बृहस्पति और शनि जैसे बड़े ग्रहों का भी प्रभाव पड़ता है। लेकिन कुछ साल बाद खगोलविदों ने देखा कि यूरेनस आकाश में ठीक उस स्थान पर नहीं है जहां गणित के हिसाब से इसे होना चाहिए था।

इस अंतर का क्या कारण हो सकता है? फ्रांस के खगोलविद उरबईं लवेरिए (1811-1877 ई.) ने इस समस्या पर गंभीरता से विचार किया और अंत में वे इस निष्कर्ष पर पहुंचे कि यूरेनस के परे इसको आकर्षित करने वाला कोई बड़ा अज्ञात ग्रह होना चाहिए। लवेरिए ने अपने कमरे में बैठकर कागज के पन्नों पर यूरेनस से भी अधिक दूर के उस कल्पित ग्रह की कक्षा–गति व स्थिति–निर्धारित की।

लवेरिए पेरिस में रहते थे। उस समय पेरिस में कोई शक्तिशाली दूरबीन नहीं थी। इसलिए लवेरिए ने बर्लिन वेधशाला के खगोलविद योहान्न गाल्ले (1812-1910 ई.) को पत्र लिखा और उसमें उन्होंने नए कल्पित ग्रह की गति व स्थिति की जानकारी दी। गाल्ले को लवेरिए का पत्र 23 सितंबर, 1846 को मिला। उसी दिन गाल्ले ने दूरबीन से आकाश के उस निर्देशित स्थान की ओर देखा। सचमुच ही उन्हें वहां एक नया 'छोटा तारा' दिखाई दिया। दूसरे दिन रात को उन्होंने देखा कि दूसरे तारों के सापेक्ष उस 'छोटे तारे' की स्थिति कुछ बदल

योहान्न गाल्ले (1812-1910 ई.)

गई है। अतः सिद्ध हो गया कि यह 'तारा' नहीं, बल्कि ग्रह है—लवेरिए द्वारा निर्धारित ग्रह।

यूरेनस के परे नया ग्रह खोजा जाने से सारे यूरोप में तहलका मच गया। अधिक धक्का लगा इंग्लैंड के खगोलविदों को। कारण यह था कि लवेरिए के भी एक साल पहले, 1845 ई. में, कैम्ब्रिज विश्वविद्यालय के एक विद्यार्थी जॉन एडम्स (1819-1892 ई.) ने इस नए ग्रह की गति व स्थिति निर्धारित की थी, ठीक लवेरिए की तरह। परंतु एडम्स के प्राध्यापक ने उनकी गणनाओं को कोई महत्व नहीं दिया। इस प्रकार, कैम्ब्रिज में एक अच्छी दूरबीन उपलब्ध होने पर भी नए ग्रह को खोजने का श्रेय इंग्लैंड को नहीं मिल पाया।

नए ग्रह की खोज को लेकर फ्रांस व इंग्लैंड के खगोलविदों में कई साल तक काफी तनाव बना रहा। पर राष्ट्रीय स्वाभिमान के तंग दायरे से ऊपर उठकर एडम्स व लवेरिए ने इस खोज के लिए एक-दूसरे को बधाइयां दीं और वे जीवन-भर गहरे मित्र बने रहे।

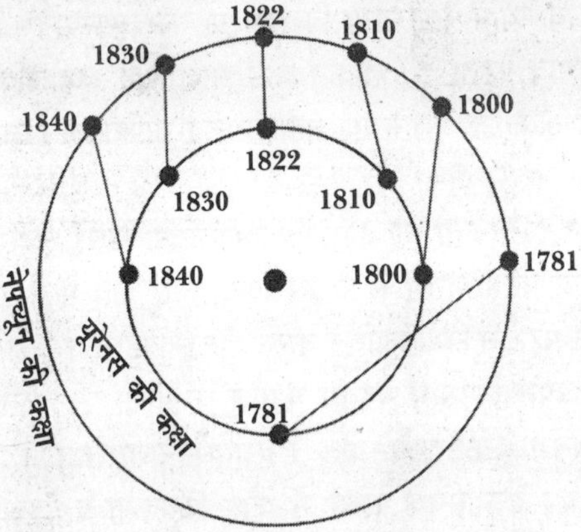

यूरेनस की कक्षा में देखी गई गड़बड़ियों के आधार पर गणनाएं करके खगोलविदों ने नेपच्यून की खोज की।

नए ग्रह को **नेपच्यून** नाम दिया गया। रोमन कथाओं के अनुसार, नेपच्यून सागरों का देवता है। भारतीय आख्यानों के अनुसार, सागरों का देवता वरुण है। इसलिए कुछ लोग नेपच्यून को 'वरुण' नाम देते हैं। लेकिन मैं समझता हूं कि पाश्चात्य देशों के खगोलविदों ने पिछले दो-तीन सौ सालों में आकाश में नए खोजे गए ग्रहों, उपग्रहों, क्षुद्रग्रहों आदि को देवी-देवताओं के जो नाम दिए हैं, उन्हें बदलने के चक्कर में हमें नहीं पड़ना चाहिए। दरअसल, हमारे देवी-देवता भी उतने ही काल्पनिक हैं, जितने कि रोमन या यूनानी देवी-देवता।

नेपच्यून आकार-प्रकार में लगभग यूरेनस-जैसा ग्रह है। इस ग्रह का व्यास

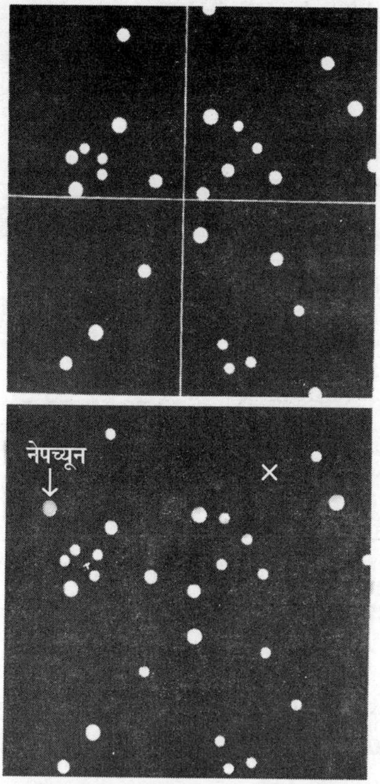

तारा-मानचित्र में लवेरिए द्वारा निर्धारित नेपच्यून की स्थिति (×) और वह स्थान (↓) जहां गाल्ले ने आकाश में इसे खोजा।

45,000 किलोमीटर है; अर्थात्, पृथ्वी के व्यास का 3.5 गुना। लेकिन इसका घनत्व (2.2) यूरेनस के घनत्व (1.5) से अधिक है। इसलिए नेपच्यून हमारी पृथ्वी से करीब 17 गुना भारी है।

सौर मंडल का यह आठवां ग्रह 450 करोड़ किलोमीटर की औसत दूरी से हमारे 165 वर्षों में सूर्य की एक परिक्रमा पूरी करता है। सन् 1846 में नेपच्यून की खोज होने के बाद से इस ग्रह ने अभी तक सूर्य की एक परिक्रमा भी पूरी नहीं की है; इसकी एक परिक्रमा 2011 ई. में ही पूरी होगी। यह ग्रह प्रति सेकंड 5.4 किलोमीटर की औसत गति से सूर्य का चक्कर लगाता है।

नेपच्यून की धुरी ग्रहों के समतल के लंब के साथ 29° का कोण बनाती है। यह ग्रह 15 घंटे और 48 मिनटों में अपनी धुरी पर एक चक्कर लगा लेता है। नेपच्यून का वायुमंडल भी मीथेन व हाइड्रोजन गैसों से बना है। सन् 1989 में वायजर-2 यान ने नेपच्यून की सतह पर एक 'विशाल काले धब्बे' की खोज की है। इस ग्रह के गिर्द भी वलय हैं, मगर काफी विरल।

अब तक नेपच्यून के 8 चंद्र खोजे गए हैं। इसके सबसे बड़े चंद्र **ट्राइटन** का व्यास 2700 किलोमीटर है और यह काफी नजदीक से अपने ग्रह की परिक्रमा करता है। ट्राइटन पर वायुमंडल होने की भी संभावना है। यह ग्रह उलटी दिशा में, पूर्व से पश्चिम की ओर, अपने ग्रह की परिक्रमा कर रहा है। खगोलविदों का मत है कि ट्राइटन की कक्षा धीरे-धीरे सिकुड़ती जा रही है और कुछ करोड़ साल बाद नेपच्यून का यह चंद्र विखंडित हो जाएगा। तब नेपच्यून के गिर्द भी शनि और यूरेनस की तरह विशाल वलय बन जाएंगे।

☆

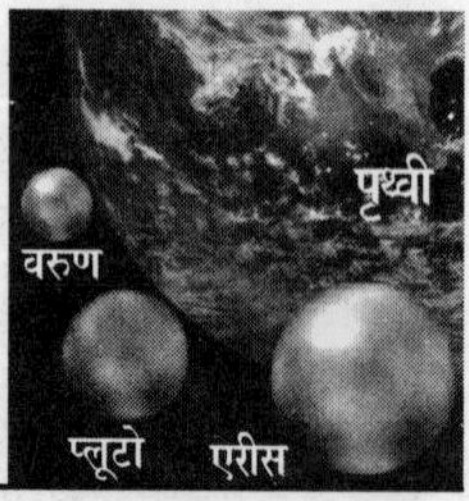

10 प्लूटो और अन्य बौने ग्रह

यूरेनस ग्रह की खोज 1781 ई. में हुई। फिर जब देखा गया कि इस ग्रह की कक्षा में कुछ गड़बड़ है, तो पहले कागज के पन्नों पर और तदनंतर आकाश में नेपच्यून की खोज हुई, 1846 ई. में।

लेकिन समस्या सुलझी नहीं। यूरेनस की कक्षा में अब भी कुछ गड़बड़ बाकी थी। ऐसा क्यों? कहीं ऐसा तो नहीं है कि नेपच्यून के परे एक और ग्रह हो, जो यूरेनस को प्रभावित करता है?

खगोलविदों ने कल्पना की कि नेपच्यून के परे एक अज्ञात ग्रह (ग्रह 'क्ष') होना चाहिए। फिर उन्होंने हिसाब लगाया कि यूरेनस व नेपच्यून को प्रभावित करने वाला यह अज्ञात ग्रह कितनी दूर और कितना बड़ा होना चाहिए। अमरीकी खगोलविद परसिवल लोवेल (1855-1916 ई.), जिन्होंने अरिज़ोना राज्य के फ्लैगस्टाफ स्थान पर एक वेधशाला की स्थापना की थी, 1905 ई. से इस अज्ञात ग्रह 'क्ष' की खोज में जुट गए। लेकिन अपनी मृत्यु के समय तक लोवेल इस कल्पित ग्रह की खोज नहीं कर पाए।

लोवेल के बाद अन्य खगोलविदों ने ग्रह 'क्ष' की खोज जारी रखी। सन् 1929 में अमरीका के तरुण खगोलविद क्लाइड टॉमबोव (1906-1997 ई.) इस ग्रह की खोज में जुट गए। अब खगोलविद आकाश के ग्रह-नक्षत्रों के चित्र उतारकर इनका अध्ययन कर सकते थे। कुछ रातों तक आकाश के किसी विशेष स्थान के चित्र उतारे जाएं, तो उनमें तारे अपने-अपने स्थानों पर ही स्थिर नजर आएंगे, मगर ग्रह अपना स्थान बदलते दिखाई देंगे।

दरअसल, इसी तरीके से नेपच्यून के परे एक नए ग्रह की खोज हुई है। सन् 1929 ई. में आकाश के एक विशेष स्थान के बहुत सारे चित्र उतारे गए। फिर टॉमबोव ने दो चित्रों का एकसाथ मिलान करने वाले दो सूक्ष्मदर्शियों को जोड़कर बनाए गए 'ब्लिंक माइक्रोस्कोप' नामक एक विशेष उपकरण से उन तमाम चित्रों का 7000 घंटों तक अध्ययन किया।

अंत में, प्रथम इन चित्रों में और तदनंतर आकाश में, चौबीस वर्षीय क्लाइड टॉमबोव ने 18 फरवरी, 1930 को आकाश में इस नए कल्पित ग्रह को खोज निकाला। खगोलविद परसिवल लोवेल के नाम के आद्याक्षरों (P व L) को आधार बनाकर नए ग्रह के लिए मिथकीय नाम चुना गया–**प्लूटो**।

'ब्लिंक माइक्रोस्कोप' उपकरण में झांकते हुए क्लाइड टॉमबोव (1906-1997 ई.)

यूनानी-रोमन आख्यानों के अनुसार, प्लूटो (Pluto) मृत्युलोक का देवता है और उसके राज्य में हमेशा घना अंधकार रहता है। यह प्लूटो हमारी प्राचीन पुराणकथाओं का यमराज है। इसलिए हमारे यहां कई लोगों ने प्लूटो को **यम** कहना शुरू कर दिया है। अब देखिए ग्रहों के आधार पर 'भाग्य' भाखने वाले फलित-ज्योतिषियों का तमाशा। पुराने किसी भी ज्योतिषी को आकाश के इस पिंड की जानकारी नहीं थी। लेकिन 1930 ई. में इसे खोजा गया, तो फलित-ज्योतिषी प्लूटो (यम) से संबंधित कल्पित कथानकों के आधार पर इस ग्रह को अशुभ मानने लग गए हैं!

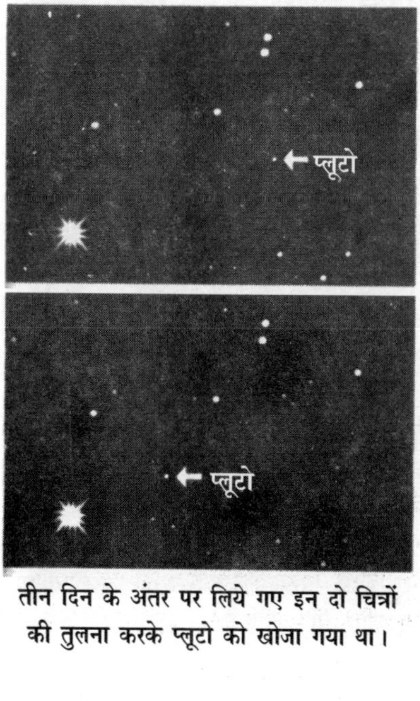

तीन दिन के अंतर पर लिये गए इन दो चित्रों की तुलना करके प्लूटो को खोजा गया था।

आरंभ में खगोलविदों ने सोचा था कि प्लूटो तक सूर्य का बहुत कम प्रकाश पहुंचता है, इसलिए वहां घना अंधकार होना चाहिए। इसलिए भी उन्होंने इस पिंड के लिए प्लूटो नाम पसंद किया था। परंतु प्लूटो पूर्णतः अंधकारमय संसार नहीं है। प्लूटो हमारी अपेक्षा सूर्य से लगभग 40 गुना ज्यादा दूर है, इसलिए वहां हमारी अपेक्षा 1600 गुना कम सूर्य-प्रकाश पहुंचता है। फिर भी प्लूटो पर दिन के समय पहुंचने

वाली सूर्य की रोशनी पौर्णिमा के चंद्र की रोशनी से 275 गुना अधिक होगी। क्या इतनी रोशनी को हम अंधकार कह सकते हैं? प्लूटो का संसार (कल्पित यमलोक) एकदम अंधकारमय नहीं है। पता चला है प्लूटो की सतह पर तापमान शून्य के नीचे 193° सेंटीग्रेड रहता है।

प्लूटो काफी छोटा ग्रह है–हमारे चंद्र से भी छोटा। इसका व्यास लगभग 2330 किलोमीटर है। प्लूटो 595 करोड़ किलोमीटर की औसत दूरी से हमारे करीब 248 वर्षों में सूर्य की एक परिक्रमा पूरी करता है। पता चला है कि यह बौना ग्रह हमारे 153 घंटों में अपनी धुरी पर एक चक्कर लगा लेता है। प्लूटो की कक्षा सौर मंडल के दूसरे सभी ग्रहों से अधिक अंडाकार है। एक तरफ यह ग्रह सूर्य से काफी दूर 'कुइपेर पट्टे' के भीतरी क्षेत्र में चला जाता है, तो दूसरी तरफ यह सूर्य के काफी नजदीक चला आता है। इस न्यूनतम दूरी के समय प्लूटो की कक्षा नेपच्यून की कक्षा के भीतर चली आती है, और तब प्लूटो सौर मंडल का 'आठवां ग्रह' बन जाता है। प्लूटो की कक्षा भी काफी निराली है; यह ग्रहों के समतल के साथ करीब 17° का कोण बनाती है।

नेपच्यून की कक्षा के परे छोटे-छोटे लाखों बर्फीले पिंडों का जो विशाल पट्टा है उसे कुइपेर पट्टे (Kuiper belt) का नाम दिया गया है। कुइपेर पट्टा ग्रहों के समतल में सूर्य से करीब 5 अरब से 15 अरब किलोमीटर की दूरी तक फैला हुआ है। बौने ग्रह प्लूटो व एरीस, इनके कारोन व दिसनोमिया आदि चंद्र और इन्हीं की तरह के अन्य कई छोटे-बड़े पिंड वस्तुतः कुइपेर पट्टे के ही सदस्य हैं।

प्लूटो, नेपच्यून की कक्षा के भीतर पहुंच जाता है।

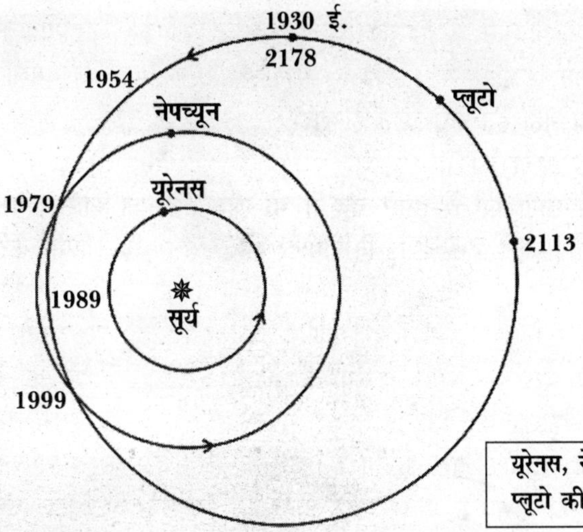

यूरेनस, नेपच्यून व प्लूटो की कक्षाएं

लगभग 200 वर्ष के भीतर सूर्य का चक्कर लगा लेने वाले धूमकेतु भी मूलतः इसी पट्टे के सदस्य हैं।

प्लूटो की खोज 1930 ई. में हुई थी। उस समय यह सूर्य से बहुत दूर था। लेकिन अब यह सूर्य के काफी नजदीक है। प्लूटो 1979 ई. में नेपच्यून की कक्षा के भीतर पहुंच गया था। सन् 1989 में सूर्य और प्लूटो के बीच न्यूनतम दूरी (करीब 4.5 अरब किलोमीटर) थी। सन् 1999 में प्लूटो नेपच्यून की कक्षा से बाहर निकलकर पुनः सौर मंडल का 'नौवां ग्रह' बन गया था। प्लूटो 2113 ई. में सूर्य से महत्तम दूरी (करीब 7.5 अरब किलोमीटर) पर रहेगा। सन् 2178 में प्लूटो सौर मंडल में अपनी कक्षा के 'उसी स्थान' पर पहुंच जाएगा, जहां 1930 ई. में इसकी खोज हुई थी।

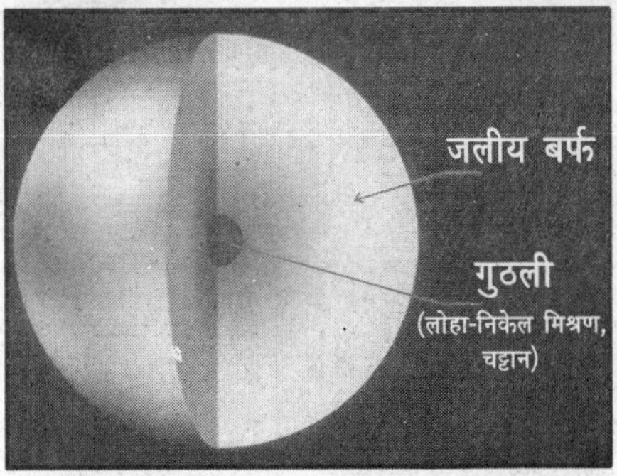

प्लूटो की बनावट

प्लूटो की बनावट बृहस्पति, यूरेनस या नेपच्यून से एकदम भिन्न है। प्लूटो की लोहे-निकेल से निर्मित छोटी केंद्रीय गुठली चट्टानी है और इसका मोटा कवच पानी के बर्फ से बना है। इसकी सतह पर बर्फ बनी मीथेन, नाइट्रोजन

प्लूटो और इसके तीन चंद्र : एक बड़ा (कारोन) और दो छोटे

और कार्बन-मोनोक्साइड की चमकीली परत है।

प्लूटो 1978 ई. में जब पृथ्वी के काफी नजदीक था, तब पहली बार इसके एक चंद्र की खोज हुई थी। प्लूटो के इस चंद्र को **कारोन** (Charon) नाम दिया गया है। यूनानी-रोमन आख्यानों के अनुसार, कारोन एक मल्लाह था, जो मृतक के मुंह में, नाव के भाड़े के तौर पर, रखे गए 'ओबेल' सिक्के को ग्रहण करने के बाद मृतात्मा को स्टिक्स नदी (हमारे पुराणों की वैतरणी) के उस पार ले जाकर यमलोक के प्रवेश-द्वार पर पहुंचा देता था।

कारोन उपग्रह का व्यास लगभग 1200 किलोमीटर है और यह लगभग 20,000 किलोमीटर की दूरी से प्लूटो की परिक्रमा करता है। कारोन इतना बड़ा और प्लूटो के इतने अधिक नजदीक है कि दोनों को सहज ही बौने ग्रहों का एक जोड़ा माना जा सकता है। कारोन का खिंचाव इतना ज्यादा है कि इसकी तरफ की

कारोन उपग्रह से प्लूटो का नजारा (कल्पना चित्र)

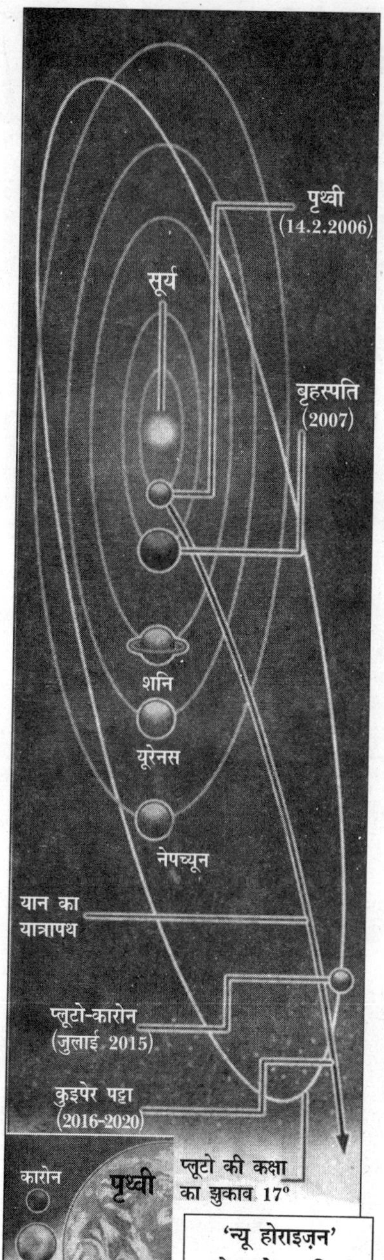

'न्यू होराइज़न'
प्लूटो-कारोन अभियान

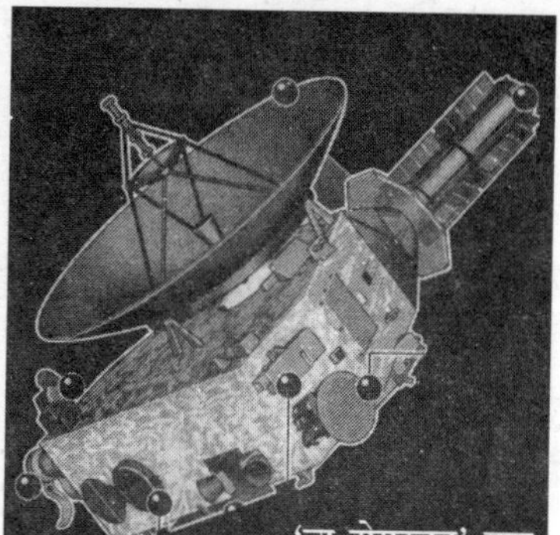
'न्यू होराइज़न' यान

प्लूटो की सतह पर एक पर्वत ही ऊपर उठ गया है। हबल अंतरिक्ष दूरबीन ने 2005 ई. के अंतिम दिनों में प्लूटो के दो और चंद्रों की खोज की है, जिनके कैटेलॉग नंबर हैं : S/2005 P1 और S/2005 P2, मगर वे काफी छोटे हैं।

प्लूटो के बारे में अब भी कई बातें अज्ञात हैं। कई खगोलविद इसे शुरू से ही सौर मंडल का नौवां ग्रह मानने के पक्ष में नहीं थे। जब प्लूटो की खोज हुई थी (1930 ई.), तब खगोलविदों को 'कुइपेर पट्टा' तथा इसमें मौजूद छोटे-बड़े अनगिनत बर्फीले पिंडों (धूमकेतुओं व बौने ग्रहों) के बारे में कोई जानकारी नहीं थी।

प्लूटो, इसके तीन चंद्र और नेपच्यून की कक्षा के परे के 'कुइपेर पट्टे' के बारे में अधिक जानकारी प्राप्त करने के प्रयोजन से नासा (अमरीका) ने जनवरी 2006 में **न्यू होराइज़न** (नए क्षितिज) नामक अभियान के अंतर्गत एक स्वचालित अंतरिक्षयान प्लूटो की

ओर भेजा है। प्लूटो और उसके परे के सौर मंडल के विस्तार के अन्वेषण के लिए आयोजित यह पहला अंतरिक्ष-अभियान है। विविध प्रकार के यंत्रोपकरणों से सज्जित 'न्यू होराइजन' यान लगभग दस वर्षों की लंबी अंतरिक्षयात्रा के बाद 2015 ई. में प्लूटो के नजदीक पहुंचेगा। प्रक्षेपण के 13 महीने बाद 2007 ई. के आरंभ में जब यह यान बृहस्पति के पास से गुजरेगा, तब उस विशाल ग्रह का शक्तिशाली गुरुत्वाकर्षण-क्षेत्र इसे तेजी से प्लूटो की ओर मोड़ देगा। 'न्यू होराइज़न' यान के यंत्रोपकरणों के संचालन के लिए इसमें प्लूटोनियम की परमाणु-ऊर्जा की व्यवस्था की गई है।

प्लूटो के नजदीक पहुंचने पर 'न्यू होराइज़न' यान पांच महीने तक इस बौने ग्रह तथा इसके चंद्रों का अध्ययन करेगा। फिर प्लूटो से आगे बढ़कर यह यान 'कुइपेर पट्टे' के पिंडों का अध्ययन करेगा। वैज्ञानिकों का अनुमान है कि सौर मंडल के निर्माण के बाद शेष बचे 'कुइपेर पट्टे' के इन लघुपिंडों के अध्ययन से पता चल सकता है कि 4.6 अरब वर्ष पहले किस प्रकार के द्रव्य से सूर्य व ग्रहों-उपग्रहों का सृजन हुआ था।

सौर परिवार
8 प्रधान ग्रह व 3 बौने ग्रह

◆ ◆ ◆

प्लूटो को 1930 ई. में खोजा गया था। उसके बाद ही खगोलविद प्लूटो के परे के पिंडों की खोजबीन में जुट गए थे। प्लूटो के परे ग्रह-जैसे कुछ छोटे पिंड खोजे भी गए, परंतु उन्हें यथार्थ में 'ग्रह' नहीं माना गया।

किंतु 29 जुलाई, 2005 को सौर मंडल की दूरस्थ सीमा में प्लूटो से भी कुछ बड़े एक नए पिंड के खोजे जाने की अधिकृत रूप से घोषणा की गई, तो उसे सौर मंडल का 10वां 'ग्रह' माना जाए या न माना जाए, इसके

बारे में खगोलविद सोचने लगे। प्लूटो करीब 6 अरब किलोमीटर की औसत दूरी से हमारे लगभग 248 वर्षों में सूर्य की एक परिक्रमा पूरी करता है। सूर्य की किरणों को प्लूटो तक पहुंचने में लगभग साढ़े पांच-छह घंटे लगते हैं (प्रकाश-किरणों की गति प्रति सेकंड 3,00,000 किलोमीटर है)। किंतु नया खोजा गया पिंड लगभग 15 अरब किलोमीटर की दूरी से सूर्य की परिक्रमा करता है, और सूर्य की किरणों को वहां तक पहुंचने में लगभग 14 घंटे लगते हैं।

नए पिंड की खोज तीन अमरीकी खगोलविदों के एक दल ने की है, जिसके मुखिया कॉल्टेक संस्थान के माइकेल ब्राउन हैं। वस्तुतः इस पिंड को 2003 में ही खोज लिया गया था, परंतु इसकी पुष्टि जनवरी 2005 में ही हो सकी। इस नए पिंड को खगोल-विज्ञान में प्रचलित नामकरण-पद्धति के अनुसार **2003 UB 313** नाम दिया गया; इसे अधिकृत रूप से एक स्वतंत्र नाम बाद में मिला।

आरंभ में माइकेल ब्राउन ने प्लूटो के परे के इस नए बौने ग्रह के लिए लोकप्रिय अंग्रेजी टी.वी. सीरियल 'वारियर प्रिंसेस' (योद्धा राजकुमारी) की नायिका **ज़ेना** (Zena) का नाम पसंद किया था। किंतु बाद में अंतर्राष्ट्रीय खगोल-विज्ञान संघ ने इस नए बौने ग्रह के लिए **एरीस** (Eris) नाम तय किया। प्लूटो के परे खोजे गए इस नए पिंड (2003 UB 313) को सौर मंडल का दसवां ग्रह माना जाए या नहीं, इस बात को लेकर खगोलविदों में काफी बहस चली, जबरदस्त मतभेद उभरे; इसलिए अंत में, सितंबर 2006 में, अंतर्राष्ट्रीय खगोल-विज्ञान संघ ने इसके लिए कलह या मतभेद की द्योतक यूनानी देवी **एरीस** का नाम पसंद किया। इसकी खोज करने वाले खगोलविद-दल के मुखिया माइकेल ब्राउन ने भी **एरीस** नाम को 'सार्थक' मानकर स्वीकार कर लिया है।

कौन थी यह एरीस?

यूनानी पुराणकथाओं के अनुसार, प्रसिद्ध ट्रोजन-युद्ध (ईसा-पूर्व लगभग 12वीं सदी) के पीछे एरीस की ही चालबाज़ी थी। यूनानी कवि होमर (ईसा-पूर्व 9वीं सदी) ने अपने महाकाव्य **इलियड** (Iliad) में पूरे दस साल तक चले ट्रोजन-युद्ध का वर्णन किया है। यूनानी देवकथाओं के अनुसार, एरीस युद्ध के यूनानी देवता आरेस (रोमनों के 'मार्स', हमारे 'मंगल') की जुड़वां बहन है। ये दोनों देवता ज्यूस व देवी हेरा की संतान थे। एरीस का काम था–अफवाहें फैलाना, फसाद पैदा करना। आरेस का काम था–अपने दल-बल के साथ जगह-जगह जाकर लड़ाई लड़ना। एरीस से सभी नफरत करते थे। दूसरे देवी-देवता उसे विवाहादि समारोहों में आमंत्रित भी नहीं करते थे। एरीस ने बदला लेने के इरादे से एक षड्यंत्र रचा।

थेटिस और पेलेयूस के विवाह-समारोह में बहुत सारे देवी-देवता अतिथि बनकर आए; तीन सुंदरियां हेरा (जूनो), एफ्रोडाइट (वीनस) और एथेना (मिनर्वा) भी समारोह में आमंत्रित थीं। परंतु एरीस को नहीं बुलाया गया। फिर भी वह पहुंच गई और उसने तीनों सुंदरियों की ओर चुपके से एक स्वर्णिम सेब लुढ़का दिया। सेब पर लिखा था–"उसके लिए, जो सबसे सुंदर है।"

कैसे फैसला होगा कि उन तीनों में कौन देवी सबसे ज्यादा सुंदर है? देवता ज्यूस ने बताया कि इसका फैसला ट्रॉय (एशिया माइनर का समुद्रतटवर्ती नगर) का निर्वासित राजकुमार पेरिस ही कर सकता है। तीनों देवियां पेरिस के पास पहुंचीं। तीनों ने सुंदरतम घोषित किए जाने के बदले में पेरिस को मूल्यवान उपहार देने के वादे किए। हेरा ने उसे एक राज्य प्रदान करने का वादा किया, तो एफ्रोडाइट ने उसे युद्ध में विजयी बना देने का आश्वासन दिया। एथेना ने कहा कि वह उसे एक खूबसूरत पत्नी उपलब्ध करा देगी। पेरिस ने एथेना का प्रस्ताव स्वीकार करके उसे स्वर्णिम सेब सौंप दिया।

एथेना ने पेरिस को बताया कि यदि वह स्पार्टा चला जाए, तो वहां की हेलेन नामक सुंदरी उस पर मोहित होकर उसे पति के रूप में स्वीकार कर लेगी। पेरिस स्पार्टा पहुंचा और हेलेन को उठाकर ट्रॉय ले आया। तब यूनानी कबीलों ने संगठित होकर ट्रॉय पर हमला बोल दिया। ट्रोजन-युद्ध दस साल तक चला। अंत में ट्रॉय का पतन हो गया।

इस तरह, ट्रोजन-युद्ध के लिए कलह की यूनानी देवी एरीस को जिम्मेवार माना जाता है। इस कथा के आधार पर अंग्रेजी में एक मुहावरा भी अस्तित्व में आया है–The apple of discord; अर्थात्, 'कलह की जड़'।

माइकेल ब्राउन ने भी इस नए नाम को स्वीकार कर लिया है।

पेरिस का न्याय

फलित-ज्योतिषी अक्सर आकाशीय पिंडों के नामों के

अर्थ को ध्यान में रखकर 'भविष्य' भाखते हैं। यूनानी देवकथाओं के अनुसार, एरीस का जुड़वां भाई आरेस यानी 'मार्स' (मंगल) युद्ध का देवता है, मगर हमारे लिए मंगल भूमि-पुत्र (भौम) है, अंगारक या लोहितांग है। प्लूटो हमारे यमराज हैं। फलित-ज्योतिषी मनुष्य द्वारा गढ़े गए इन मिथकीय नामों को बड़ा महत्व देते हैं। देखना दिलचस्प होगा कि फलित-ज्योतिषी अब इस नए बौने ग्रह एरीस (कलह की देवी) का अपने गोरखधंधे में किस तरह इस्तेमाल करते हैं।

एरीस के एक चंद्र की भी खोज हुई है, जिसे **दिसनोमिया** (Dysnomia) नाम दिया गया है। यूनानी पुराणकथाओं के अनुसार, एरीस की दुष्टात्मा पुत्री दिसनोमिया अराजकता की प्रतीक है।

नए खोजे गए बौने ग्रह एरीस का अनुमानित व्यास लगभग 3000 किलोमीटर है, जबकि प्लूटो का व्यास 2330 किलोमीटर और हमारे चंद्र का व्यास 3473 किलोमीटर है। इस तरह, 1846 ई. में खोजे गए नेपच्यून ग्रह के बाद एरीस सौर मंडल का सबसे बड़ा पिंड है।

प्लूटो हमारे 248 वर्षों में सूर्य की एक परिक्रमा पूरी करता है, परंतु एरीस (2003 UB313) को सूर्य का एक चक्कर लगाने में हमारे करीब 560 वर्ष लगते हैं। एरीस तक बहुत कम सूर्यताप पहुंचता है, इसलिए वहां बहुत ज्यादा ठंड रहती है; एरीस का सतह-तापमान शून्य के नीचे लगभग 243° सेंटीग्रेड रहता है। प्लूटो की तरह एरीस की सतह भी बर्फ बनी मीथेन से ढकी हुई है।

प्लूटो की तरह एरीस भी चट्टान व बर्फ से बना है। प्लूटो की तरह एरीस की कक्षा भी बहुत ज्यादा अंडाकार है, और ग्रहों के समतल के साथ दोनों की कक्षाओं का झुकाव भी काफी अधिक है। प्लूटो की कक्षा ग्रहों के समतल के साथ 17° का कोण बनाती है, तो एरीस की कक्षा लगभग 45° का।

खगोलविदों ने सौर मंडल के पिंडों को तीन समूहों में बांटा है। सूर्य के नजदीक के चार ग्रह—बुध, शुक्र, पृथ्वी और मंगल—मध्यम आकार-प्रकार के चट्टानी ग्रह हैं। इन्हें प्रायः 'पार्थिव ग्रह' कहा जाता है। बाहरी ग्रह—बृहस्पति, शनि, यूरेनस व नेपच्यून—बहुत बड़े हैं और इनकी बनावट में काफी साम्य है, इसलिए ये 'विशाल ग्रह' कहे जाते हैं। सौर मंडल के ये आठ ग्रह लगभग एक समतल में और काफी हद तक वृत्ताकार कक्षाओं में सूर्य की परिक्रमा करते हैं। इसलिए अब अंतर्राष्ट्रीय खगोल-विज्ञान संघ ने केवल इन्हीं 8 ग्रहों को सौर मंडल के **प्रधान ग्रह** (Major Planets) माना है।

प्लूटो और नया खोजा गया एरीस भिन्न किस्म के पिंड हैं। ये आकार

में काफी छोटे हैं और इनकी कक्षाएं भी ग्रहों के समतल के साथ काफी अधिक झुकी हुई हैं। प्लूटो की तरह एरीस भी मूलतः कुइपेर पट्टे का पिंड है (देखिए चित्र, पृष्ठ 117)। जैसा कि पहले बताया गया है, कुइपेर पट्टा सौर मंडल का बाहरी घेरा है, यह 5 अरब से 1500 अरब किलोमीटर की दूरी तक फैला हुआ है और इसमें छोटे-बड़े अनगिनत पिंडों का निवास है। खगोलविदों का मत है कि कुइपेर पट्टे की सीमा में प्लूटो और एरीस की तरह के अनेकानेक 'बौने ग्रह' (Dwarf Planets) मौजूद हैं। ऐसे पिंडों को 'कुइपेर पट्टा पिंड' (Kuiper Belt Objects) भी कहा जाता है।

पिछले कुछ वर्षों में प्लूटो के परे कई 'कुइपेर पट्टा पिंडों' की खोज हुई है। इनमें से कुछ का व्यास 1000 किलोमीटर से भी अधिक है। खगोलविद माइकेल ब्राउन के दल ने ही मार्च 2004 में ऐसे ही, कुछ लाल रंग के, एक पिंड की खोज की, जिसे पहले **2003 VB12** और बाद में **सेदना** (एस्किमो लोगों की आर्कटिक सागरों की देवी) नाम दिया गया। यह पिंड प्लूटो से भी तीन गुना

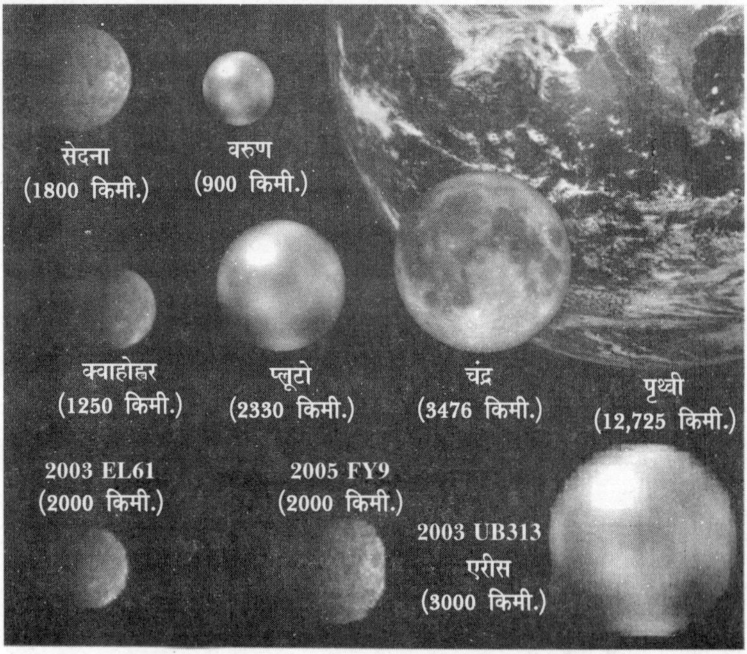

प्लूटो के परे कुइपेर पट्टे में खोजे गए कुछ नए बौने ग्रह और पृथ्वी तथा चंद्र के साथ उनकी तुलना

सौर मंडल की नई व्यवस्था : 8 प्रधान ग्रह और 3 बौने ग्रह – सीरेस, प्लूटो व एरीस

अधिक औसत दूरी से एक बहुत चपटी अंडाकार कक्षा में हमारे लगभग 12,000 वर्षों में सूर्य की एक परिक्रमा पूरी करता है। सेदना का व्यास प्लूटो से कुछ कम है–अनुमानतः 1800 किलोमीटर।

सन् 2002 में प्लूटो से परे एक ऐसे 'कुइपेर पट्टा पिंड' की खोज हुई, जिसका व्यास लगभग 1250 किलोमीटर है। इसे अब **क्वाहोह्वर** नाम दिया गया है। क्वाहोह्वर लगभग 6 अरब किलोमीटर की दूरी से हमारे 286 वर्षों में सूर्य की एक परिक्रमा पूरी करता है।

पिछले कुछ वर्षों में प्लूटो के परे और भी कुछ 'कुइपेर पट्टा पिंड' खोजे गए हैं। सन् 2001 में खोजे गए **आइख़िओन** का व्यास 1065 किलोमीटर है। सन् 2000 में खोजे गए लगभग 900 किलोमीटर व्यास के ऐसे एक पिंड को भारतीय देवता का नाम दिया गया है–**वरुण**। सन् 2003 में खगोलविदों ने 1800 किलोमीटर व्यास के जिस पिंड की खोज की है उसे **2004 DW** नाम दिया गया है। इसी प्रकार, प्लूटो के परे दो और 'कुइपेर पट्टा पिंडों' की खोज हुई है, जिन्हें फिलहाल नाम दिए गए हैं–**2003 EL61** और **2005 FY9**, और ये दोनों ही पिंड लगभग 2000 किलोमीटर व्यास के हैं। इनमें से कुछ 'कुइपेर पट्टा पिंडों' के अपने चंद्र होने के बारे में भी जानकारी मिली है।

खगोलविदों का मत है कि कुइपेर पट्टे की सीमा में इस आकार-प्रकार के और इनसे भी कुछ बड़े पिंड खोजे जा सकते हैं। इस तरह, सौर मंडल में प्लूटो के परे के इन बौने पिंडों की सूची काफी लंबी हो जा सकती है।

प्रश्न था–क्या नए खोजे गए **एरीस** (2003 UB 313) को एक 'ग्रह' माना जा

सकता है? या फिर यह भी सिर्फ एक 'कुइपेर पट्टा पिंड' ही है? इन सवालों ने पुनः इस विवाद को जन्म दिया कि क्या प्लूटो वस्तुतः एक ग्रह है? प्लूटो को सौर मंडल का नौवां ग्रह मान लिया गया है, तो एरीस को दसवां ग्रह मान लेना पड़ता। मुख्य वजह यह है कि दोनों में काफी समानता है और दोनों ही 'कुइपेर पट्टा पिंड' हैं।

लेकिन इधर के वर्षों में प्लूटो के आगे जो कई 'कुइपेर पट्टा पिंड' खोजे गए हैं, उन्हें क्या कहा जाए? माइकेल ब्राउन का मत है कि इन सबको 'ग्रह' मान लिया जाए, तो सौर मंडल में ग्रहों की संख्या 53 या इससे भी ऊपर पहुंच ज़ा सकती है।

क्या किया जाए?

अंतर्राष्ट्रीय खगोल-विज्ञान संघ ने इस सवाल पर गंभीरता से विचार किया। अंत में 24 अगस्त, 2006 को प्राग (चेकोस्लोवाकिया) में आयोजित अंतर्राष्ट्रीय खगोल-विज्ञान संघ (IAU) के महाधिवेशन में 'ग्रह' की एक नई परिभाषा स्वीकार की गई : (1) ग्रह को अपने सूर्य की परिक्रमा करनी चाहिए; (2) ग्रह इतना बड़ा होना चाहिए कि वह अपने गुरुत्वाकर्षण से लगभग गोल आकार ग्रहण कर ले; और (3) ग्रह के कक्षामार्ग से दूसरे पिंड पर्याप्त दूरी पर रहें। प्लूटो इस तीसरी कसौटी पर खरा नहीं उतरता; यह नेपच्यून की कक्षा के भीतर चला आता है।

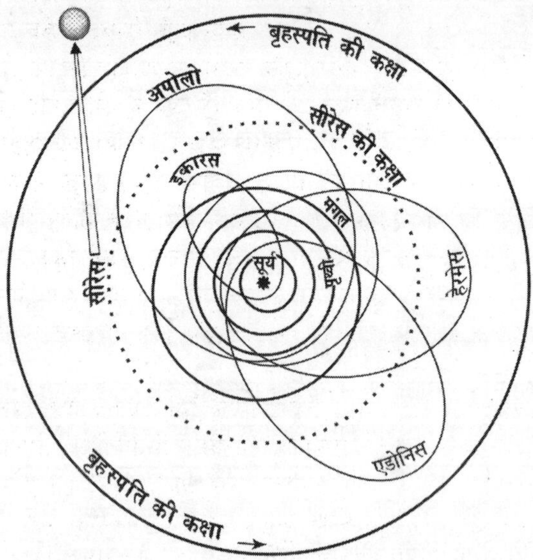

क्षुद्रग्रहों के बीच बौने ग्रह सीरेस की कक्षा

इसलिए अब प्लूटो को सौर मंडल का नौवां ग्रह नहीं माना जाएगा।

अंतर्राष्ट्रीय खगोल-विज्ञान संघ ने सौर मंडल के एक और पिंड को 'बौने ग्रह' की श्रेणी में स्थान दिया है। यह है–**सीरेस** (Ceres)। मंगल और बृहस्पति की कक्षाओं के बीच इस पिंड की खोज उन्नीसवीं सदी के प्रथम वर्ष के प्रथम दिन (1 जनवरी, 1801 ई.) की पूर्वरात्रि को सिसिली द्वीप (भूमध्यसागर) की पालेर्मो वेधशाला की दूरबीन से खगोलविद जियूसेप्पे पियाज्जी ने की थी। इसे फसल की रोमन देवी सीरेस का नाम दिया गया है। आरंभ में कई साल तक सीरेस को सौर मंडल का क्रमानुसार पांचवां ग्रह मान लिया गया था। परंतु बाद में जब मंगल और बृहस्पति की कक्षाओं के बीच में सैकड़ों छोटे-छोटे पिंड खोजे गए, तो उन्हें सामूहिक नाम दिया गया–क्षुद्रग्रह (asteroids)। तब सीरेस भी क्षुद्रग्रह कहलाया। यह सबसे बड़ा क्षुद्रग्रह है। सीरेस का व्यास 933 किलोमीटर है, यह लगभग गोलाकार है और 4.6 वर्षों में यह सूर्य का एक चक्कर लगा लेता है। यही वजह है कि अंतर्राष्ट्रीय खगोल-विज्ञान संघ ने अब सीरेस को भी 'बौने ग्रह' की श्रेणी में स्थान दिया है।

संक्षेप में, सौरमंडल के पिंडों की नई व्यवस्था अब इस प्रकार है :

(1) **आठ प्रधान ग्रह** (Major Planets) : (क्रमशः) बुध, शुक्र, पृथ्वी, मंगल, बृहस्पति, शनि, यूरेनस व नेपच्यून। (2) **तीन बौने ग्रह** (Dwarf Planets) : सीरेस, प्लूटो और एरीस। आगे बौने ग्रहों की संख्या बढ़ सकती है। प्लूटो के परे खोजे गए पिंडों को 'प्लूटोसम पिंड' (Plutonian objects) भी कहा जा सकता है (3) **लघु सौरमंडलीय पिंड** (Small Solar-System objects) : इस श्रेणी के अंतर्गत सौर मंडल के उन सभी पिंडों–क्षुद्रग्रह, धूमकेतु, नेपच्यून के परे के पिंड आदि (चंद्रों को छोड़कर)–का समावेश है जो सूर्य का चक्कर लगाते हैं।

इस तरह, अब सौर मंडल में 'प्रधान ग्रह' (Major Planets) आठ ही रह गए हैं–(क्रमानुसार) बुध, शुक्र, पृथ्वी, मंगल, बृहस्पति, शनि, यूरेनस और नेपच्यून। आठ 'प्रमुख ग्रहों' की यह संख्या अब स्थिर बनी रहेगी, मगर 'बौने ग्रहों' की संख्या बढ़ती जा सकती है।

पिछले कुछ दशकों में आकाशगंगा के करीब दो सौ तारों के गिर्द 'ग्रह' होने के बारे में जानकारी मिली है। उनके बारे में जब ज्यादा जानकारी मिलेगी, तब 'ग्रह' की परिभाषा पुनः बदल सकती है।

☆

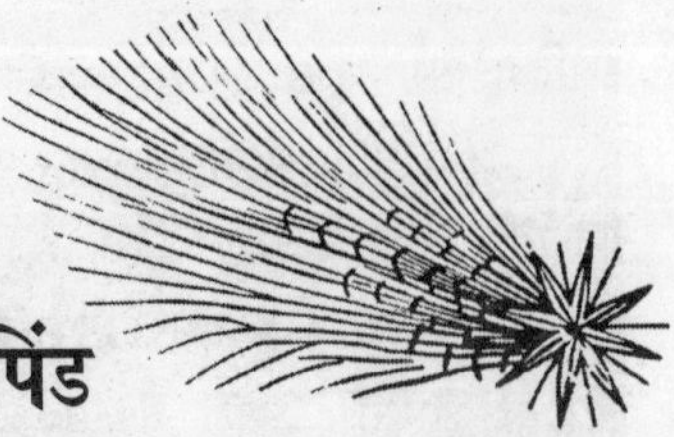

11 धूमकेतु और उल्कापिंड

आकाश में यदा-कदा प्रकट होने वाले नजारों में धूमकेतुओं ने आदमी को सबसे ज्यादा आतंकित किया है। धूमकेतु के प्रकट होने पर लड़ाइयां बीच में ही रुक गईं, राजाज्ञाएं जारी हुईं, राजाओं ने अपनी राजगद्दियां छोड़ीं, भय के मारे कई लोगों ने अपने प्राण त्यागे। धूमकेतुओं को सदियों से मृत्यु का संदेश-वाहक समझा जाता रहा है।

'धूम' का अर्थ है धुआँ, और 'केतु' का अर्थ है पताका। इसलिए आकाश का जो दृश्य धुएं की पताका-जैसा दिखाई देता है, उसे 'धूमकेतु' नाम दिया गया है। धूमकेतु को 'पुच्छल तारा' भी कहते हैं। पाश्चात्य खगोल-विज्ञान में धूमकेतु को कॉमेट (comet) कहते हैं। यह शब्द यूनानी भाषा के 'कोमेतेस्' शब्द से बना है, जिसका अर्थ होता है 'लंबे बालोंवाला'।

'धूमकेतु' शब्द बहुत पुराना है। **अथर्ववेद** में 'धूमकेतु' व 'उल्का' शब्द आए हैं। **महाभारत** में भी धूमकेतु के उल्लेख हैं। 'भीष्मपर्व' (अध्याय 3, 13) में कहा गया है—**धूमकेतुर्महाघोरः पुष्यं चाक्रम्य तिष्ठति** (महाभयंकर धूमकेतु जब पुष्य नक्षत्र के पार पहुंचेगा, तब भीषण युद्ध आरंभ होगा)। इस प्रकार, पुराने जमाने में धूमकेतु को महासंकट का सूचक समझा जाता था।

ईसा की छठी सदी में हमारे देश में वराहमिहिर (मृत्यु 587 ई.) एक बड़े ज्योतिषी हुए। उन्होंने अपने **बृहत्संहिता** ग्रंथ के 'केतुचार' अध्याय में विनाशक धूमकेतुओं के बारे में विस्तार से जानकारी दी है। वराहमिहिर ने धूमकेतुओं के शुभाशुभ फलों का ही ज्यादा जिक्र किया है। उन्होंने स्पष्ट लिख दिया कि किसी धूमकेतु के दर्शन (प्रकट) होने या अस्त (लुप्त) होने का समय गणित की विधि से नहीं जाना जा सकता (**दर्शनमस्तयो वा न गणितविधिनास्य शक्यते ज्ञातुम्**)। लेकिन आज हम धूमकेतु का आकाश-मार्ग निर्धारित कर सकते हैं और भविष्यवाणी कर सकते हैं कि कोई ज्ञात धूमकेतु सौर मंडल के दूर के छोर की यात्रा करके पुनः सूर्य के समीप कब लौट आएगा।

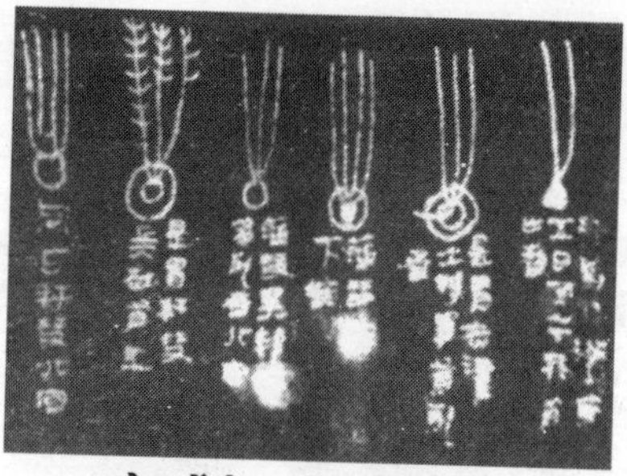

धूमकेतुओं के प्राचीन चीनी उल्लेख

चीन में प्राचीन काल से ही धूमकेतुओं का लेखा-जोखा रखने की परंपरा रही है। वहां सप्तर्षि तारा-मंडल में 613 ई.पू. में एक धूमकेतु देखे जाने के बारे में विवरण मिलता है। चीनी ज्योतिषियों ने औसतन 76 साल बाद प्रकट होने वाले उस प्रसिद्ध धूमकेतु का भी लेखा-जोखा रखा था, जिसे बाद में 'हेली का धूमकेतु' नाम दिया गया। 164 ई.पू. और 87 ई.पू. में प्रकट हुए 'हेली के धूमकेतु' के उल्लेख बेबीलोनी कीलाक्षरों में भी मिले हैं।

बादशाह जहांगीर ने अक्तू.-नवं. 1618 में 16 दिन तक एक धूमकेतु देखा था।

धूमकेतुओं से लोग बेहद डरते थे। इसलिए पुराने ग्रंथों में इन धूमकेतुओं के बारे में काफी जानकारी मिल जाती है। सन् 1528 में यूरोप के आकाश में एक धूमकेतु प्रकट हुआ। आम्ब्रोई पेरी ने अपनी पुस्तक 'आकाश के दैत्य' में इस धूमकेतु के बारे में जानकारी दी है। वह लिखते हैं : "यह धूमकेतु इतना भयंकर था कि डर के मारे कई लोग मर गए और बहुत-से बीमार पड़ गए!"

अब धूमकेतुओं से न कोई डरता है और न कोई बीमार पड़ता है। अब इन धूमकेतुओं के बारे में हम बहुत-सी बातें जानते हैं। यूरोप के महान खगोलविद ट्यूको ब्राहे ने 1577 ई. के एक चमकीले धूमकेतु का अध्ययन करके पहली बार सिद्ध किया था कि धूमकेतु पृथ्वी के वायुमंडल से बहुत दूर होते हैं, चंद्रमा से भी अधिक दूर।

ट्यूको ब्राहे (1546-1601 ई.)

आइजेक न्यूटन (1642-1727 ई.) के एक मित्र थे–एडमंड हेली (1656-1742 ई.)। न्यूटन के गुरुत्वाकर्षण-सिद्धांत के प्रकाशन में हेली का बहुत

बड़ा हाथ था। धूमकेतुओं का अध्ययन करते हुए हेली इस परिणाम पर पहुंचे कि ग्रहों की तरह धूमकेतु भी हमारे सौर मंडल के ही सदस्य हैं और ये सूर्य की परिक्रमा करते हैं।

आइजेक न्यूटन (1642-1727 ई.)

चूंकि पुराने जमाने में धूमकेतुओं को विनाशक समझा गया था, इसलिए प्राचीन ग्रंथों में यह जानकारी मिल जाती है कि आकाश में किस समय धूमकेतु दिखाई दिए। हेली ने इस पुरानी जानकारी का अध्ययन किया। उन्होंने जाना कि 1531 ई. और 1607 ई. में धूमकेतु आकाश में दिखाई दिए थे। 1682 ई. में उन्होंने स्वयं एक धूमकेतु देखा था।

हेली ने सोचा : सूर्य के गुरुत्वाकर्षण के कारण आकाश के ग्रह सूर्य की परिक्रमा करते हैं और एक निश्चित अवधि में सूर्य का एक चक्कर पूरा कर लेते हैं। इसी तरह, धूमकेतुओं को भी एक निश्चित अवधि में सूर्य का एक चक्कर लगा लेना चाहिए। इसका अर्थ यह हुआ कि एक निश्चित अवधि के बाद वही धूमकेतु पुनः आकाश में दिखाई देना चाहिए। हेली ने 1531, 1607 और 1682 ई. में दिखाई दिए धूमकेतुओं पर विचार किया। इनमें 76 और 75 साल का अंतर है। हेली नतीजे पर पहुंचे कि ये तीनों वास्तव में एक ही धूमकेतु है और यह सौर मंडल की दूर की सीमाओं का चक्कर लगाकर 75 या 76 साल में पुनः सूर्य के पास लौटता है। उन्होंने लिखा : "यदि मेरी सोच सही है, तो 76 साल बाद 1758 ई. में यही धूमकेतु पुनः आकाश में प्रकट होगा।"

एडमंड हेली (1656-1742 ई.)

और, सचमुच ही 1758 ई. में आकाश में वह धूमकेतु प्रकट हुआ! हेली की भविष्यवाणी सही निकली। सिद्ध हो

गया कि ग्रहों की तरह धूमकेतु भी सौर मंडल के ही सदस्य हैं और सूर्य की परिक्रमा करते हैं। लेकिन स्वयं हेली अपनी भविष्यवाणी सच होते नहीं देख पाए। सन् 1742 में उनकी मृत्यु हो गई थी। अब उस धूमकेतु को हम **हेली का धूमकेतु** कहते हैं। धूमकेतु को उसके खोजकर्ता या उसका आकाश-मार्ग निर्धारित करने वाले का नाम देने की खगोल-विज्ञान में परंपरा है। भारतीय खगोलविद वैणु बाप्पु (1927-1982 ई.) ने भी एक धूमकेतु खोजा है। इस धूमकेतु को 'बाप्पु-न्यूकिर्क-व्हिप्पल' नाम दिया गया है।

वैणु बाप्पु (1927-1982 ई.)

हेली का धूमकेतु पिछली बार 1910 ई. और 1986 ई. में प्रकट हुआ था। यह धूमकेतु नेपच्यून ग्रह की कक्षा के परे जाकर लगभग 76 साल बाद पुनः सूर्य के समीप, शुक्र ग्रह की कक्षा के भीतर, पहुंचता है। इसलिए आगे 2061-62 ई. में हेली का धूमकेतु पुनः पृथ्वी के आकाश में प्रकट होगा।

खगोलविदों ने अब तक लगभग डेढ़ हजार धूमकेतुओं की कक्षाएं निर्धारित की हैं और इनके बारे में जानकारी प्राप्त की है। धूमकेतु के तीन भाग होते हैं—नाभिक, सिर व पूंछ। धूमकेतु का अधिकांश द्रव्य इसके नाभिक में होता है। नाभिक का व्यास आधे किलोमीटर से पचास किलोमीटर तक हो सकता है। धूमकेतु के ये नाभिक बर्फ बनी हुई गैसों तथा अन्य पदार्थों के टुकड़ों के मेल से बने होते हैं। धूमकेतु जब सूर्य के समीप पहुंचता है, तो सूर्य के ताप से यह

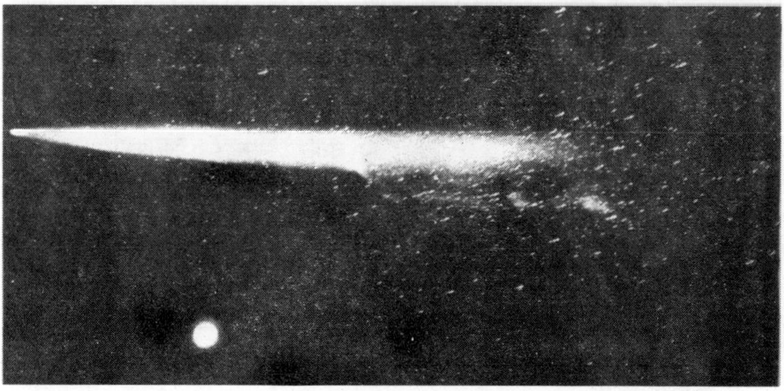

हेली का धूमकेतु, 1910 ई.

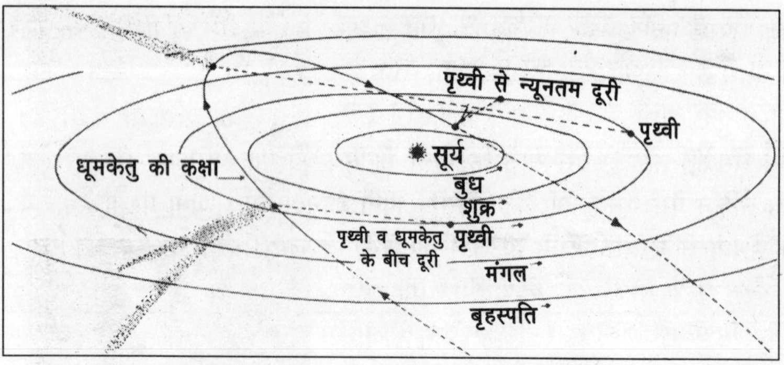

सौर मंडल में हेली के धूमकेतु का यात्रापथ, 1986 ई.

गर्म हो जाता है और इसकी बर्फीली गैसें तथा धूलि-कण बाहर निकलते हैं। इससे सूर्य के सामने नाभिक की गैसें फैलकर चमकने लगती हैं और इस प्रकार धूमकेतु का सिर बनता है।

धूमकेतु के सिर का घेरा हजारों-लाखों किलोमीटर हो सकता है। सूर्य से धूमकेतु की दूरी के अनुसार यह सिर भी घटता-बढ़ता रहता है। धूमकेतु के नाभिक से निकली हुई गैसें सौर वायु अथवा सौर विकिरण के दाब से बहुत दूर तक फैलती हैं और चमकती हैं। इसे ही धूमकेतु की पूंछ कहते हैं। कुछ धूमकेतुओं की पूंछ 20 करोड़ किलोमीटर तक फैल जाती है।

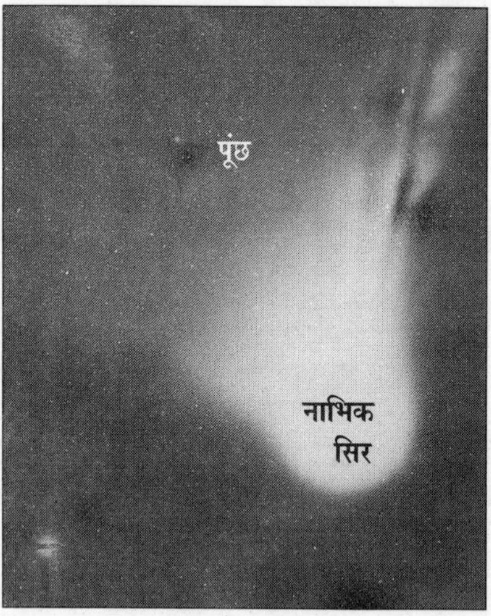

धूमकेतु के तीन भाग

चूंकि सौर वायु अथवा विकिरण के प्रभाव से धूमकेतु की पूंछ फैलती है और चमकती है, इसीलिए यह सूर्य की विपरीत दिशा में रहती है। धूमकेतु सूर्य का चक्कर लगाएगा, परंतु उसकी चमकीली पूंछ हमेशा सूर्य की उलटी दिशा में रहेगी।

सभी धूमकेतु अत्यधिक अंडाकार कक्षा में सूर्य की परिक्रमा करते हैं। हमने देखा है कि सौर मंडल के प्रायः सभी ग्रह

तथा उपग्रह एक समतल में सूर्य की परिक्रमा करते हैं। पर धूमकेतु ग्रहों के समतल के साथ कई अंशों का कोण बनाते हुए परिक्रमा करते हैं।

कुछ धूमकेतु बहुत छोटी अंडाकार कक्षा में सूर्य की परिक्रमा करते हैं। ऐसे धूमकेतु तीन से दस साल के भीतर ही सूर्य की एक परिक्रमा पूरी कर लेते हैं। लेकिन ऐसे धूमकेतुओं को अक्सर अपनी जान से हाथ धोना पड़ता है। सूर्य के प्रभाव से ये जल्दी खत्म हो जाते हैं। जैसे, बिएला (Biela) का धूमकेतु। यह धूमकेतु करीब सात साल में सूर्य का एक चक्कर लगाता था और इसे 1832 ई. और 1839 ई. में देखा गया था। सन् 1845 में पुनः इस धूमकेतु का इंतजार हो रहा था। पर देखा गया कि यह दो टुकड़ों में विखंडित हो गया है। बिएला धूमकेतु के ये दो टुकड़े धीरे-धीरे एक-दूसरे से दूर चले गए। अंत में 1872 ई. में खगोलविदों ने देखा कि जिस स्थान पर इस धूमकेतु को प्रकट होना चाहिए था, वहां से उल्काओं की वर्षा हो रही है।

सभी धूमकेतु नजदीक से सूर्य की परिक्रमा नहीं करते। बहुत से धूमकेतु बृहस्पति, शनि, यूरेनस, नेपच्यून व प्लूटो के परे से चक्कर लगाकर सूर्य की ओर लौटते हैं। कुछ धूमकेतु हजारों साल बाद लौटते हैं। लेकिन एक बात निश्चित है : ये सारे धूमकेतु हमारे सौर मंडल के ही सदस्य हैं।

इसलिए यह स्पष्ट हो जाता है कि जहां तक धूमकेतु जाते हैं, वहां तक सौर मंडल का विस्तार है ही।

सारे धूमकेतु अत्यंत चपटी अंडाकार कक्षाओं में सूर्य की परिक्रमा करते हैं। कभी-कभी कोई धूमकेतु किसी बाहरी पिंड के प्रभाव से अपनी कक्षा बदल देता है। तब यह सौर मंडल को छोड़कर बाह्य अंतरिक्ष में भी निकल जा सकता है।

धूमकेतुओं की रचना के बारे में अब भी कई बातें अज्ञात हैं। धूमकेतुओं की पूंछों में से हमारी पृथ्वी गुजर सकती है, पर उसका धरती पर कोई असर नहीं होता। 19 मई, 1910 को पृथ्वी हेली के धूमकेतु की पूंछ के बाहरी हिस्से में से गुजरी थी, परंतु उसका धरती पर कोई असर नहीं हुआ। किसी धूमकेतु के पृथ्वी से टकरा जाने की संभावना बहुत कम है। इसलिए इन धूमकेतुओं से भयभीत होने की कोई बात नहीं है।

सन् 1985 तक धूमकेतुओं का अध्ययन धरती की वेधशालाओं से ही होता रहा। मगर 1985-86 में जब हेली का धूमकेतु पृथ्वी के नजदीक आया, तो इसके पास अंतरिक्षयान भेजने की योजनाएं बनीं। सोवियत संघ ने **वीहे** (वीनस-हेली) नामक दो यान भेजे। ये दोनों यान पहले शुक्र (वीनस) ग्रह के पास पहुंचे और

तदनंतर हेली के धूमकेतु के पास, इसलिए इन्हें 'वीहे' नाम दिया गया था।

यूरोपीय अंतरिक्ष एजंसी ने जो यान हेली के धूमकेतु के पास भेजा उसका नाम **जोत्तो** (Giotto) था। जापान ने भी अपने दो यान हेली के धूमकेतु के नजदीक भेजे।

धरती से भेजे गए ये स्वचालित यान मार्च 1986 में उस वक्त हेली के धूमकेतु के पास पहुंचे जब यह वापस लौट रहा था। 'वीहे' यानों के सहयोग से 'जोत्तो' को हेली के धूमकेतु के ज्यादा नजदीक पहुंचाया गया। इन यानों में स्थापित कैमरों तथा यंत्रोपकरणों ने इस धूमकेतु का नजदीक से अध्ययन किया और प्राप्त जानकारी धरती की ओर भेजी।

नई जानकारी के अनुसार हेली के धूमकेतु का नाभिक 16 × 9 किलोमीटर का है। इस धूमकेतु से प्रति सेकंड 10 टन धूलि और 30 टन गैसें उत्सर्जित होती हैं, जो इसकी लंबी पूंछ का सृजन करती हैं। इसका चक्रण-काल लगभग 54 घंटे है।

हेली का धूमकेतु 2061-62 ई. में पुनः पृथ्वी और सूर्य के समीप आएगा। तब इसके नजदीक मानव को भी भेजना संभव हो सकता है।

हेली का धूमकेतु नेपच्यून ग्रह की कक्षा के परे जाकर सूर्य की ओर वापस लौटता है। परंतु ऐसे अनेक धूमकेतु हैं जो प्लूटो की कक्षा के बाहर बहुत दूर तक अंतरिक्ष की यात्रा करते हैं। वस्तुतः सौर मंडल की बाहरी सीमाओं में धूमकेतुओं की दो विशाल 'बस्तियों'–'कुइपेर पट्टा' और 'ऊर्ट बादल'–की खोज हुई है। नेपच्यून ग्रह की कक्षा के परे 'कुइपेर पट्टे' (Kuiper belt) की खोज डच खगोलविद गेरार्ड कुइपेर (1905-1973 ई.) ने 1951 ई. में की थी। ग्रहों के तल में 5 अरब से 15 अरब किलोमीटर की दूरी तक फैले इस पट्टे में अनगिनत धूमकेतुओं का निवास है। इस पट्टे से यदा-कदा बाहर निकलने वाले धूमकेतु 'लघुकालिक' होते हैं और इनका सूर्य-परिक्रमा का काल 2 से 200 वर्षों तक होता है।

लेकिन ऐसे भी कई धूमकेतु हैं जो अंतरिक्ष में बहुत दूर तक जाकर हजारों साल बाद सूर्य के नजदीक लौटते हैं। सन् 1950 में डच खगोलविद जान हेन्द्रिक ऊर्ट (1900-1992 ई.) ने सुझाया कि सौर मंडल की अतिदूर की सीमाओं में धूमकेतुओं का एक विशाल 'बादल' है। यह बादल, जिसमें करोड़ों धूमकेतुओं का निवास है, सूर्य से सबसे नजदीक के प्रॉक्सिमा-सेंटौरी तारे की दूरी (4.3 प्रकाश-वर्ष) के करीब एक-तिहाई दूरी तक फैला हुआ है। सौर मंडल को चारों

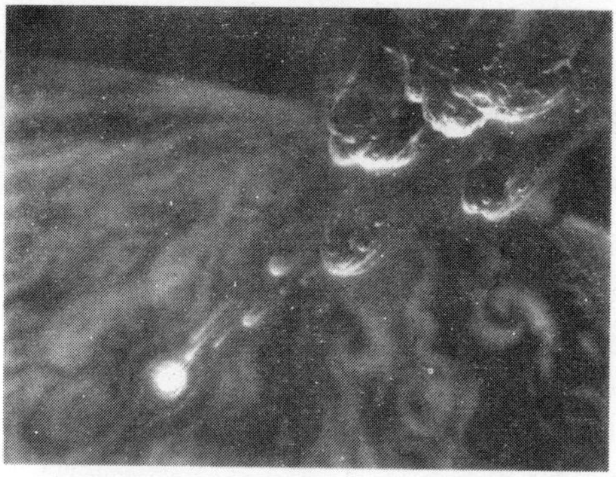

ऊर्ट बादल के बर्फीले पिंड (कल्पना चित्र)

ओर से घेरे हुए धूमकेतुओं के इस विशाल बादल को 'ऊर्ट बादल' (Oort cloud) का नाम दिया गया है। 'दीर्घकालिक' धूमकेतुओं का जन्म इसी 'ऊर्ट बादल' में होता है।

इधर के वर्षों में धूमकेतुओं के अध्ययन में वैज्ञानिकों की दिलचस्पी बहुत ज्यादा बढ़ गई है। समझा जा रहा है कि पृथ्वी पर पानी का आगमन धूमकेतुओं के जरिए ही हुआ है। आरंभ में धरातल की भौतिक परिस्थितियां ऐसी नहीं थीं कि यहां पानी व कार्बनिक अणु टिके रह सकें। और, जीवन के उद्भव एवं विकास के लिए यही दो चीजें–पानी व कार्बनिक अणु–अत्यावश्यक हैं। धूमकेतुओं में ये दोनों ही चीजें मौजूद हैं। धूमकेतुओं में लगभग 40 प्रतिशत पानी और लगभग 15 प्रतिशत कार्बन पदार्थ होते हैं। वैज्ञानिकों का अनुमान है कि किसी समय पृथ्वी के वायुमंडल में प्रति मिनट 20 से 40 टन भार के करीब 20 धूमकेतुओं के बर्फीले पिंडों की बेशुमार वर्षा हुई होगी। इस प्रकार, धूमकेतुओं से पृथ्वी पर पहुंचे पानी व कार्बन-युक्त अणुओं के योग से लगभग 3.5 अरब साल पहले धरती पर पहली बार सूक्ष्म जीवाणुओं का प्रादुर्भाव हुआ।

पिछली सदी से कुछ वैज्ञानिकों का यह भी मत रहा है कि जीवन का आरंभ धरती पर नहीं हुआ है, बल्कि आरंभिक जीवाणु किसी दूर के पिंड से पृथ्वी पर पहुंचे हैं। ये जीवाणु या तो उल्कापिंडों के साथ आए या ब्रह्मांडीय धूलिकणों के साथ। प्रसिद्ध खगोलविद फ्रेड हॉयल (जन्म 1915 ई.) का यह भी मत रहा कि धूमकेतुओं के माध्यम से आज भी विभिन्न किस्म के विषाणु (वायरस) धरती के वायुमंडल में प्रवेश करते रहते हैं।

धूमकेतुओं ने धरती पर न केवल जीवन के प्रादुर्भाव में ही योग दिया, बल्कि इन्होंने धरती के जीवन को नष्ट करने की भी भूमिका अदा की है। माना जाता है कि आज से करीब 6.5 करोड़ साल पहले किसी धूमकेतु या क्षुद्रग्रह के धरती से टकरा जाने के कारण पृथ्वी के मौसम में भारी तब्दीली आई, धरती से डाइनोसॉरों का सफाया हो गया और तदनंतर यहां स्तनपायी प्राणियों का युग

शुरू हुआ। धूमकेतुओं के भीतरी भाग के द्रव्य में आज भी सौर मंडल के निर्माण (करीब 4.6 अरब वर्ष पहले) के समय की परिस्थितियां काफी हद तक मौजूद हैं। इन सब कारणों से धूमकेतुओं के वैज्ञानिक अध्ययन का महत्व बहुत ज्यादा बढ़ गया है। यही कारण है कि अब धूमकेतु के नजदीक वैज्ञानिक उपकरणों वाले अतंरिक्षयान भेजे जा रहे हैं।

नासा (अमरीका) ने 1999 ई. में **वाइल्ड-2** नामक धूमकेतु की धूल के नमूने एकत्र करके उन्हें पृथ्वी पर वापस लाने के लिए **स्टारडस्ट** (तारा-धूल) नामक एक यान उसकी ओर भेजा था। सूर्य के दो चक्कर लगाने के बाद जनवरी 2004 में 'स्टारडस्ट' **यान** ने वाइल्ड-2 धूमकेतु के 240 किलोमीटर नजदीक पहुंचकर उसकी धूल के नमूने एकत्र किए। 'स्टारडस्ट' यान जनवरी 2006 में धरती पर वापस लौट आया है। इस यान द्वारा प्राप्त की गई धूल का विश्लेषण करके वैज्ञानिक पता लगा रहे हैं कि 4.6 अरब साल पहले सौर मंडल का निर्माण किस तरह के द्रव्य से हुआ था।

'वाइल्ड-2' धूमकेतु की धूल के नमूने प्राप्त करते हुए 'स्टारडस्ट' यान

नासा ने 'डीप इम्पैक्ट' (गहरी टक्कर) नामक एक अंतरिक्षयान 6 जनवरी, 2005 को 'टेंपल-1' नामक धूमकेतु की ओर भेजा था। यह धूमकेतु मंगल व बृहस्पति की कक्षाओं के बीच में 5.52 वर्षों में सूर्य का एक चक्कर लगा लेता है। धूमकेतु के पास पहुंचे अंतरिक्षयान के दो भाग थे : मुख्य यान को धूमकेतु के नजदीक रहकर इसका अध्ययन करना था और उससे पृथक् हुए 372 किलोग्राम भार के फ्रिज के आकार के, तांबे के कवच वाले 'इम्पैक्टर' को 'टेंपल-1' के सूर्य-प्रकाशित भाग से जा टकराना था। मुख्य यान से अलग होकर 'इम्पैक्टर' 4 जुलाई, 2005 को धूमकेतु से सीधे जा टकराया, जिससे उस धूमकेतु की सतह पर लगभग 200 मीटर चौड़ा और 50 मीटर गहरा खड्ड हो गया।

मुख्य यान से अलग होकर 'इम्पैक्टर' प्रोब टेंपल-1 धूमकेतु से टकराने जा रहा है (कल्पना चित्र)

इस समूची घटना का सचित्र विवरण धूमकेतु के नजदीक रहकर उसके साथ यात्रा कर रहे मुख्य यान के पास पहुंचा और फिर उसे धरती पर प्राप्त किया गया। इस विवरण के विश्लेषण से वैज्ञानिकों को धूमकेतु की सतह और उसके भीतरी भाग के द्रव्य के बारे में काफी नई जानकारी प्राप्त होगी।

यूरोपीय अंतरिक्ष एजंसी ने 2004 ई. में अपना **रोसेटा** नामक यान 'चिर्युमोव-गेरासिमेंको' नामक धूमकेतु की ओर भेजा है। यह यान 10 साल तक लगभग 10 अरब किलोमीटर की यात्रा करके 2014 ई. में इस धूमकेतु के पास पहुंचेगा, उसके चक्कर लगाएगा और वाशिंग मशीन के आकार के 100 किलोग्राम भार के यंत्रोपकरणों के 'फिली' नामक एक पिटारे को उस धूमकेतु की सतह पर उतारेगा—धीमी रफ्तार से।

सन् 1798 ई. में नील नदी के मुहाने के पास के 'रोसेटा' नामक स्थान पर नेपोलियन की सेना के एक सिपाही को पत्थर की एक शिला मिली थी। उस पर यूनानी लिपि और प्राचीन मिस्र की दो अज्ञात लिपियों में एक ही आशय का मज़मून खुदा हुआ था। रोसेटा शिला और फिली (नील नदी का एक द्वीप) के सूचीस्तंभ पर अंकित लेखों का अध्ययन करके 1822 ई. में जाँ-फ्रांस्वां शाँपोल्यों ने प्राचीन मिस्र की हाइरोग्लिफिक लिपि का उद्घाटन किया था। उसी तरह,

खगोलविदों को उम्मीद है कि 'रोसेटा' यान और 'फिली' प्रोब के सहयोग से धूमकेतुओं की द्रव्यराशि एवं संरचना के बारे में काफी सारी नई जानकारी मिलेगी।

उल्कावृष्टि और उल्कापिंड

सौर मंडल के ग्रहों के बीच के अंतरिक्ष में पत्थर और धातु के अनगिनत छोटे-छोटे कंकड़ या कण मौजूद हैं। ऐसा कोई कण जब तीव्र वेग से पृथ्वी के वायुमंडल में उतरकर क्षण-भर के लिए चमक उठता है, तब वह 'उल्का' या 'टूटता तारा' कहलाता है। ये कण करीब 70 किलोमीटर प्रति सेकंड के वेग से वायुमंडल में उतरते हैं और धरातल से करीब 100 किलोमीटर ऊपर वायुमंडल के अणु-परमाणुओं के साथ रगड़कर उद्दीप्त हो उठते हैं। अंतरिक्ष से आने वाले धातु या पत्थर के जो बड़े पिंड धरातल पर पहुंच जाते हैं वे 'उल्कापिंड' कहलाते हैं।

उल्काओं (meteors) के दो प्रकार हैं–विरल उल्काएं और उल्कावृष्टि। जो उल्काएं एक-दूसरे से स्वतंत्र होती हैं और आकाश में वर्ष-भर नजर आती हैं वे विरल उल्काएं कहलाती हैं। भिन्न-भिन्न दिनों और ऋतुओं में इनकी संख्या भी घटती-बढ़ती रहती है। ऐसी उल्काएं मध्यरात्रि के पहले कम और मध्यरात्रि के बाद ज्यादा संख्या में दिखाई देती हैं। शरद् ऋतु की अपेक्षा ग्रीष्म में इनकी संख्या कम रहती है।

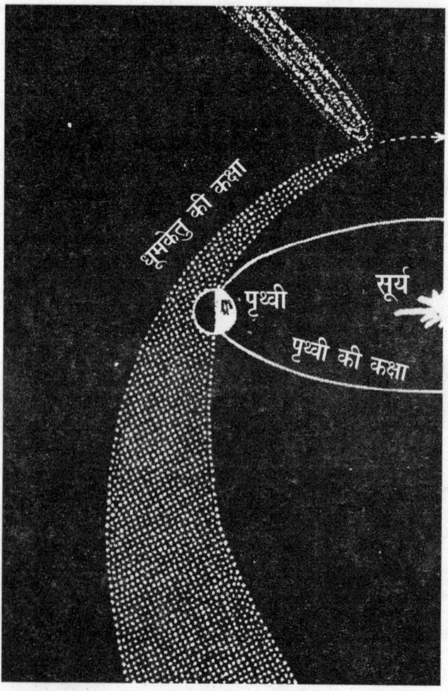

पृथ्वी जब किसी धूमकेतु की कक्षा से गुजरती है, तो 'उल्कावृष्टि' का भव्य नजारा देखने को मिलता है।

उल्कावृष्टि का संबंध धूमकेतुओं से है। धूमकेतु धूलिकणों और बर्फ बनी गैसों के पिंड होते हैं। ये लंबी दीर्घवृत्ताकार कक्षाओं में सूर्य की परिक्रमा करते रहते हैं। इनसे निकले हुए कण इनकी कक्षाओं में चक्कर लगाते रहते हैं।

जब पृथ्वी किसी धूमकेतु के यात्रापथ से गुजरती है, तब

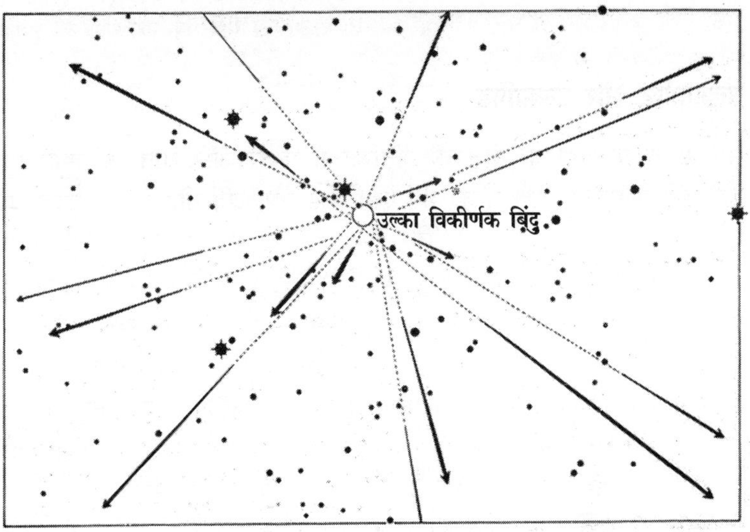

सभी 'टूटते तारे' आकाश के एक ही बिंदु से निकलते नजर आते हैं।

धूमकेतु के वे कण वायुमंडल में उतरकर उल्काओं के रूप में चमक उठते हैं और तब आकाश में हमें उल्कावृष्टि का आकर्षक नजारा देखने को मिलता है।

उल्कावृष्टि को तारों के मानचित्र पर रेखांकित करके उन्हें पीछे की ओर ले जाया जाएं, तो पता चलता है कि सभी 'टूटते तारे' आकाश के लगभग एक ही स्थान से निकलते नजर आएंगे। आकाश के उस स्थान या बिंदु को खगोल-विज्ञान में 'उल्का-विकीर्णक-बिंदु' कहते हैं। उल्का-विकीर्णक-बिंदु जिस तारा-मंडल में होता है उसी का नाम उस उल्कावृष्टि को दिया जाता है। जैसे, 1966 और 1999 में 17-19 नवंबर को जो उल्कावृष्टियां हुई थीं उनका विकीर्णक-बिंदु सिंह (राशि, तारा-मंडल) की गरदन के पास के गामा (γ) तारे के समीप था, इसलिए उसे 'सिंह उल्कावृष्टि' का नाम दिया गया है। वस्तुतः सिंह तारा-मंडल के बहुत दूर के तारों से इस उल्कावृष्टि का कोई संबंध नहीं है।

मगर यह ध्यान में रखना जरूरी है कि किसी तारा-मंडल के एक बिंदु से उल्काओं के विकीर्णन का यह नजारा महज एक दृष्टिभ्रम है। पहली बात तो यही है कि तारे हमसे बहुत-बहुत दूर हैं, परंतु उल्काएं करीब 100-120 किलोमीटर ऊपर ही वायुमंडल में पहुंचकर उद्दीप्त हो उठती हैं। दूसरी बात यह है कि उल्काएं वास्तव में समांतर पथों में ही धरातल की ओर आती हैं, दोनों रेल-पटरियों की तरह। परंतु पटरियों को दूर तक देखने पर वे जैसे एक-दूसरे के साथ मिलती प्रतीत होती

हैं, उसी प्रकार हमें आभास होता है कि उल्काओं की वृष्टि भी आकाश के लगभग एक स्थान से हो रही है।

उल्कावृष्टि किसी-न-किसी धूमकेतु से संबंधित होती है। सिंह राशि (तारा-मंडल) से होने वाली उल्कावृष्टि का संबंध 'टेंपल-टुटल' नामक धूमकेतु से है। यह धूमकेतु करीब 33 वर्षों में सूर्य की एक परिक्रमा पूरी करता है। इस धूमकेतु के अवशिष्ट कणों के कारण हर साल नवंबर में सिंह राशि से थोड़ी-बहुत उल्कावृष्टि अवश्य होती है, मगर हर 33 साल बाद यह उल्कावृष्टि महत्तम होती है।

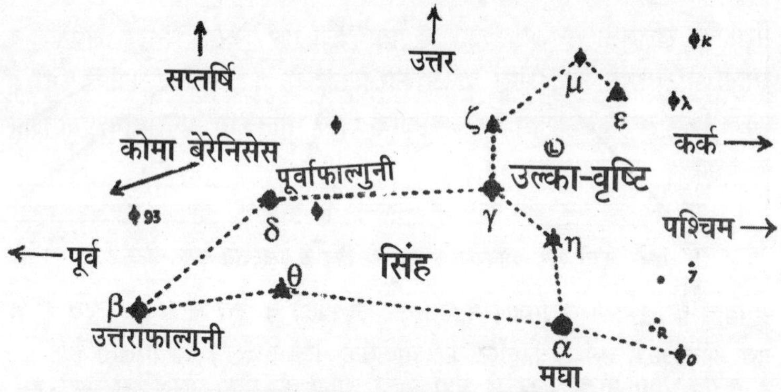

सिंह तारा-मंडल (राशि) के γ तारे के पास से हर साल उल्कावृष्टि होती है

दूसरे कुछ धूमकेतुओं के कारण अन्य तारा-मंडलों से भी उल्का-वृष्टि के नजारे देखने को मिलते हैं। खगोल-विज्ञान में दिलचस्पी रखने वालों को इन उल्कावृष्टियों को अवश्य देखना चाहिए और गिनती करनी चाहिए कि एक घंटे में आकाश के उस स्थान से कितने 'तारे टूटते हैं'।

आकाश के जो पिंड धरातल पर आकर गिरते हैं उन्हें उल्कापिंड (meteorites) कहते हैं। अब तक उल्कापिंडों से बने लगभग 120 खड्ड (क्रेटर) धरातल पर पहचाने गए हैं। इनमें सबसे प्रसिद्ध है—उत्तरी ओरिज़ोना (अमरीका) में बना 'बैरिंगेर क्रेटर'। लगभग ढाई लाख टन का एक विशाल उल्कापिंड करीब 25,000 साल पहले यहां आ गिरा था। उस उल्कापिंड ने यहां धरातल में 1.2 किलोमीटर व्यास का और 200 मीटर गहरा यह गड्ढा (क्रेटर) बनाया है।

छोटे-छोटे उल्कापिंड धरातल पर कभी भी और कहीं भी गिर सकते हैं। सोमवार, 31 जुलाई, 2006 को रात को 9.30 बजे गुजरात के कच्छ, जामनगर व राजकोट जिलों में आसमान से "आग के गोले" बरसते देखे गए, तो जनता

लोणार क्रेटर, बुलढाणा जिला (महाराष्ट्र)

बैरिंगेर क्रेटर, ओरिजोना (अमरीका)

में काफी खलबली मच गई। बाद में पता चला कि गुजरात के इस क्षेत्र के कई स्थानों में लगभग छोटे आलू के आकार-प्रकार के कई सारे उल्कापिंड गिरे हैं। एकत्र किए गए उल्कापिंडों का अहमदाबाद की भौतिकीय अनुसंधान प्रयोगशाला के वैज्ञानिक अध्ययन कर रहे हैं।

महाराष्ट्र के बुलढाणा जिले में (अजिंठा के पास के) लोणार गांव के नजदीक उल्कापिंड से निर्मित एक विशाल खड्ड (क्रेटर) है। दक्षिण भारतीय बेसाल्टी शैल में निर्मित लगभग वृत्ताकार यह खड्ड 1.8 किलोमीटर चौड़ा और 150 मीटर गहरा है; आसपास की भूमि से इसके कगार 20 से 30 मीटर तक ऊंचे हैं। इस क्रेटर के करीब 700 मीटर उत्तर में 300 मीटर व्यास का एक और छोटा क्रेटर है।

वैज्ञानिकों का अनुमान है कि लोणार का बड़ा क्रेटर लगभग 20,000 साल पहले कोई 100 मीटर व्यास के एक उल्कापिंड के 18 किलोमीटर प्रति सेकंड के वेग से लोणार की इस बेसाल्टी शैल वाली भूमि से आ टकराने के कारण बना है। उस टक्कर में बेसाल्टी शैल के पिघल जाने से जिन काले कांचीय खंडों व मणियों का निर्माण हुआ था उनके अवशेष आज भी लोणार के क्रेटर के पास मिल जाते हैं। क्रेटर में जो पानी जमा हुआ है वह खारा है। आज क्रेटर के भीतर एक बस्ती और कुछ मंदिर हैं। लोणार के इस क्रेटर को 'विश्व धरोहर स्मारक' घोषित किए जाने के प्रयास किए जा हैं।

☆

यूनानी वर्णमाला

अल्फा	α	न्यू	ν
बीटा	β	क्साइ	ξ
गामा	γ	ओमिक्रोन	o
डेल्टा	δ	पाइ	π
इप्सिलोन	$\in$	रो	ρ
जीटा	ζ	सिग्मा	σ
इटा	η	टाउ	τ
थीटा	θ	अप्साइलोन	υ
आयोटा	ι	फाइ	ϕ
काप्पा	κ	खाइ	χ
लांबडा	λ	प्साइ	ψ
म्यू	μ	ओमेगा	ω

खगोल-विज्ञान में तारों को यूनानी वर्णमाला के अक्षरों ($\alpha, \beta, \gamma, \ldots \omega$) से दरशाया जाता है। अतः पाठकों की सुविधा के लिए यहां यूनानी वर्णाक्षरों और उनके उच्चारण की तालिका दी जा रही है।

आगे तारा-मंडलों के जो स्थितिचित्र दिए गए हैं उन्हें दिशा-निर्देश (उत्तर, दक्षिण, पूर्व, पश्चिम) के अनुसार सिर के ऊपर उलटा धारण करके आकाश में तारों को पहचानना चाहिए।

12 सबसे चमकीला तारा : व्याध

आकाश में बहुत सारे तारे हैं। अरबों तारे। इनमें कुछ तारे अधिक चमकीले हैं और कुछ तारे कम चमकीले। अधिकतर तारे सफेद रंग के हैं, पर कुछ तारे नीले, पीले या लाल रंग के भी हैं।

आकाश के इन तारों को देखकर हमारे दिमाग में कई तरह के सवाल उठते हैं। ये तारे हमसे कितने दूर हैं? कितने बड़े हैं? ये लाल, नीले या सफेद रंग के क्यों हैं? इनमें सबसे चमकीला तारा कौन-सा है?

हमारा सूर्य एक तारा है। इसलिए सूर्य को ही हम सबसे नजदीक का और सबसे चमकीला तारा मान सकते हैं। पर हमें दूर के तारों के बारे में जानना है। हमें जानना है कि इन दूर के तारों में सबसे चमकीला तारा कौन-सा है। पर पहले तारों के बारे में कुछ मोटी-मोटी बातें जान लेना जरूरी है। रात के समय आकाश की ओर देखने से लगता है कि बहुत सारे तारे हैं। इतने अधिक कि हम उनकी गिनती भी नहीं कर सकते। पर बात ऐसी नहीं है। रात के समय एक स्थान पर खड़े रहकर अपनी नंगी आंखों से हम आकाश में अधिक-से-अधिक तीन हजार तारे ही देख सकते हैं। ये हैं आकाश के ज्यादा चमकीले और अपेक्षाकृत नजदीक के तारे। हां, दूरबीन से बहुत ज्यादा तारे देखे जा सकते हैं।

आकाश में लगभग 200 अरब तारे हैं। ये सारे तारे एक योजना में बंधे हुए हैं। यह योजना गाड़ी के पहिए या एक फूली हुई रोटी के आकार-प्रकार की है। इस योजना को हम 'आकाशगंगा' कहते हैं। आकाशगंगा एक मंदाकिनी (Galaxy) है (देखिए पहला प्रकरण : **आकाशगंगा**)।

अब आकाशगंगा के इन अरबों तारों में हम सबसे चमकीले तारे की खोज करेंगे। रात के समय आकाश में चंद्रमा ही सबसे अधिक चमकता है। पर हम सभी जानते हैं कि चंद्रमा तारा नहीं है; यह हमारी पृथ्वी का एक नैसर्गिक उपग्रह है।

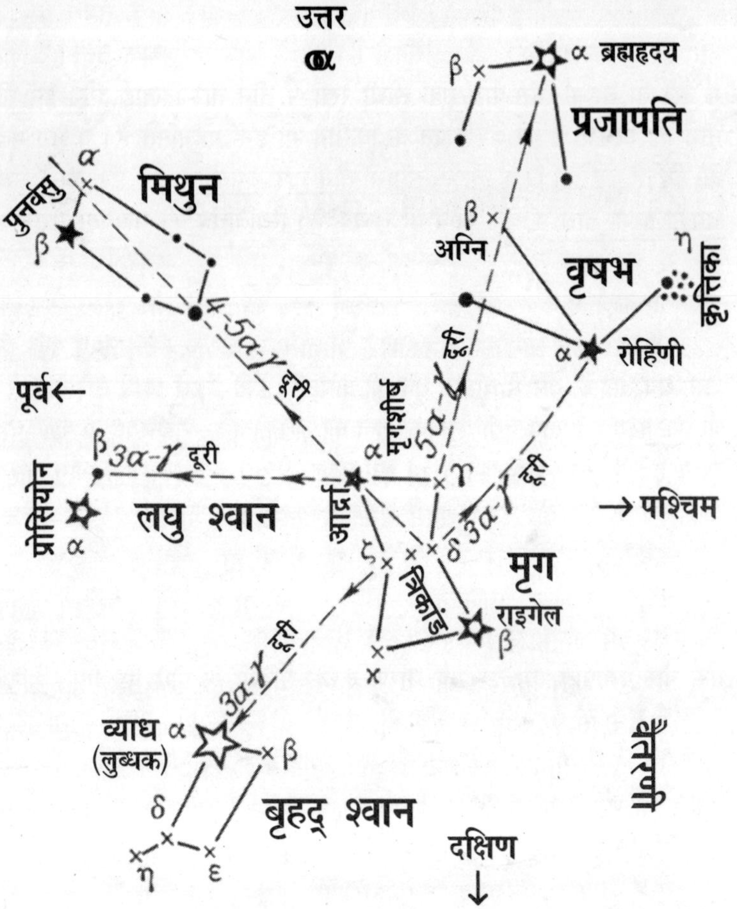

व्याध तारा, मृग तारा-मंडल तथा आसपास के प्रमुख तारे। इस स्थितिचित्र में मृग मंडल के α (आर्द्रा) तथा γ तारों के बीच की दूरी को इकाई मानकर आसपास के प्रमुख तारों की दूरियां दरशाई गई हैं।

आकाश में ग्रह भी चमकते हैं। हमारी पृथ्वी की तरह ये ग्रह भी सूर्य की परिक्रमा करते हैं। ये खुद अपने प्रकाश से नहीं, बल्कि सूर्य के प्रकाश से चमकते हैं। इनमें शुक्र, शनि और बृहस्पति ग्रह दूसरे तारों से कुछ अधिक चमकते हैं। ये तारों की तरह लुक्-लुक् नहीं करते, इसलिए इन्हें आसानी से पहचाना जा सकता है। ये ग्रह तारे नहीं हैं। हमें आकाश के सबसे चमकीले तारे की खोज करनी है।

दो-तीन चमकीले ग्रहों को छोड़ दिया जाए, तो आकाश के सबसे चमकीले तारे को हम आसानी से पहचान सकते हैं। यह है **व्याध** या **लुब्धक** तारा। आकाश में देखें तो बहुधा पास-पास एक सीधी रेखा में तीन तारे दिखाई देंगे। इन तीन तारों को **त्रिकांड** कहते हैं। देहात के किसान भी इन्हें पहचानते हैं। ये मृग-मंडल के तारे हैं। इस त्रिकांड के आसपास तीन-चार चमकीले तारे हैं। इनमें सबसे चमकीला जो तारा है, वही **व्याध** या **लुब्धक** है। स्थितिचित्र की सहायता से फरवरी माह में व्याध और इसके आसपास के प्रमुख तारों को मध्याकाश में मजे में पहचाना जा सकता है।

पुराने जमाने के लोगों ने आकाश के तारों के बारे में कुछ कथाएं गढ़ी थीं। जैसे, ध्रुव तारे के बारे में बालक ध्रुव की कथा है। इसी प्रकार व्याध तारे के बारे में भी एक कथा है। 'व्याध' या 'लुब्धक' शब्द का अर्थ होता है–'बहेलिया' या 'शिकारी'। व्याध तारे के सामने पश्चिमोत्तर में मृग-मंडल के तारे हैं और उनके आगे **रोहिणी** का चमकीला तारा है (देखिए पीछे स्थितिचित्र; स्थितिचित्र को दिशा-निर्देश के अनुसार सिर के ऊपर उलटा धारण करके आकाश के तारे देखने चाहिए)।

बहुत पुरानी कथा है। हमारे धर्मग्रंथों में प्रजापति यानी ब्रह्मा को सृष्टि का कर्ता माना गया है। प्रजापति की रोहिणी नाम की एक सुंदर कन्या थी। एक बार प्रजापति मृग का रूप धारण करके रोहिणी के पीछे पड़ गए। रोहिणी आकाश में गई। मृगरूपी प्रजापति भी उसके पीछे-पीछे गया। इससे देवताओं को चिंता हुई। उन्होंने एक बहेलिए को इस मृगरूपी प्रजापति का पीछा करने को कहा। इसीलिए आकाश में मृग रोहिणी का पीछा कर रहा है और बहेलिया (व्याध) इस मृग के पीछे है।

व्याध तारा हमसे बहुत ज्यादा दूर नहीं है। यह हमसे लगभग 9 प्रकाश-वर्ष दूर है। इसका अर्थ यह है कि व्याध तारे से निकला हुआ प्रकाश एक सेकंड में 3,00,000 किलोमीटर के महत्तम वेग से दौड़ते हुए लगभग 9 साल बाद हमारी पृथ्वी पर पहुंचता है। अन्य शब्दों में, व्याध तारा हमसे करीब 8,50,00,00,00,00,000 किलोमीटर दूर है।

आकाश के तारे नीले, लाल या सफेद रंग के क्यों दिखाई देते हैं, यह समझने के लिए हमें लोहार की दुकान पर जाना होगा। लोहार लोहे की किसी छड़ को गरम करता है। पहले वह लाल दिखाई देती है। पर बढ़ते तापमान के साथ उसका रंग नीला और अंत में सफेद हो जाता है। इसका अर्थ यह हुआ कि रंग तापमान का सूचक होता है।

व्याध नीले-सफेद रंग का तारा है। इसलिए यह हमारे सूर्य से अधिक तप्त है। हमारे सूर्य का सतह-तापमान करीब 6000° सेंटीग्रेड है, तो व्याध का सतह-तापमान 12,000° सेंटीग्रेड है। आकार और भार में भी यह तारा हमारे सूर्य से दुगुना है। आकाश के दूसरे कई तारे और भी अधिक बड़े और तप्त हैं। व्याध तारा सबसे चमकीला इसलिए दिखाई देता है, क्योंकि यह अपेक्षाकृत काफी नजदीक है।

आकाश के तारे एक-दूसरे के सापेक्ष हमें स्थिर दिखाई देते हैं, पर बात ऐसी नहीं है। कई साल तक इन तारों का अवलोकन किया जाए, तो पता चलेगा कि ये एक-दूसरे के सापेक्ष अपनी स्थितियां बदलते हैं। व्याध तारे को ही लीजिए। यह एक सेकंड में अपने स्थान से 8 किलोमीटर दूर हटता जा रहा है।

व्याध तारा अपना स्थान बदलता है, इस बात की खोज जर्मन खगोलविद फ्रेडरिक विलहेल्म बेस्सेल (1784-1846 ई.) ने 1844 ई. में की थी। उन्होंने यह भी जाना कि इसके स्थानांतरण का मार्ग सीधी रेखा वाला नहीं, बल्कि लहरदार है। इससे वे नतीजे इस पर पहुंचे कि व्याध तारे के पास इसकी परिक्रमा करने वाला कोई दूसरा छोटा तारा अवश्य होना चाहिए।

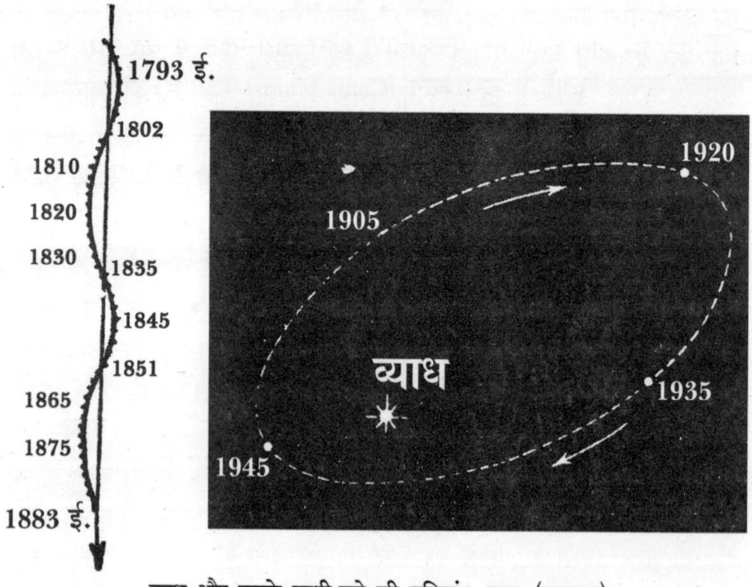

व्याध और उसके साथी-तारे की गतियां : दृश्य (लहरदार) और वास्तविक (एक-दूसरे के गिर्द)

बेस्सेल ने केवल गणितीय गणना से व्याध के इस साथी-तारे के अस्तित्व की कल्पना की थी। अठारह साल बाद 1862 ई. में ही एक बड़ी दूरबीन की मदद से व्याध के उस साथी-तारे को आकाश में खोजना संभव हुआ। यह एक अद्‌भुत तारा है। व्याध के इस साथी-तारे का व्यास हमारे सूर्य के व्यास के एक-तिहाई होने पर भी यह सूर्य के बराबर भारी है! ऐसा इसलिए कि इसके द्रव्य का घनत्व काफी ज्यादा है। व्याध के इस साथी-तारे के द्रव्य से बने एक छोटे-से गेंद का भार एक टन होगा!

व्याध का साथी-तारा दरअसल एक बुझा हुआ तारा है। इसका सारा हाइड्रोजन ईंधन खत्म हो गया है। अब यह सिकुड़ गया है। अब यह हाइड्रोजन की ऊर्जा से नहीं, बल्कि सिकुड़न की ऊर्जा से चमकता है। अत्यधिक दाब के कारण इसका द्रव्य परमाणुओं के नाभिक तथा इलेक्ट्रॉनों के मिश्रण की स्थिति में है। द्रव्य के ऐसे मिश्रण को 'प्लाज्मा' कहते हैं। खगोलविदों ने ऐसे तारों को 'श्वेत-वामन' या 'सफेद बौना' (white dwarf) नाम दिया है। व्याध का साथी-तारा, जिसे 'पिल्ला तारा' भी कहते हैं, आकाश में खोजा गया प्रथम श्वेत-वामन तारा था। अब तक लगभग 200 श्वेत-वामन तारे खोजे गए हैं।

पाश्चात्य खगोल-विज्ञान में व्याध तारे को **सिरियस** (Sirius) कहते हैं। 'सिरियस' का अर्थ होता है–'चमकीला'। जिस तारा-मंडल में यह तारा है उसे पाश्चात्य खगोल-विज्ञान में **बृहद्‌ श्वान** (Canis Major) कहते हैं। इस तारा-मंडल में और भी कई अद्‌भुत तारे हैं। इनमें जुड़वां तारों की एक अनोखी योजना है। लगभग साढ़े चार दिनों में एक-दूसरे की परिक्रमा करते हुए ये तारे एक-दूसरे को ढकते हैं, ग्रहण लगाते हैं। ये आकाश के सबसे बड़े तारों में से हैं। इनमें से प्रत्येक तारा हमारे सूर्य से 30 गुना बड़ा और हमारी पृथ्वी से एक करोड़ गुना भारी है!

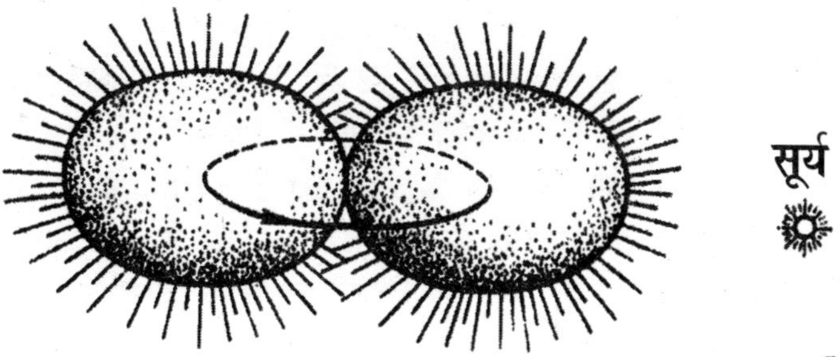

बृहद्‌ श्वान मंडल में जुड़वां तारों की एक योजना

प्राचीन मिस्र में व्याध (सोथिस्) तारे की पूजा

इस प्रकार, न केवल व्याध तारा, बल्कि इसके आसपास के तारे भी अद्भुत हैं। इनके बारे में पिछले डेढ़ सौ साल में ही हमें यथार्थ जानकारी मिली है। पुराने जमाने के खगोलविद इन तारों की सही दूरियां नहीं जानते थे। वे यह भी नहीं जानते थे कि तारे कितने बड़े हैं और इनमें कौन-सा ईंधन जलता है। पर पुराने जमाने के खगोलविदों ने इन तारों की गतियों का सूक्ष्मता से अध्ययन किया था।

नील नदी मिस्र देश की गंगा है। मिस्र के निवासियों का जीवन पूर्णतः इस नदी पर निर्भर है। यह दक्षिण से उत्तर की ओर बहती है। हर साल लगभग एक निश्चित दिन इस नदी में बाढ़ आती है। आज से पांच-छह हजार साल पहले मिस्र के निवासियों ने जान लिया था कि ग्रीष्म ऋतु में जब सूर्य के साथ-साथ व्याध तारे का उदय (सूर्य-सहोदय) होता है, तब नील नदी में बाढ़ आती है। इसलिए व्याध को सूर्योदय के समय पूर्व क्षितिज पर देखकर वे समझ जाते थे कि बाढ़ का समय आ गया है।

प्राचीन मिस्र के पुरोहित मानते थे कि एक वर्ष में 360 दिन होते हैं। पर

अनेक सालों तक व्याध तारे का अवलोकन करके उन्होंने जाना कि यह 365 दिन बाद ही पुनः सूर्योदय के साथ उदित होता है। इससे उन्हें पता चला कि एक वर्ष वास्तव में 365 दिनों का होता है। इसलिए इस व्याध तारे के आधार पर उन्होंने एक नया पंचांग बनाया था। प्राचीन मिस्र के निवासी इस व्याध तारे को 'सोथिस्' कहते थे और देवता मानकर इसकी पूजा करते थे।

ऐसा है आकाश का यह सबसे चमकीला व्याध या लुब्धक तारा। गरमी के मौसम में इसे आकाश में आसानी से पहचाना जा सकता है। पाश्चात्य खगोल-विज्ञान के अनुसार यह बृहद् श्वान तारा-मंडल में है, इसलिए इस तारे को 'श्वान-तारा' (Dog star) भी कहते हैं। पुराने जमाने में यूरोप के लोगों का विश्वास था कि गरमी के दिनों में कुत्ते (श्वान) पागल हो जाते हैं और कई प्रकार के रोग फैलते हैं। इसलिए वे इस 'श्वान तारे' (व्याध) से भय खाते थे।

पर आज हम जानते हैं कि व्याध या लुब्धक आकाश का एक अद्भुत तारा है। आज हम यह भी जानते हैं कि बृहद् श्वान तारा-मंडल में और भी कई अद्भुत तारे हैं। आज के खगोलविद ऐसे तारों को खगोल की प्रयोगशालाएं समझते हैं। पिछले दो सौ साल में व्याध और उसके आसपास के तारों का अध्ययन करके खगोलविदों ने आकाशीय पिंडों के कई रहस्यों का उद्घाटन किया है।

आकाश में सबसे चमकीले व्याध तारे को पहचान लेने के बाद स्थितिचित्र की सहायता से आसपास के अनेक तारों को पहचाना जा सकता है। व्याध के पश्चिमोत्तर में मृग मंडल का चमकीला **आर्द्रा** तारा है (**त्रिकांड** के थोड़े उत्तर में)। व्याध के पूर्वोत्तर में लगभग उतनी ही दूरी पर लघुश्वान मंडल का चमकीला **प्रोसियोन** तारा है। प्रोसियोन के उत्तर में मिथुन मंडल के तारे (पुनर्वसु नक्षत्र) हैं। व्याध, आर्द्रा और प्रोसियोन मिलकर आकाश में एक बड़ा-सा त्रिभुज बनाते हैं। आर्द्रा और त्रिकांड के पश्चिमोत्तर में लाल रंग का **रोहिणी** तारा है, और उसके और आगे **कृत्तिका** का प्रसिद्ध तारा-पुंज है।

☆

13 सप्तर्षि तारा-मंडल

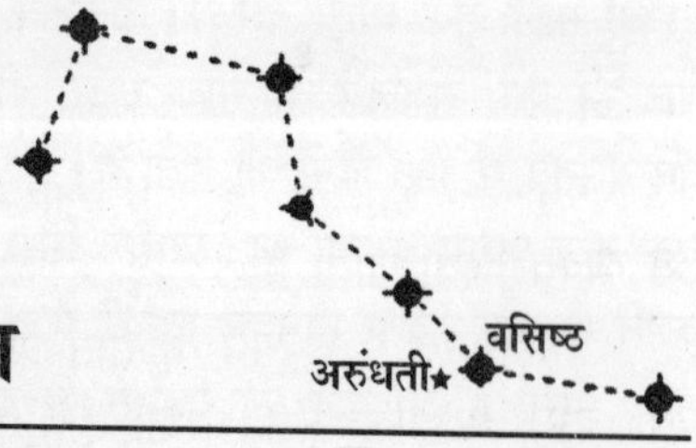

तारों को देखने और पहचानने का सबसे उत्तम मौसम है शीत ऋतु। इस मौसम में आकाश स्वच्छ रहता है और तारे कुछ अधिक चमकीले दिखाई देते हैं। लेकिन तब हम सर्दी की वजह से रात को बाहर कम ही निकल पाते हैं। गर्मियों में रात को खुले आकाश के नीचे सोने का अपना ही आनंद है। गरमी के दिनों में सप्तर्षि का नजारा बड़ा स्पष्ट और आकर्षक होता है। आइए, इसी मौसम में हम सप्तर्षि तारा-मंडल की जानकारी प्राप्त कर लें।

उत्तरी क्षितिज के ऊपर दिखाई देने वाले सप्तर्षि के सात तारों को और ध्रुव तारे को बहुत-से लोग पहचान लेते हैं। देहात के लोग और बच्चे भी इन्हें जानते हैं। प्राचीन भारतीय ज्योतिष के 27 या 28 नक्षत्रों में सप्तर्षियों की गणना तो नहीं होती थी, मगर यह तारा-मंडल इतना स्पष्ट है कि संभवतः आज से करीब चार हजार साल पहले मूल आर्यभाषी लोग इसे एक नाम दे चुके थे। **ऋग्वेद** में सप्तर्षियों के लिए 'ऋक्षाः' शब्द मिलता है। यह ऋक्ष (रीछ या भालू) का बहुवचन है। **ऋग्वेद** (1.24.10) में उल्लेख है : **अमी ये ऋक्षा निहितास उच्चा नक्तं ददृश्रे कुह चिद्दिवेयुः** (ये जो भालू रात के समय ऊंचे आकाश में दिखाई देते हैं, वे दिन में कहां चले जाते हैं?)। पता चलता है कि ऋग्वेद के समय 'ऋक्ष' शब्द के दो अर्थ थे–(1) रीछ, और (2) चमकीला या तारा। बाद में 'ऋक्ष' शब्द 'ऋषि' में बदल गया। पहले जो ऋक्षाः (रीछ) थे, वे ऋषि हो गए! इस तरह शब्दों के अर्थ बदलना एक सामान्य बात है।

यूनानी तथा पाश्चात्य खगोल-विज्ञान में सप्तर्षि तारा-मंडल का नाम 'उर्सा मेजर' (Ursa Major) है। इसका अर्थ है, बड़ा भालू या रीछ। लेकिन **तैत्तिरीय ब्राह्मण** में इस तारा-समूह के लिए 'सप्तर्षि' नाम मिलता है और इस ब्राह्मण-ग्रंथ के अनुसार सप्तर्षि, अर्थात् सात ऋषि हैं–गौतम, भरद्वाज,

विश्वामित्र, जमदग्नि, वसिष्ठ, कश्यप और अत्रि। आधुनिक पाश्चात्य खगोल-विज्ञान में आज इनके जो नाम प्रचलित हैं, वे मध्ययुग के अरबी ज्योतिषियों द्वारा इन्हें दिए गए हैं। तारों के आधुनिक मानचित्रों में तारों को यूनानी वर्णमाला के अक्षरों से व्यक्त किया जाता है।

महाभारत में सप्तर्षि के सात ऋषियों की सूची कुछ भिन्न है : (1) क्रतु (α, दुभे), (2) पुलह (β, मेरक), (3) पुलस्त्य (γ, फेक्द), (4) अत्रि (δ, मेग्रेज़), (5) अंगिरस (ε, एलिओथ), (6) वसिष्ठ (ζ, मिज़ार) व (7) मरीचि (η, बेनेत्नश)। चूंकि भारतीय ज्योतिष में महाभारत के यही नाम अब रूढ़ हो गए हैं, इसलिए इनके साथ कोष्ठक में अरबी और पाश्चात्य खगोल-विज्ञान में प्रचलित नाम दे दिए गए हैं; साथ ही, इन तारों के सूचक यूनानी अक्षर भी।

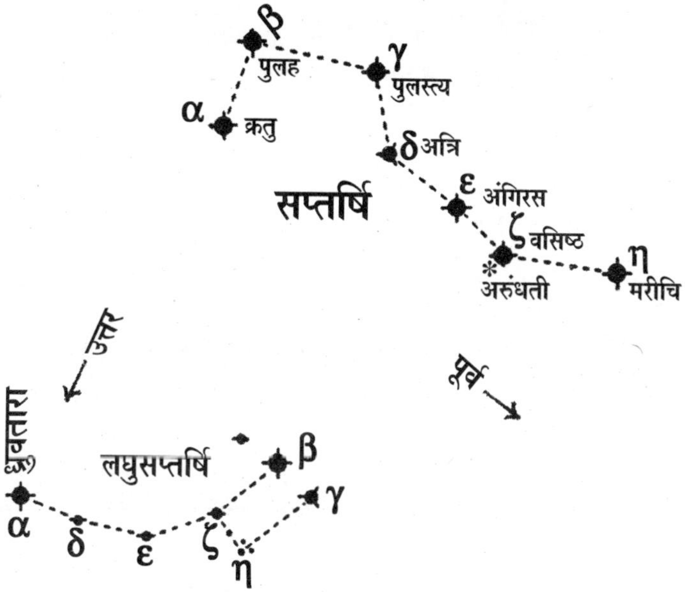

सप्तर्षि तारा-मंडल और ध्रुव तारा

आकाश के तारा-समूहों में विविध प्रकार के प्राणियों की कल्पना करके ही प्राचीन काल में उन्हें नाम दिए गए थे। सप्तर्षियों को ऋक्ष (भालू या रीछ) नाम भी इसी प्रकार दिया गया था। दरअसल, इस रीछ की पूंछ के तीन तारे इसे इतनी लंबी बनाते हैं कि पृथ्वी पर इतनी लंबी पूंछ वाला एक भी रीछ कहीं देखने को नहीं मिलता।

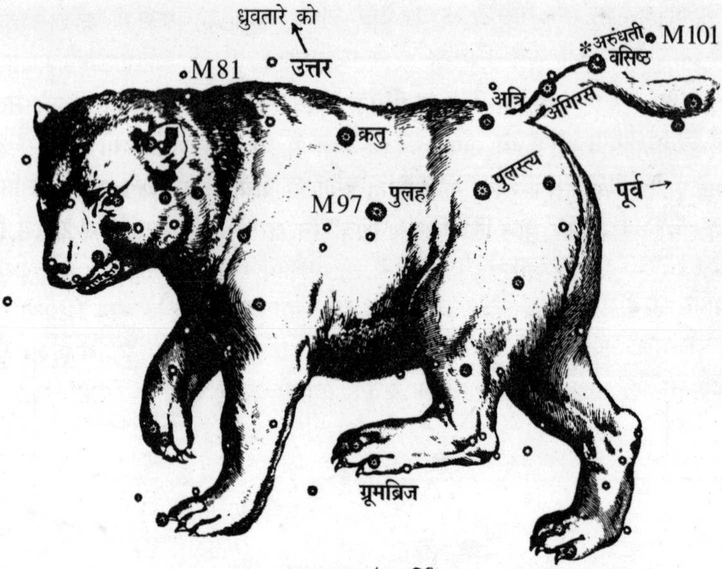

बड़ा भालू (सप्तर्षि)

प्राचीन काल में सभी तारे पृथ्वी से समान दूरी पर स्थित माने जाते थे। परंतु तथ्य इसके विपरीत है। सप्तर्षि मंडल का वसिष्ठ (ζ) तारा सबसे निकट है (60 प्रकाश-वर्ष), तो अंगिरस (ε) उससे चार गुना दूर है।

तारों के रंग इनके तापमान के परिचायक होते हैं। सबसे अधिक तापमान वाले तारे सफेद दिखाई देते हैं और इनका सतह-तापमान 10,000^o से 30,000^o सेंटीग्रेड तक होता है। हमारा सूर्य पीले रंग का तारा है और इसका सतह-तापमान लगभग 6000° सेंटीग्रेड है। लाल रंग के तारों का तापमान सबसे कम होता है। सप्तर्षि के क्रतु (α) तारे को छोड़कर, सभी तारे सफेद हैं और इनका सतह-तापमान लगभग 10,000^o सेंटीग्रेड है। नीले-सफेद मरीचि (η) का सतह-तापमान 18,000^o सेंटीग्रेड तक पहुंचता है। क्रतु (α) कुछ नारंगी रंग का दिखाई देता है और इसका सतह-तापमान हमारे सूर्य से कुछ कम, लगभग 5000° सेंटीग्रेड है।

पुराने ज्योतिषियों की यह धारणा कि तारे एक-दूसरे के सापेक्ष हमेशा स्थिर ही रहते हैं, गलत थी। आज हम जानते हैं कि किसी भी तारा-मंडल के तारे स्थिर नहीं रहते। सप्तर्षि के पांच तारे–पुलह, पुलस्त्य, अत्रि, अंगिरस और वसिष्ठ–भौतिक गुणधर्मों में काफी समान हैं और ये एक ही दिशा की ओर लगभग समान वेग से पलायमान हैं। इस तथ्य से यह परिणाम निकलता है कि ये पांच तारे

एक ही तारा-समुदाय के सदस्य हैं और इनका निर्माण भी एक ही स्रोत से हुआ है। सप्तर्षि के दो तारे–क्रतु और मरीचि–उपर्युक्त पांच तारों की उलटी दिशा में पलायमान हैं। इसका अर्थ यह हुआ कि दिक्काल में सप्तर्षियों की स्थिति सदैव एक-सी नहीं रहती। हमें अपने जीवन-काल में या कुछ शताब्दियों में तारों का यह सापेक्ष स्थानांतरण स्पष्ट नहीं होता। इसीलिए प्राचीन काल के हमारे ज्योतिषियों ने तारों को सुस्थिर मान लिया था, 'नक्षत्र' (न क्षरति) कहा था। तथ्य यह है कि आज से एक लाख वर्ष पहले पृथ्वी के संदर्भ में सप्तर्षि के तारों की स्थिति भिन्न थी और आज से एक लाख वर्ष बाद भिन्न होगी।

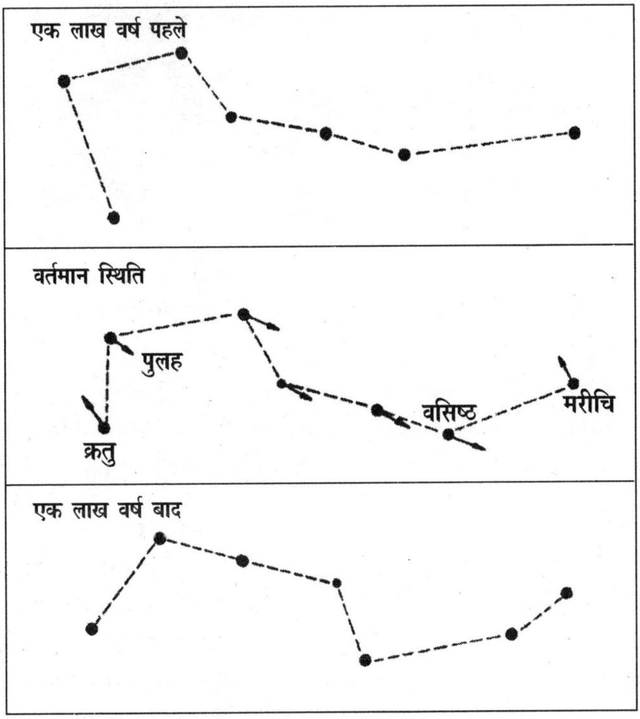

सप्तर्षि की वदलती स्थिति

सप्तर्षियों में **वसिष्ठ** (ζ, मिज़ार) तारे को गौर से देखने पर उसके ठीक नीचे एक धुंधला तारा दिखाई देगा। वसिष्ठ के निकट होने के कारण ही भारतीय ज्योतिष में इसे **अरुंधती** (वसिष्ठ की पत्नी) का नाम दिया गया है। अरबी ज्योतिषियों ने इसे 'अलकोर' नाम दिया था और पाश्चात्य खगोल-विज्ञान में आज

भी यही नाम प्रचलित है। हमारे ये वसिष्ठ और अरुंधती अरबी ज्योतिषियों के क्रमशः 'घोड़ा' और 'घुड़सवार' थे। पृथ्वी से वसिष्ठ और अरुंधती भले ही बहुत नजदीक दिखाई देते हों, परंतु आकाश में अरुंधती अपने पतिदेव (वसिष्ठ) से करीब 25,50,00,00,00,000 किलोमीटर दूर है! यह दूरी सूर्य से पृथ्वी की औसत दूरी (15 करोड़ किलोमीटर) से कम-से-कम 17,000 गुना ज्यादा है। लेकिन खगोलीय ज्योतियों की दूरियों की तुलना में यह दूरी नगण्य है। हमसे सबसे निकट का तारा जितनी दूर (लगभग 4 प्रकाश-वर्ष) है, उसकी तुलना में अरुंधती अपने सहचर वसिष्ठ के 16 गुना अधिक नजदीक है।

नंगी आंखों से **वसिष्ठ** केवल एक ही तारा दिखाई देता है, परंतु छोटी-सी दूरबीन से भी देखा जाए, तो इसमें दो और तारे (अरुंधती के अलावा) दिखाई देंगे। गैलीलियो (1564-1642 ई.) के समकालीन एक पाश्चात्य ज्योतिषी रिच्चिओली ने वसिष्ठ के इन दो तारों–**वसिष्ठ-अ** और **वसिष्ठ-ब**–की खोज की थी। ये दोनों तारे अपने सहगुरुत्व-केंद्र की लगभग 20 हजार वर्षों में एक परिक्रमा पूर्ण करते हैं। इतना ही नहीं, **वसिष्ठ-अ** भी दो तारों की योजना है। किसी भी दूरबीन से वसिष्ठ-अ के दो तारे नहीं दिखाई दे सकते। खगोलविदों ने वसिष्ठ-अ के वर्णक्रम-पट का अध्ययन करके ही जाना है कि यह एक युग्म-तारा (जुड़वां तारा) है। वस्तुतः आधुनिक सप्तर्षि-मंडल में केवल सात-आठ तारे ही नहीं हैं। यह नक्षत्र-मंडल काफी बड़ा है और इसमें नंगी आंखों से भी किसी स्वच्छ रात्रि को लगभग 100 तारे दिखाई दे सकते हैं। सप्तर्षि-मंडल में वसिष्ठ की तरह के कई जुड़वां तारे हैं।

दूरबीन से सप्तर्षि-मंडल में कई मंदाकिनियां भी दिखाई देती हैं। फ्रांसीसी खगोलविद मेसिए (1730-1817 ई.) की नेबुला-सूची में सप्तर्षि-मंडल में छह 'नेबुले' दिए हुए हैं। इनमें से 5 हमारी आकाशगंगा की तरह की मंदाकिनियां हैं, किंतु एक नेबुला (हमारी आकाशगंगा के भीतर गैसों का एक चमकीला विशाल बादल, यानी नीहारिका) है। यह हमसे लगभग 7000 प्रकाश-वर्ष दूर है। लेकिन सप्तर्षि-मंडल की मंदाकिनियां हमारी आकाशगंगा के बाहर तारों की विशाल योजनाएं हैं। **मेसिए-101** नामक मंदाकिनी को ही लीजिए। एक छोटी-सी दूरबीन से भी वसिष्ठ से थोड़ी दूर रीछ की पूंछ के ऊपर इसे देखा जा सकता है। इस मंदाकिनी में हमारे सूर्य की तरह के अरबों तारे हैं। इन अरबों तारों में हमारे सौर मंडल की तरह लाखों सौर मंडल और पृथ्वियां भी होंगी। वहां से किसी प्रकार के प्राणी यदि हमारी आकाशगंगा को देखने में समर्थ हैं, तो वे इसे लगभग वैसी ही देखेंगे, जैसी कि हम उस मंदाकिनी को यहां से दूरबीन से देखते हैं। यदि हम कल्पना करें कि वहां के

किसी ग्रह के प्राणी हमारी धरती को अपनी किसी महादूरबीन से देखने में समर्थ हैं, तो उन्हें हमारी पृथ्वी पर हम नहीं दिखाई देंगे, क्योंकि वह मंदाकिनी हमसे लगभग दो करोड़ 30 लाख प्रकाश-वर्ष दूर है। अन्य शब्दों में, उस मंदाकिनी के प्रकाश को हम तक पहुंचने में दो करोड़ 30 लाख वर्ष लगते हैं। दो करोड़ 30 लाख वर्ष पहले इस पृथ्वी पर अभी मानव का कोई अस्तित्व नहीं था!

सप्तर्षि के क्रतु तारे के पश्चिमोत्तर में पास-पास दो मंदाकिनियां हैं--M81 और M82, जो हमसे लगभग एक करोड़ प्रकाश-वर्ष दूर हैं। इनमें M81 नामक मंदाकिनी काफी चमकीली है और इसे बाइनॉक्यूलर से भी देखा जा सकता है।

सप्तर्षि मंडल की M 81 मंदाकिनी

सप्तर्षि की सहायता से अन्य कई तारों और तारा-मंडलों को पहचाना जा सकता है। सप्तर्षि के सामने के दो तारों--क्रतु और पुलह--की सहायता से ध्रुव तारा खोजा जा सकता है। पुलह-क्रतु अंतर के करीब पांच गुना लंबी एक लगभग सीधी रेखा ध्रुव तारे तक पहुंचा देती है। ध्रुव तारे से उत्तर दिशा निर्धारित होती है। ध्रुव तारा लघुसप्तर्षि मंडल का तारा है। लेकिन यह धारणा गलत है कि ध्रुव तारा 'ध्रुव' (अचल) है।

☆

14 ध्रुव तारा : ध्रुव नहीं है

हमारा एक वैवाहिक संस्कार है—ध्रुव-दर्शन। विवाह की रस्म के बाद वर कुछ मंत्र पढ़ते हुए वधू को ध्रुव तारा दिखाता है। इसका आशय यह होता है कि वधू अपने पति के घर में ध्रुव तारे की भांति सुस्थिर रहकर सुख भोगेगी। ध्रुव तारे को स्थिरता का प्रतीक माना गया है।

हमारे पुराणों में ध्रुव के बारे में एक कथा भी है। राजा उत्तानपाद की दो रानियां थीं—सुरुचि और सुनीति। राजा सुरुचि से अधिक प्यार करता था। सुरुचि को उत्तम नाम का बेटा हुआ और सुनीति के बेटे का नाम ध्रुव था। एक दिन की बात है, ध्रुव अपने पिता की गोद में जाकर बैठ गया। राजा और उसकी प्रिय रानी सुरुचि ने बालक ध्रुव को दूर ढकेल दिया!

ध्रुव रोता-रोता अपनी मां के पास पहुंचा। मां ने समझाया : तपश्चर्या करने से ही मनचाही चीज मिलती है। बालक ध्रुव ने घर छोड़ दिया और अरण्य में जाकर तपश्चर्या शुरू कर दी। ध्रुव की कठोर तपश्चर्या से अंत में विष्णु भगवान प्रसन्न हुए। उन्होंने ध्रुव को वर मांगने को कहा। ध्रुव ने त्रिलोक (पृथ्वी, अंतरिक्ष और स्वर्ग) में सबसे ऊंचे पद की मांग की। विष्णु ने कहा—हे बालक! मैं तुम्हें वह ध्रुव (अटल) स्थान देता हूं जो सूर्य, चंद्र मंगल आदि सभी ग्रहों, नक्षत्रों, सप्तर्षियों और देवगणों से ऊपर है।

जाहिर है कि आकाश में ध्रुव तारे की स्थिरता को देखकर ही यह कथा गढ़ी गई होगी। पृथ्वी अपनी धुरी पर पश्चिम से पूर्व की ओर चक्कर काटती रहती है, इसलिए आकाश के तारे हमें पूर्व से पश्चिम की ओर जाते दिखाई देते हैं। ऐसी स्थिति में पृथ्वी की धुरी की दिशा में खगोल पर यदि कोई तारा हो, तो वह हमें सतत स्थिर ही दिखाई देगा।

पृथ्वी की धुरी की उत्तरी दिशा में ऐसा एक तारा है। इसे ही हम ध्रुव तारे के नाम से जानते हैं। यह तारा स्थिर दिखाई देता है और आसपास

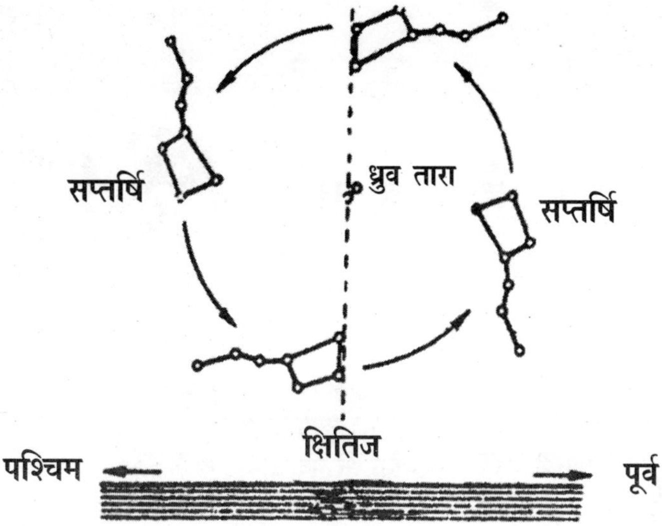

उत्तरी एशिया, उत्तरी यूरोप व कनाडा से सप्तर्षि मंडल ध्रुव तारे का पूरा चक्कर लगाता दिखाई देता है।

के तारे इसकी परिक्रमा करते नजर आते हैं। उदाहरण के लिए, सप्तर्षि मंडल के तारे इस ध्रुव तारे की परिक्रमा करते दिखाई देते हैं। सप्तर्षियों की सहायता से ध्रुव तारे को आसानी से पहचाना जा सकता है। सप्तर्षि के क्रतु और पुलह तारों को जोड़ने वाली रेखा को क्रतु के आगे करीब पांच गुना बढ़ाया जाए, तो यह ध्रुव तारे के पास पहुंच जाती है।

ध्रुव तारे को पहचानने का एक और तरीका है। पृथ्वी पर भूमध्यरेखा के उत्तर में जो स्थान जितने अक्षांश पर होगा, उतने अंश क्षितिज के ऊपर उत्तरी दिशा में आकाश की ओर देखा जाए, तो ध्रुव तारा दिखाई देगा। जैसे, यदि आप भूमध्यरेखा के उत्तर में 25 अक्षांश वाले किसी स्थान पर (जैसे, इलाहाबाद में) खड़े हैं, तो उत्तरी दिशा में क्षितिज के 25° ऊपर ध्रुव तारा नजर आएगा। इस प्रकार, ध्रुव तारे की ऊंचाई से ज्ञात हो जाता है कि उत्तरी गोलार्द्ध में आप कितने अक्षांश पर खड़े हैं। पुराने जमाने में यात्रियों और नाविकों का मार्गदर्शन करने में ध्रुव तारे ने बहुत सहायता दी है। इस तारे को देखकर उत्तर दिशा का ज्ञान हो जाता है और नाविकों को यह भी मालूम हो जाता है कि उनका जहाज समुद्र में कितने उत्तरी अक्षांश पर चल रहा है।

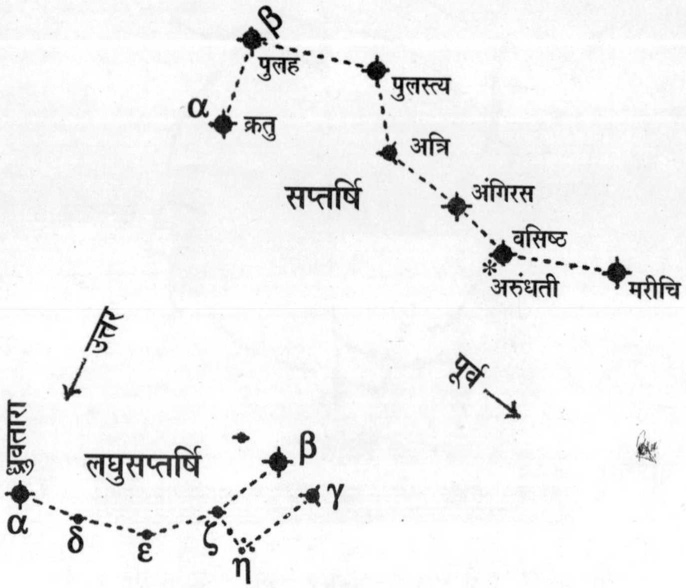

लघुसप्तर्षि मंडल : ध्रुव तारा

उपर्युक्त जानकारी से स्पष्ट होता है कि ध्रुव तारा स्थिर है। ध्रुव तारे को हमने स्थिरता का सूचक मान लिया है। और, इस तारे की इसी विशेषता के आधार पर हमने इसे अपने एक महत्वपूर्ण संस्कार में स्थान दिया है और एक पुराणकथा भी गढ़ ली है। 'ध्रुव' शब्द स्थिरता का पर्यायवाची बन गया है। शब्दकोशों के अनुसार भी 'ध्रुव' शब्द के अर्थ हैं : स्थिर, अचल, अटल, पक्का, नित्य, शाश्वत, सदैव एकरूप रहने वाला।

लेकिन तथ्य यह है कि ध्रुव तारा, ध्रुव नहीं है। यह स्थिर, नित्य या एकरूप रहने वाला तारा नहीं है। पहली बात तो यही है कि आज का ध्रुव तारा खगोल के ठीक उत्तरी ध्रुव-बिंदु पर स्थित नहीं है, यह वास्तविक ध्रुव-बिंदु से करीब 1° दूर है। यह तारा भी चौबीस घंटों में एक छोटा-सा वृत्त बनाता है। दूसरी बात यह है कि आज जिस तारे को हम ध्रुव तारा मानते हैं, वह पुराने जमाने का ध्रुव तारा नहीं है। वेदों की रचना के समय या महाभारत-युद्ध के समय आकाश का कोई दूसरा ही तारा ध्रुव तारा था। और, आज से दो-तीन हजार साल बाद कोई दूसरा ही तारा ध्रुव तारा होगा।

सबसे पहले हम आज के ध्रुव तारे पर विचार करेंगे। इसकी पहचान के

कैमरे के शटर को 8 घंटे खुला छोड़कर परिध्रुवी तारों का यह चित्र उतारा गया है। इसमें केंद्र के समीप का मोटा सफेद वक्र ध्रुव तारे का है। इस चित्र से स्पष्ट हो जाता है कि खगोलीय ध्रुव-बिंदु और वर्तमान ध्रुवतारे के बीच में अन्य कई तारे हैं, परंतु उन्हें दूरबीन से ही देखा जा सकता है।

बारे में हम बता चुके हैं। आकाश में जितने भी तारे दिखाई देते हैं, वे सब हमारी आकाशगंगा-मंदाकिनी के सदस्य हैं। आकाशगंगा में लगभग 200 अरब तारे हैं। लेकिन दूरबीन की सहायता के बिना नंगी आंखों से अधिक-से-अधिक छह हजार तारे ही आकाश में देखे जा सकते हैं। खगोलविदों ने आकाश में दिखाई देने वाले सभी तारों को 88 तारा-मंडलों में बांटा है (देखिए परिशिष्ट में सूची)।

वर्तमान ध्रुव तारा (Polaris, Pole Star, α) लघुसप्तर्षि (Ursa Minor) मंडल का प्रमुख तारा है। यह हमसे लगभग 650 प्रकाश-वर्ष दूर है। इसका अर्थ यह हुआ कि आज ध्रुव तारे के जिस प्रकाश को हम देखते हैं, वह अपने स्रोत-स्थान से 650 वर्ष पहले निकला था। प्रकाश-किरणों का वेग 3,00,000 किलोमीटर प्रति सेकंड है। अतः हम जान सकते हैं कि ध्रुव तारे का प्रकाश 650 वर्षों में कितने किलोमीटर की दूरी तय करके हमारे पास पहुंचता है। आज (2006 ई. में) ध्रुव तारे के जिस प्रकाश को हम धरती पर देखते हैं, वह ध्रुव तारे से 1356 ई. में

चल पड़ा था। आज के वास्तविक ध्रुव तारे को हम आज नहीं, 650 साल बाद ही देख पाएंगे। आज यदि किसी कारण से ध्रुव तारा विस्फोटित हो जाए, तो धरती के मानव को उस घटना की जानकारी 2006 + 650 = 2656 ई. में ही मिल सकेगी!

वर्तमान ध्रुव तारा हमारे सूर्य तारे से काफी बड़ा है। ध्रुव तारे का व्यास हमारे सूर्य के व्यास से 120 गुना अधिक है (सूर्य का व्यास 13,92,000 किलोमीटर है)। आकाश में ऐसे बहुत-से तारे हैं, जो हमारे सूर्य से बहुत बड़े हैं। खगोलविद ऐसे विशाल तारों को 'महादानव' कहते हैं। ध्रुव तारा भी एक महादानव है। यह पीतवर्ण तारा हमारे सूर्य से थोड़ा ज्यादा तप्त है। सूर्य का सतह-तापमान 6000° सेंटीग्रेड के आसपास है, तो ध्रुव तारे का सतह-तापमान 7000° सेंटीग्रेड है।

वर्तमान ध्रुव तारे की एक विशेषता यह है कि यह एक स्पंदी तारा है। इसका अर्थ यह है कि इसका आयतन निरंतर घटता-बढ़ता रहता है। इस प्रक्रिया में इस तारे का तापमान घटता-बढ़ता जाता है। इसकी कांति भी घटती-बढ़ती रहती है। यह सब एक खास क्रम से होता है। हर चार दिन बाद इस तारे का आयतन महत्तम हो जाता है। खगोल-विज्ञान की भाषा में ऐसे स्पंदी तारे को सेफाइड चरकांति (Cepheid variable) कहते हैं।

सौभाग्य से हमारा सूर्य तारा 'सेफाइड' नहीं है, वर्ना बड़ी मुसीबत आती। हमारे सूर्य के स्थान पर यदि ध्रुव तारा होता, तो धरती पर हमारा जीना असंभव हो जाता, क्योंकि ध्रुव तारा हमारे सूर्य से 10 हजार गुना अधिक प्रकाश व ताप उत्सर्जित करता है। ऐसी स्थिति में हमारी धरती का सारा जीव-जगत ही नष्ट हो जाता!

वर्तमान ध्रुव तारे को यदि दूरबीन से देखें, तो इसके समीप हमें एक छोटा तारा दिखाई देगा। सबसे पहले यूरोप के महान खगोलविद विलियम हर्शेल ने 1779 ई. में इस छोटे तारे की खोज की थी। ये दो तारे संभवतः एक-दूसरे से संबंधित हैं। तारों के ऐसे जोड़े को 'युग्म-तारा' (Binary star) कहते हैं। खगोलविदों ने आकाश में ऐसे 60 हजार से भी अधिक युग्म-तारों की खोज की है। खगोलविदों का मत है कि आकाश का हर तीसरा या चौथा तारा वस्तुतः युग्म-तारा है।

ऐसा है हमारा आज का यह ध्रुव तारा। हम बता चुके हैं कि यह तारा खगोल के ठीक उत्तरी ध्रुव-बिंदु पर स्थित नहीं है। यह खगोल के उत्तर ध्रुव से करीब एक अंश की दूरी पर स्थित है।

दरअसल, खगोल के ठीक उत्तरी ध्रुव-बिंदु पर कोई स्पष्ट तारा नहीं है। लेकिन एक तारा है, जो वर्तमान ध्रुव तारे से खगोलीय ध्रुव-बिंदु के अधिक निकट

है। यह तारा खगोलीय ध्रुव के चहुं ओर वर्तमान ध्रुव तारे से भी छोटा वृत्त बनाता है। पर इस तारे को दूरबीन से ही देखा जा सकता है।

इस प्रकार, हम देखते हैं कि हमारा वर्तमान ध्रुव तारा वास्तव में ध्रुव नहीं है; यह खगोल के ठीक ध्रुव-बिंदु पर स्थित नहीं है। दूसरी बात यह है कि यह सिर्फ वर्तमान युग का ध्रुव तारा है। हजारों साल पहले दूसरे ही तारे ध्रुव तारे थे। और, आगे दो-तीन हजार साल बाद कोई दूसरा ही तारा ध्रुव तारा कहलाएगा। बहुतों को इन कथनों पर यकीन नहीं होगा। पर पृथ्वी की गतियों पर थोड़ा विचार करने से यह उलझन स्पष्ट हो जाएगी।

इस विश्व में कोई भी वस्तु स्थिर नहीं है, तारे भी नहीं। पर तारे हमसे बहुत दूर हैं, इसलिए सुविधा के लिए हम इन्हें एक विशाल खगोल पर स्थिर मान सकते हैं। हमारी पृथ्वी अपनी धुरी पर 24 घंटों में एक चक्कर लगाती है, इसलिए तारों-भरा खगोल हमें घूमता दिखाई देता है। पृथ्वी की धुरी का उत्तरी सिरा खगोल के जिस बिंदु की ओर निर्देश करता है, वही खगोलीय ध्रुव है। पर यह ध्रुव-बिंदु स्थिर नहीं रहता। कारण यह है कि हमारी पृथ्वी की धुरी सदैव एक ही बिंदु की ओर निर्देश नहीं करती।

इसका कारण है, हमारी पृथ्वी की एक विशेष गति। इसे समझने के लिए लट्टू की गतियों पर विचार कीजिए। लट्टू अपनी कील अथवा धुरी पर घूमता है। लेकिन ध्यान से देखने पर पता चलेगा कि इसकी धुरी भी धीरे-धीरे डोलती रहती है, अर्थात्, यह एक वृत्त में चक्कर काटती है। यही हाल हमारी पृथ्वी का है। एक तो यह अपनी धुरी पर चक्कर काटती है। दूसरे, इसकी धुरी धीरे-धीरे एक वृत्त में चक्कर लगाती है—कदंब बिंदु की।

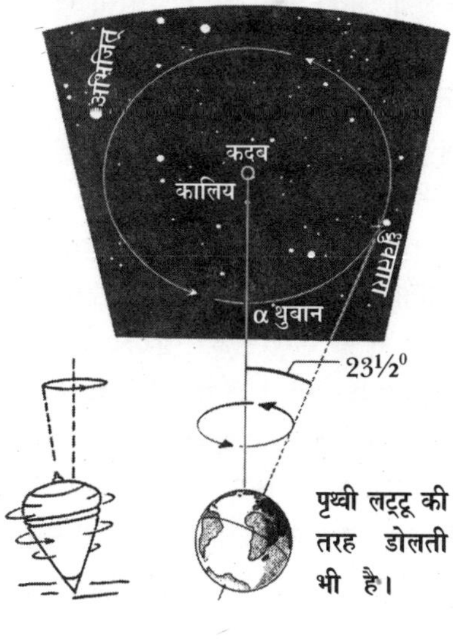

पृथ्वी लट्टू की तरह डोलती भी है।

पृथ्वी की इस दूसरी गति की वजह यह है कि यह पूर्णतः एक गोल पिंड नहीं है। इसका विषुववृत्तीय व्यास इसके ध्रुवीय व्यास से 44 किलोमीटर अधिक है। पृथ्वी के विषुववृत्तीय प्रदेश पर अधिक द्रव्यराशि जमा है। इसलिए सूर्य के

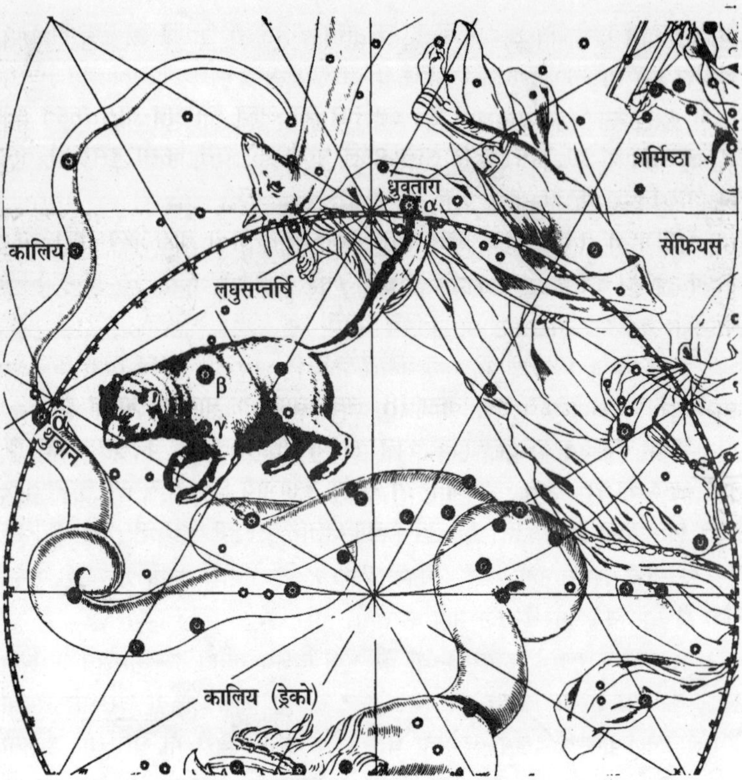

खगोल पर 'ध्रुव-बिंदु' की यात्रा का वृत्ताकार मार्ग

आकर्षण के अंतर्गत पृथ्वी की धुरी स्थिर रहकर चक्कर नहीं काट सकती। यह लट्टू की तरह डोलती है। पृथ्वी की धुरी धीरे-धीरे एक वृत्ताकार कक्षा में परिक्रमा करती है। इसलिए पृथ्वी की धुरी हमेशा खगोल के एक ही तारे की ओर निर्देश नहीं कर सकती।

पृथ्वी की धुरी का सिरा बहुत ही धीमी गति से वृत्ताकार कक्षा में चक्कर काटता है। पता चला है कि यह एक साल में इस वृत्त का 50.3 सेकंड (कोणीय) अंतर तय करता है। हम जानते हैं कि पूर्ण वृत्त में 360 डिग्रियां, 1 डिग्री में 60 मिनट और 1 मिनट में 60 सेकंड होते हैं। इस प्रकार, पूर्ण वृत्त में 12,96,000 सेकंड होते हैं। यदि हम इस संख्या को 50.3 से भाग दें, तो हमें लगभग 25,800 संख्या मिलती है। इसका अर्थ यह हुआ कि पृथ्वी की धुरी को अपनी वृत्ताकार कक्षा में एक पूरा चक्कर लगाने में लगभग 25,800 साल लगते हैं।

इस विवेचन से स्पष्ट होता है कि पृथ्वी की धुरी खगोल के एक ही बिंदु की ओर निर्देश नहीं करती। आज यह उत्तरी खगोल के जिस बिंदु की ओर निर्देश करती है, उसके पास एक तारा है। इस तारे को आज हम ध्रुव तारा कहते हैं। पर आज से दो या तीन हजार साल पहले पृथ्वी की धुरी किसी दूसरे ही तारे की ओर निर्देश करती थी।

आज से करीब तीन हजार साल पहले एक अन्य तारा ध्रुव तारा था। क्योंकि आज से करीब तीन हजार साल पहले पृथ्वी की धुरी का उत्तरी सिरा आकाश के जिस बिंदु की ओर निर्देश करता था, उसके समीप आज का ध्रुव तारा नहीं, बल्कि लघुसप्तर्षि मंडल का एक दूसरा तारा था। आधुनिक खगोल-विज्ञान की भाषा में इसे हम 'बीटा (β) लघुसप्तर्षि' के नाम से जानते हैं।

अतः स्पष्ट है कि ऋग्वैदिक काल का या महाभारत-युद्ध के समय का ध्रुव तारा आज का ध्रुव तारा नहीं था। उस समय खगोलीय ध्रुव के समीप लघुसप्तर्षि मंडल का 'बीटा' (β) तारा ही सबसे चमकीला तारा था, इसलिए उसे ही ध्रुव तारा माना जाता था। चीन के प्राचीन ग्रंथों में लघुसप्तर्षि मंडल के इस 'बीटा

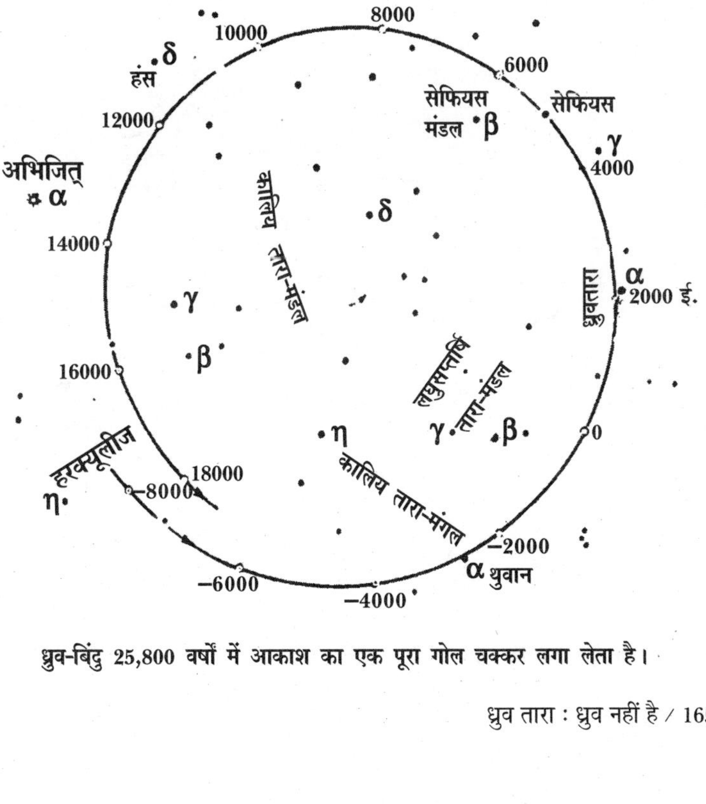

ध्रुव-बिंदु 25,800 वर्षों में आकाश का एक पूरा गोल चक्कर लगा लेता है।

(β)' तारे को 'राजनक्षत्र' कहा गया है। स्पष्ट है कि तत्कालीन ध्रुव तारे को ही 'राजनक्षत्र' कहा गया है। अरबी में इस 'बीटा (β)' तारे के लिए 'कुतुब-अल्-शुमाली' नाम मिलता है, जिसका अर्थ होता है–'उत्तर का तारा'।

आज से करीब 4700 साल पहले (ईसा-पूर्व 2700 के आसपास, जब भारत की सिंधु सभ्यता अपनी उन्नतावस्था में प्रवेश कर रही थी) कालिय (पाश्चात्य 'ड्रेको') मंडल का अल्फा(α) तारा (थुबान) ध्रुव-बिंदु के एकदम नजदीक था। आज से करीब 4500 साल पहले जब मिस्र के गिज़ा स्थान में भव्य पिरामिड बने, तब भी यही तारा ध्रुव तारा था। करीब 4300 साल पहले जब मेसोपोटामिया में राजा सारगोन-प्रथम का शासन था, तब इस 'α कालिय' तारे को ध्रुव तारा मानकर इसे 'स्वर्ग का जीवन' कहा जाता था।

आज का ध्रुव तारा जिस प्रकार अतीत में ध्रुव तारा नहीं था, उसी प्रकार भविष्य में भी यह ध्रुव तारा नहीं रहेगा। हमारे वर्तमान ध्रुव तारे को आगे करीब डेढ़-दो हजार साल तक ध्रुव तारे का सम्मान मिलता रहेगा। उसके बाद 4000 ई. और 6000 ई. के बीच में खगोल का उत्तरी ध्रुव वृषपर्वा (सेफियस) मंडल के गामा (γ) तारे के पास रहेगा। इस प्रकार, आकाश में ध्रुव की स्थिति

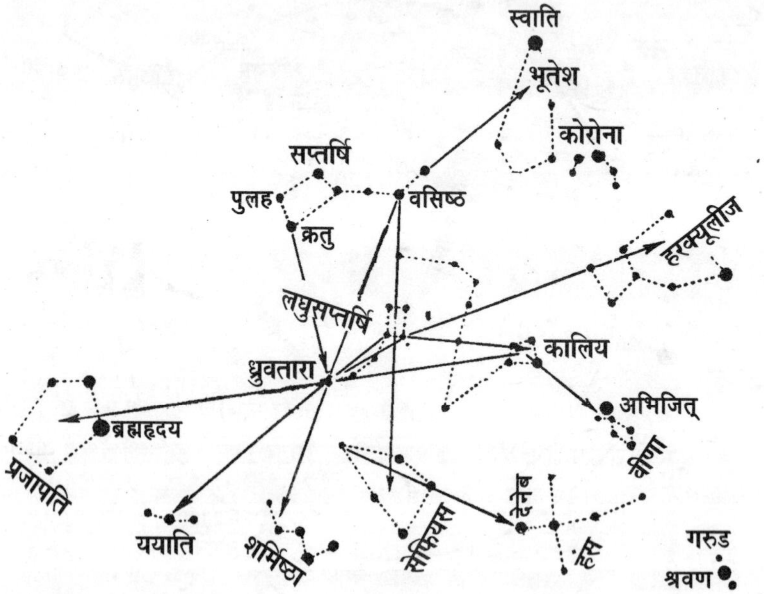

सप्तर्षि और ध्रुव तारे की सहायता से उत्तरी आकाश के अन्य तारा-मंडलों की पहचान।

निरंतर बदलती रही है, बदलती रहेगी।

आज से लगभग 14 हजार साल पहले उत्तरी आकाश का खूब चमकीला **अभिजित्** (Vega) तारा ध्रुव-बिंदु के नजदीक था। यह तारा आज से करीब 12 हजार साल बाद पुनः ध्रुव-तारा बनेगा।

विश्व में ध्रुव या शाश्वत कुछ भी नहीं है, ध्रुव तारा भी नहीं। हर तारा निरंतर अपना स्थान बदलता रहता है। हमारा सूर्य 220 किलोमीटर प्रति सेकंड की गति से आकाशगंगा-मंदाकिनी में चक्कर काट रहा है, संपूर्ण सौर मंडल के साथ। परमाणु के भीतर के सूक्ष्म कणों से लेकर विशाल मंदाकिनियों तक की इस विश्व की हर चीज गतिमान है। विश्व में ध्रुव या स्थिर कुछ भी नहीं है।

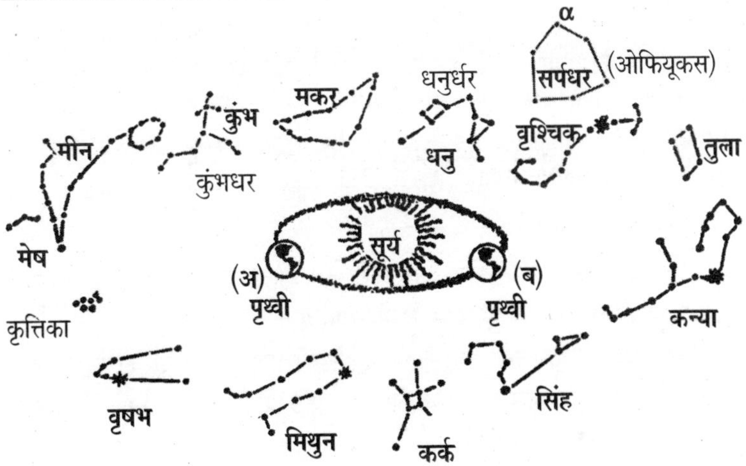

विभिन्न राशियों (तारा-मंडलों) में सूर्य की यात्रा एक दृष्टिभ्रम है, जो इस गलत धारणा पर आधारित है कि पृथ्वी स्थिर है और सूर्य इसकी परिक्रमा कर रहा है। देखिए कि पृथ्वी की स्थिति (अ) में सूर्य तुला राशि में दिखाई देता है और स्थिति (ब) में यह मीन राशि में नजर आता है।

क्रांतिवृत्त (रविपथ) सर्पधर (ओफियूकस) तारा-मंडल के दक्षिणी सिरे से गुजरता है। सूर्य को सर्पधर तारा-मंडल को पार करने में 19 दिन लगते हैं, जबकि सूर्य वृश्चिक मंडल (पाश्चात्य) को 6 दिनों में ही पार कर लेता है। फिर भी वृश्चिक की तरह सर्पधर को राशिचक्र में स्थान नहीं मिला है! सर्पधर को 13वीं राशि मानने में खगोलीय अध्ययन में अनेक सुविधाएं हैं, खगोलविदों ने इसका प्रस्ताव भी रखा था, परंतु परंपरावादी फलित-ज्योतिषियों ने इस उपयोगी सुझाव को स्वीकार नहीं किया!

☆

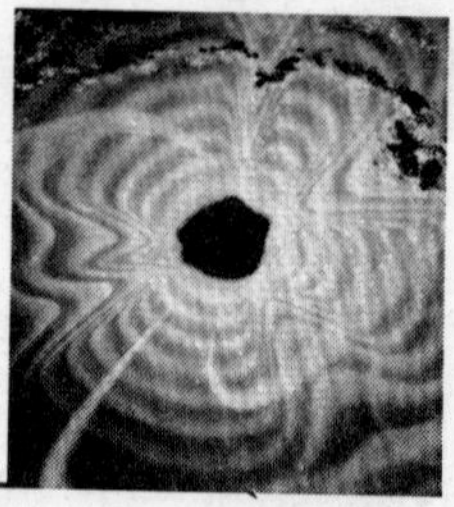

15 ब्रह्मांड की अंधेरी गुफाएं

अमरीका ने 23 जुलाई, 1999 को एक नए किस्म की दूरबीन अंतरिक्ष में भेजी। उसके निर्माण में डेढ़ अरब डालर खर्च हुए। दूरबीन का नाम है—**चंद्र**। प्रश्न है—जब धरती पर बड़ी-बड़ी दूरबीनें स्थापित की गई हैं, तो फिर इतना अधिक धन खर्च करके इस 'चंद्र' दूरबीन को अंतरिक्ष में भेजने की क्या आवश्यकता थी? और, इस दूरबीन को 'चंद्र' नाम क्यों दिया गया?

सबसे पहले 'चंद्र' नाम का खुलासा। यह भारत में पैदा हुए प्रख्यात वैज्ञानिक सुब्रह्मण्यन् चंद्रशेखर (1910-1995 ई.) का संक्षिप्त नाम है। अमरीका में उनके निकट परिचय के व्यक्ति उन्हें इसी संक्षिप्त नाम से जानते थे। चंद्रशेखर ने बहुत पहले पता लगा लिया था कि किस तारे का अंत किस तरह हो सकता है। उनकी इस खोज के लिए 1983 ई. में उन्हें भौतिकी का नोबेल पुरस्कार दिया गया था।

इस 'चंद्र' दूरबीन को अंतरिक्ष में भेजने की वजह है, पृथ्वी का वायुमंडल। सूर्य और आकाश के दूसरे पिंडों से कई किस्म की किरणें निकलती हैं—प्रकाश-किरणें, पराबैंगनी किरणें, अवरक्त किरणें, एक्स-किरणें, गामा किरणें, रेडियो-तरंगें आदि। इनमें से मुख्यतः प्रकाश-किरणें और रेडियो-तरंगें ही वायुमंडल को पार करके धरातल पर पहुंचती हैं। रेडियो-तरंगें ज्यादा लंबाई की होती हैं, इसलिए हमारी आंखें इन्हें नहीं देख सकतीं। कम लंबाई की प्रकाश-किरणों को हमारी आंखें देख सकती हैं। प्रकाश-किरणों को ग्रहण करने के लिए ही प्रकृति से हमें आंखें मिली हैं।

एक्स-किरणें, पराबैंगनी किरणें, गामा किरणें और अवरक्त किरणें धरातल पर नहीं पहुंचतीं। इन्हें वायुमंडल या तो सोख लेता है या अंतरिक्ष में परावर्तित कर देता है। इस तरह धरातल से आकाश के नजारे को देखने के लिए केवल दो ही 'खिड़कियां' खुली हैं : एक है, प्रकाश-किरणों की 'खिड़की'; और दूसरी है, रेडियो-तरंगों की 'खिड़की' (देखिए चित्र पृष्ठ 37)।

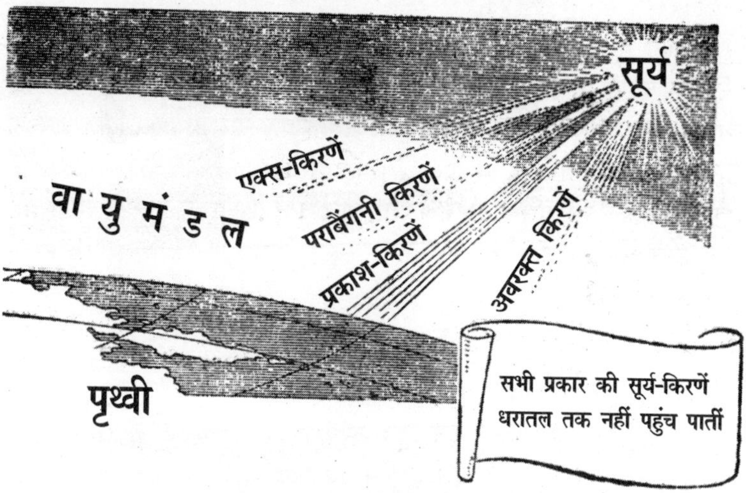

मनुष्य प्रारंभ से लेकर पिछली सदी के लगभग मध्यकाल तक केवल प्रकाश-किरण रूपी खिड़की से ही आकाश के नजारों को देखने में समर्थ था। सन् 1609 में गैलीलियो (1564-1642 ई.) ने आकाश के पिंडों के प्रेक्षण के लिए पहली बार एक दूरबीन का उपयोग किया। उसके बाद जो बड़ी-बड़ी दूरबीनें बनीं, वे सभी प्रकाश-किरणों को ही ग्रहण कर सकती थीं। जाहिर है कि सिर्फ इसी एक खिड़की से झांकने पर ब्रह्मांड के बारे में हमें सही-सही जानकारी नहीं मिल सकती थी।

रेडियो-तरंग रूपी दूसरी खिड़की पहली बार 1932 ई. में खुली। उस साल अमरीकी इंजीनियर कार्ल जेंस्की (1905-1950 ई.) ने आकाशगंगा से आने वाली रेडियो-तरंगों को पहली बार धरातल पर ग्रहण किया। उसके बाद रेडियो-दूरबीनें स्थापित करने का सिलसिला शुरू हुआ। अब हमारे देश में भी दो रेडियो-दूरबीनें हैं—एक उदकमंडलम् (ऊटी) में, दूसरी पुणे के पास नारायणगांव में।

मगर गामा, एक्स आदि अन्य किस्म की किरणों को पकड़ने के लिए यंत्रोपकरणों को वायुमंडल के ऊपर अंतरिक्ष में भेजना जरूरी था। एक्स-किरणों के स्रोतों (ज्योतियों) की तलाश के लिए आरंभ में राकेटों को ऊपरी वायुमंडल में भेजा गया। फिर 1970 ई. में एक्स-किरणों को ग्रहण करने के लिए **उहुरू** नामक कृत्रिम उपग्रह को अंतरिक्ष में छोड़ा गया। इस उपग्रह ने हंस (Cygnus) तारा-मंडल में एक्स-रे स्रोत 'X-1' की खोज की। यह खोज बहुत महत्वपूर्ण साबित हुई।

इधर के वर्षों में ब्रह्मांड के एक्स-रे स्रोतों का महत्व काफी बढ़ गया है। इसलिए निर्णय लिया गया कि एक ऐसी शक्तिशाली दूरबीन अंतरिक्ष में स्थापित

कर दी जाए जो लंबे समय तक ब्रह्मांड के एक्स-रे स्रोतों की छानबीन करती रहेगी। इसी प्रयोजन से अमरीका ने जुलाई 1999 में 'चंद्र' नामक एक्स-रे दूरबीन को अंतरिक्ष में स्थापित किया। चंद्र एक्स-रे दूरबीन का भार 23,000 किलोग्राम है और इसकी लंबाई लगभग 14 मीटर है। यह दूरबीन एक लंबी अंडाकार कक्षा में पृथ्वी के चक्कर लगाते हुए लगभग पांच साल तक ब्रह्मांड के एक्स-रे स्रोतों की खोज करने के लिए बनी है।

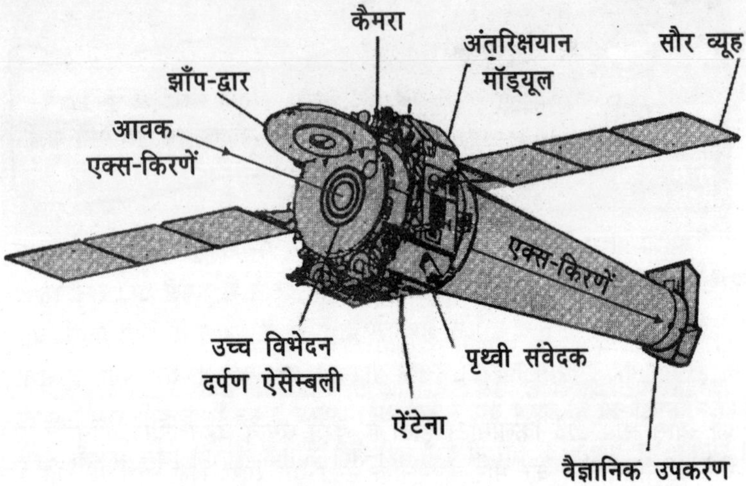

ब्रह्मांड के एक्स-रे स्रोतों को खोजने के लिए अंतरिक्ष में स्थापित चंद्र दूरबीन

लेकिन क्या वजह है कि ब्रह्मांड के एक्स-रे स्रोतों को आजकल इतना ज्यादा महत्व दिया जा रहा है? एक्स-रे स्रोत किस तरह के होते हैं? यह जानने के लिए तारों के जीवनक्रम को समझना जरूरी है।

हां, तारे भी जन्म लेते हैं, जवान होते हैं और, इनका ईंधन खत्म हो जाने पर, अंततः ये बूढ़े हो जाते हैं। कुछ तारे एकदम 'गायब' भी हो जाते हैं। सुब्रह्मण्यन् चंद्रशेखर ने 1935 ई. में ही यह भलीभांति स्पष्ट कर दिया था कि जिस तारे में सूर्य के 1.4 गुना तक द्रव्य होता है (इस विशेष द्रव्यमान को 'चंद्रशेखर सीमा' का नाम दिया गया है) वह अपने बुढ़ापे में सिकुड़कर एक श्वेत वामन यानी सफेद बौना (white dwarf) तारा बन जाता है। जिस तारे में हमारे सूर्य से करीब चार गुना तक द्रव्य होता है उसमें आगे जाकर भयंकर विस्फोट होता है। उस विस्फोट को अधिनवतारा (supernova) कहते हैं। विस्फोट के बाद उस

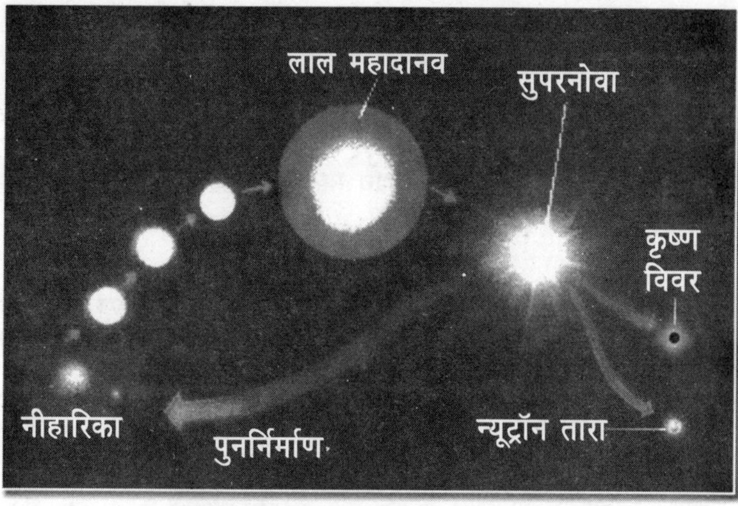

एक विशाल तारे का विकासक्रम

तारे का बहुत-सा द्रव्य अंतरिक्ष में बिखर जाता है। ठोस गुठली के रूप में उसका जो द्रव्य बचा रहता है, उसे 'न्यूट्रॉन तारे' का नाम दिया गया है। न्यूट्रॉन तारे का व्यास सिर्फ चंद किलोमीटर होता है, परंतु घनत्व बहुत ज्यादा होता है—एक घन-सेंटीमीटर द्रव्य का भार कई लाख टन! यह सारा खेल तारों में पैदा होने वाली ऊर्जा और गुरुत्वाकर्षण का है।

आकाशगंगा में ऐसे भी अनेक तारे हैं जिनमें सूर्य से दस गुना या उससे भी अधिक द्रव्य है। ऐसे तारे, अपना ईंधन समाप्त हो जाने पर, अंततः अत्यधिक गुरुत्वाकर्षण के अंतर्गत, एक ही झटके में तेजी से सिकुड़कर न्यूट्रॉन तारे से भी अधिक सघन पिंड बन जाते हैं। खगोलविदों ने ऐसे पिंडों को **कृष्ण विवर** (black hole) यानी 'ब्रह्मांड की अंधेरी गुफा' का नाम दिया है। यदि हमारा सूर्य सिकुड़कर तीन किलोमीटर व्यास का पिंड हो जाए, तो वह एक कृष्ण विवर बन जाएगा।

कृष्ण विवर के बारे में सभी बातें बड़ी विलक्षण हैं। यह एक ऐसी अंधेरी गुफा है जिसमें विकिरण और द्रव्य, दोनों तेजी से गिरकर 'गायब' हो जाते हैं। कृष्ण विवर से प्रकाश-किरणें तक बाहर नहीं आतीं, इसलिए वह हमारे लिए अदृश्य बना रहता है। कृष्ण विवर की कल्पना हम सोफे पर बैठे एक भारी-भरकम 'अदृश्य आदमी' से कर सकते हैं। उस आदमी को हम देख नहीं सकते, मगर उसके बैठने से सीट में गड्ढा बन जाता है!

कृष्ण विवरों से प्रकाश-किरणें, वस्तुतः सभी प्रकार की किरणें, बाहर नहीं आतीं, तो फिर इन्हें कैसे खोजा जाए?

खगोलविदों ने एक उपाय सुझाया है। आकाश में ऐसे अनेक जुड़वां तारे हैं जो एक-दूसरे की परिक्रमा करते रहते हैं। मान लीजिए कि उनमें से एक तारा अदृश्य कृष्ण विवर है। वह कृष्ण विवर नजदीक के दृश्य तारे के गैसीय द्रव्य को अपने में खींचता रहेगा। बहुत तेजी से चक्कर लगाती हुई कृष्ण विवर में गिरने वाली वह द्रव्यराशि एक्स-किरणों को बाहर फेंकेगी। उन एक्स-किरणों को हम वायुमंडल के ऊपर ग्रहण कर सकते हैं। वे एक्स-किरणें कृष्ण विवर के अस्तित्व का सबूत बन सकती हैं।

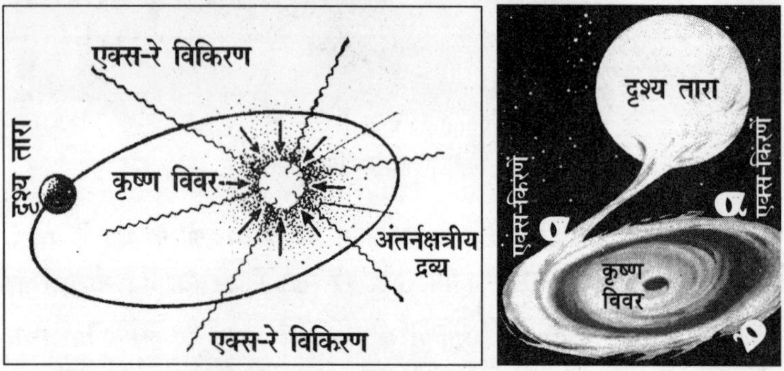

एक तारे के गैसीय द्रव्य का चक्रिल रूप में कृष्ण विवर में पतन और एक्स-किरणों का उत्सर्जन

कृष्ण विवर के अस्तित्व का एक सबूत हंस (Cygnus) तारा-मंडल में मिला है। वहां 'X-1' नामक एक शक्तिशाली एक्स-रे स्रोत है। वह एक जुड़वां तारक-योजना होनी चाहिए। खगोलविदों का मत है कि वहां HDE 226868 नामक तारे का गैसीय द्रव्य तेजी से चक्कर लगाते हुए नजदीक के कृष्ण विवर में पहुंचकर 'गायब' हो रहा है। कृष्ण विवर में 'गायब' होने के पहले तेजी से चक्कर लगाने वाला वह गैसीय द्रव्य एक्स-किरणों को बाहर फेंकता है। कृष्ण विवरों के पास से निकलने वाली एक्स-किरणों को वायुमंडल के ऊपर ग्रहण करने के लिए ही 'चंद्र एक्स-रे दूरबीन' को अंतरिक्ष में भेजा गया है। यह दूरबीन आकाश के अन्य किस्म के एक्स-रे स्रोतों को खोजने का भी प्रयास करेगी।

प्रकाश-किरणों को ग्रहण करने वाली शक्तिशाली हबल दूरबीन को 1990 ई. में अंतरिक्ष में भेजा गया, तो ब्रह्मांड के बारे में ढेर सारी नई जानकारी मिली,

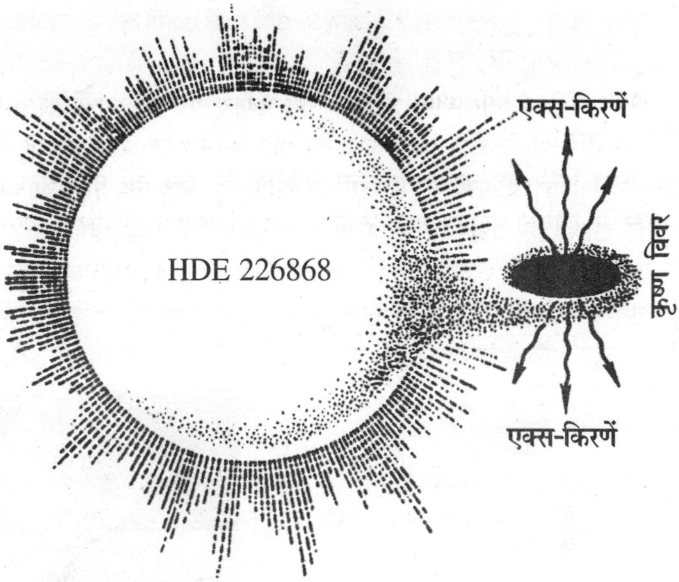

HDE 226868 तारे के समीप के कृष्ण विवर से एक्स-किरणों का उत्सर्जन

अनेक नई ज्योतियों की खोज हुई। फिर गामा किरणों को ग्रहण करने के लिए 'कॉम्पटन दूरबीन' अंतरिक्ष में स्थापित की गई, तो ब्रह्मांड के बारे में बहुत-सी नई बातें पता चलीं। जो चंद्र दूरबीन अंतरिक्ष में भेजी गई है वह ब्रह्मांड के अदृश्य एक्स-रे स्रोतों (कृष्ण विवरों, आपस में टकरा रही मंदाकिनियों, सुपरनोवा-विस्फोटों) की खोज करेगी, एक नए विश्व का उद्घाटन करेगी।

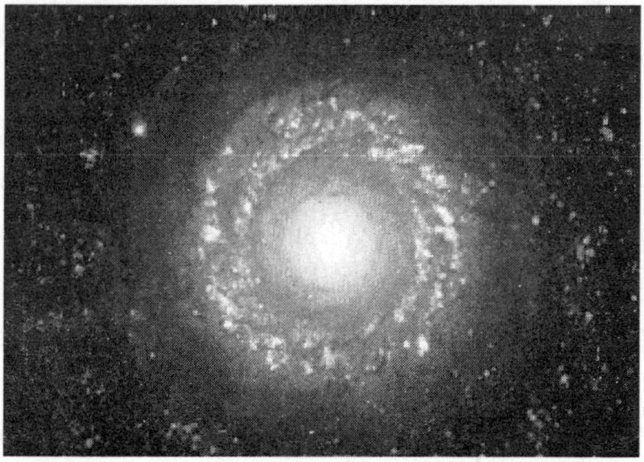

इस मंदाकिनी (NGC 7742) के केंद्रभाग में एक कृष्ण विवर हो सकता है।

नवंबर 2002 में चंद्र एक्स-रे दूरबीन ने आपस में टकरा रही दो मंदाकिनियों के मध्य में दो कृष्ण विवरों की खोज की है। सितंबर 2003 में इसी चंद्र दूरबीन ने ययाति (Perseus) तारा-मंडल में 25 करोड़ प्रकाश-वर्ष दूर के मंदाकिनी-समूह के केंद्रभाग से निकलने वाली ध्वनि-तरंगों की पहली बार खोज की है। खगोलविदों का मत है कि ये ध्वनि-तरंगें उस मंदाकिनी-समूह के केंद्रभाग में मौजूद कृष्ण विवर की ऊर्जा द्वारा एक्स-किरणों में होने वाले कंपनों से पैदा होती हैं।

कृष्ण विवरों में 'गायब' हुए द्रव्य का क्या होता है? भौतिकीविदों की परिकल्पना है कि कृष्ण विवरों में गायब हुआ द्रव्य अंततः एक विलक्षण 'सुरंग' में से गुजरकर अन्यत्र प्रकट होता है, एक नए विश्व का निर्माण करता है।

सुब्रह्मण्यन् चंद्रशेखर

तरुण सुब्रह्मण्यन् चंद्रशेखर
(1910-1995 ई.)

सन् 1930 की बात है। उन्नीस साल का एक युवक मुंबई से इंग्लैंड जा रहा था, पानी के जहाज से। उसने मद्रास (चेन्नई) के प्रेसीडेंसी कॉलेज से भौतिकी में एम.ए. किया था और अब छात्रवृत्ति प्राप्त करके शोधकार्य के लिए वह कैम्ब्रिज विश्वविद्यालय जा रहा था। रास्ते-भर वह तारों के बारे में पुस्तकें पढ़ता रहा, सोचता रहा कि तारों का अंत किस तरह होता है।

समुद्र-यात्रा के दौरान ही वह तरुण इस निष्कर्ष पर पहुंचा कि सभी तारे अंततः 'सफेद बौने' (white dwarf) नहीं बनेंगे। यदि किसी तारे में हमारे सूर्य से तीन-चार गुना द्रव्य है, तो अंततः उसमें विस्फोट होगा, और जिस तारे में सूर्य से करीब दस गुना द्रव्य है वह और अधिक सिकुड़कर अतिसघन पिंड बन जाएगा। इंग्लैंड पहुंचकर उस तरुण ने 1935 ई. तक तारों के विकासक्रम के बारे में एक ठोस सिद्धांत प्रस्तुत कर दिया।

वह तरुण थे—**सुब्रह्मण्यन् चंद्रशेखर**। अपनी उस खोज के लिए काफी बाद में, 1983 ई. में, उन्हें भौतिकी का नोबेल पुरस्कार मिला। उनका सबसे बड़ा योगदान है—तारों के विकासक्रम के लिए द्रव्यमान की एक सीमा निर्धारित करना। सूर्य से 1.4 गुना द्रव्यमान को 'चंद्रशेखर सीमा' का नाम दिया गया है। जिस

तारे में इससे काफी अधिक द्रव्य होता है वह अंततः अति सघन न्यूट्रॉन तारा या कृष्ण विवर (black hole) बन जाएगा।

सुब्रह्मण्यन् चंद्रशेखर का जन्म 19 अक्तूबर, 1910 को लाहौर में हुआ था। उस समय उनके पिता चंद्रशेखर सुब्रह्मण्यन् अय्यर रेलवे विभाग में ऊंचे पद पर काम कर रहे थे। नोबेल पुरस्कार-विजेता प्रख्यात भौतिकीवेत्ता चंद्रशेखर वेंकट रामन् (1888-1970 ई.) चंद्रशेखर के सगे चाचा थे।

चंद्रशेखर की उच्च शिक्षा मद्रास के प्रेसीडेंसी कॉलेज में हुई। जब वह विद्यार्थी थे, तभी उनका एक शोध-निबंध इंग्लैंड की एक प्रसिद्ध विज्ञान-पत्रिका में प्रकाशित हुआ था। उन्हें आगे के शोधकार्य के लिए सरकारी छात्रवृत्ति मिली और 1930 ई. में वे कैम्ब्रिज विश्वविद्यालय के ट्रिनिटी कॉलेज में पहुंच गए। सन् 1933 में उन्हें पीएच.डी. की उपाधि मिली और वह कॉलेज के फैलो चुने गए। सन् 1935 में उन्होंने 'चंद्रशेखर सीमा' से संबंधित अपना शोधकार्य प्रस्तुत किया।

चंद्रशेखर 1936 ई. में भारत लौटे, विवाह किया और अमरीका चले गए। तब से वह शिकागो विश्वविद्यालय और वहां की येर्केस वेधशाला से संबंधित रहे। बाद में वह अमरीका के नागरिक बन गए। उनका 'तारों की संरचना' (Stellar Structure) ग्रंथ 1939 ई. में प्रकाशित हुआ था। उसके बाद खगोल-भौतिकी के विभिन्न विषयों पर उनकी कई पुस्तकें प्रकाशित हुईं। सन् 1983 में कृष्ण विवरों के गणितीय सिद्धांत के बारे में उनका एक महत्वपूर्ण ग्रंथ प्रकाशित हुआ। उनका अंतिम ग्रंथ न्यूटन के महान ग्रंथ **प्रिंसिपिया** के बारे में था, जिसे उन्होंने सामान्य पाठकों के लिए लिखा। यह ग्रंथ 1995 ई. में प्रकाशित हुआ। उसी साल 21 अगस्त को, 85 वर्ष की आयु में, चंद्रशेखर का देहांत हुआ।

चंद्रशेखर ने करीब बीस साल तक *एस्ट्रोफिजिकल जर्नल* का बड़ी कुशलता से संपादन किया और इसे अंतर्राष्ट्रीय स्तर की शोध-पत्रिका बना दिया।

चंद्रशेखर का अधिकांश जीवन भले ही विदेश में बीता हो, मगर जन्मभूमि से उन्हें बेहद लगाव रहा। वह बीच-बीच में भारत आते रहे। भारत सरकार ने उन्हें 'पद्मविभूषण' अलंकरण से सम्मानित किया था। बहुत पहले लंदन की रॉयल सोसाइटी ने उन्हें अपना फैलो चुना था। निस्संदेह, सुब्रह्मण्यन् चंद्रशेखर 20वीं सदी के एक महान खगोल-भौतिकीविद थे। हम भारतीयों के लिए यह बड़े गौरव की बात है कि ब्रह्मांड के एक्स-रे स्रोतों को खोजने के लिए जिस विशाल दूरबीन को अंतरिक्ष में भेजा गया है, उसका नाम 'चंद्र' है।

अपने वैज्ञानिक को सम्मानित करने में भारत भी पीछे नहीं रहा। हान्ले

'हिमालय चंद्र दूरबीन' वेधशाला, हान्ले (लद्दाख)

(लद्दाख) में 4517 मीटर की ऊंचाई पर स्थापित और 2002 ई. से कार्यरत दूरबीन को 'हिमालय चंद्र दूरबीन' का नाम दिया गया है। इस दूरबीन का संचालन-नियंत्रण सुदूर बेंगलूरु (कर्नाटक) से होता है। हान्ले का अनुकूल वातावरण इस दूरबीन को आकाश के अन्वेषण का एक अत्यंत महत्वपूर्ण साधन बना देता है।

☆

16 ब्रह्मांड का आदि-अंत

आज के वैज्ञानिक ब्रह्मांड की जिन सूक्ष्मतम और विशालतम सीमाओं तक पहुंच पाए हैं, हम नहीं समझते कि प्राचीन काल के विचारक उन सीमाओं की कल्पना भी करने में समर्थ थे, अन्वेषण करना तो बहुत दूर रहा। पुराने चिंतकों की बात छोड़ दीजिए, अभी कुछ दशक पहले तक खगोलविदों को भी यह अंदाजा नहीं था कि विश्व की विशालतम सीमा एकाएक दुगुनी हो जाएगी। लेकिन हुआ ऐसा ही। पिछले कुछ दशकों में विश्व की जिस विशालतम सीमा का उद्‌घाटन हुआ है, उससे वैज्ञानिक जगत में जबरदस्त तहलका तो मचा ही, बहुत सारी पुरानी धारणाएं भी ढह गई हैं।

यहां हमें विश्व के विस्तार से संबंधित इन्हीं नई उपलब्धियों की चर्चा करनी है। किंतु इस चर्चा को ठीक से समझने के लिए पहले भौतिकी के दो तथ्यों को जान लेना जरूरी है।

पहला तथ्य है—प्रकाश की गति। अंतरिक्ष में प्रकाश की गति है 3,00,000 किलोमीटर प्रति-सेकंड। विश्व में प्रकाश की गति ही महत्तम गति है। प्रकाश की इसी गति से विश्व की विशालतम दूरियां मापी जाती हैं। प्रकाश-वर्ष के पैमाने की विस्तृत जानकारी हम आरंभ में दे चुके हैं।

भौतिकी का दूसरा तथ्य प्रकाश के गुणधर्मों से ही संबंधित है। इतना तो सभी जानते हैं कि सूर्य का शुभ्र प्रकाश प्रमुखतः सात रंगों का समूह है। इन सातों रंगों के तरंग-दैर्घ्य भिन्न-भिन्न होते हैं--लाल रंग के प्रकाश का तरंग-दैर्घ्य सबसे अधिक और बैंगनी रंग का सबसे कम। प्रकाश-किरणें ऐसा विद्युत-चुंबकीय विकिरण है, जिसे हमारी आंखें देख सकने में समर्थ हैं। प्रकाश के अलावा भी विविध तरंग-दैर्घ्यों वाले विकिरणों का अस्तित्व है। इस समूचे विद्युत-चुंबकीय विकिरण को जब विभिन्न तरंग-दैर्घ्यों में अलग-अलग किया जाता है, तो एक वर्णक्रमपट (स्पेक्ट्रम) प्राप्त होता है। किसी भी प्रज्वलित वस्तु का वर्णक्रमपट प्राप्त किया जा सकता है। हर

वस्तु का, हर ज्योति का, अपना एक विशेष वर्णक्रमपट होता है। इस वर्णक्रमपट का अध्ययन करने से उस वस्तु के अनेक गुणधर्मों का पता चलता है।

वर्णक्रमपट से वस्तु की गतियों का भी पता चलता है। इस बात को समझने के लिए हम रेलवे-स्टेशन चलेंगे। मान लीजिए कि आप स्टेशन के प्लेटफार्म पर खड़े हैं और ट्रेन स्टेशन की ओर आ रही है। आप अनुभव करेंगे कि स्टेशन पर पहुंचती ट्रेन की सीटी आपको अधिक तेज सुनाई देती है। वही ट्रेन स्टेशन से दूर जाते समय सीटी देती जाती है, तो वह सीटी आपको कुछ धीमी सुनाई देगी। तात्पर्य यह कि आपकी ओर तेजी से आती हुई किसी वस्तु की ध्वनि आपको अधिक तेज सुनाई देगी और वही वस्तु यदि आपसे दूर जाती रहती है, तो उसकी ध्वनि कुछ धीमी सुनाई देगी। यह अंतर इसलिए है कि आपकी ओर पहुंचती ध्वनि की तरंगें एक-दूसरे पर लद जाती हैं और उनका घनत्व बढ़ जाता है। परिणामतः आवाज की तीव्रता बढ़ जाती है। ध्वनि-स्रोत यदि आपसे दूर जा रहा है, तो ध्वनि की तीव्रता कुछ कम हो जाती है। इस परिणाम को 'डॉपलर-प्रभाव' (Doppler effect) का नाम दिया गया है। 'डॉपलर प्रभाव' की खोज ऑस्ट्रिया के भौतिकवेत्ता क्रिस्टियन डॉपलर ने 1842 ई. में की थी।

ऊपर हमने ध्वनि-स्रोत की गति के प्रभाव को देखा। इस प्रकार का प्रभाव प्रकाश-स्रोत की गति में भी देखने को मिलता है। मान लीजिए कि आप किसी अति-दूरस्थ ज्योति का वर्णक्रमपट प्राप्त करते हैं। यदि इस वर्णक्रमपट में प्रकाश या अन्य विकिरणों के तरंग-दैर्घ्य सिकुड़ गए हैं, तो मान लेना चाहिए कि वह ज्योति आपकी ओर अग्रसर हो रही है। यदि वर्णक्रमपट में तरंग-दैर्घ्य का विस्तार हुआ है, तो समझा जाता है कि वह ज्योति हमसे दूर हटती जा रही है। तात्पर्य यह कि, यदि ज्योति प्रेक्षक की ओर अग्रसर हो रही हो, तो वर्णक्रमपट में रेखाएं नीले रंग की ओर सरक जाएंगी। और, यदि वह ज्योति प्रेक्षक से दूर हटती जा रही है, तो वर्णक्रमपट की रेखाएं लाल रंग की ओर अर्थात् दीर्घ तरंगों की ओर सरकी हुई दिखाई देंगी।

उपर्युक्त विवेचन से यह स्पष्ट हो जाता है कि दूरस्थ आकाशीय ज्योति के वर्णक्रमपट का अध्ययन करने से हमें यह ज्ञात हो जाता है कि वह ज्योति हमारी ओर आ रही है या हमसे दूर हटती जा रही है। भौतिकी के इस तथ्य को 'अभिरक्त विस्थापन' यानी 'लाल सरकाव' (red shift) का नाम दिया गया है। ज्योति-स्रोत जितनी ही तेजी से दूर हटता जाएगा, 'लाल सरकाव' उतना ही अधिक होगा। तात्पर्य यह कि यह सरकाव उस ज्योति-पिंड की गति के अनुपात में होता है।

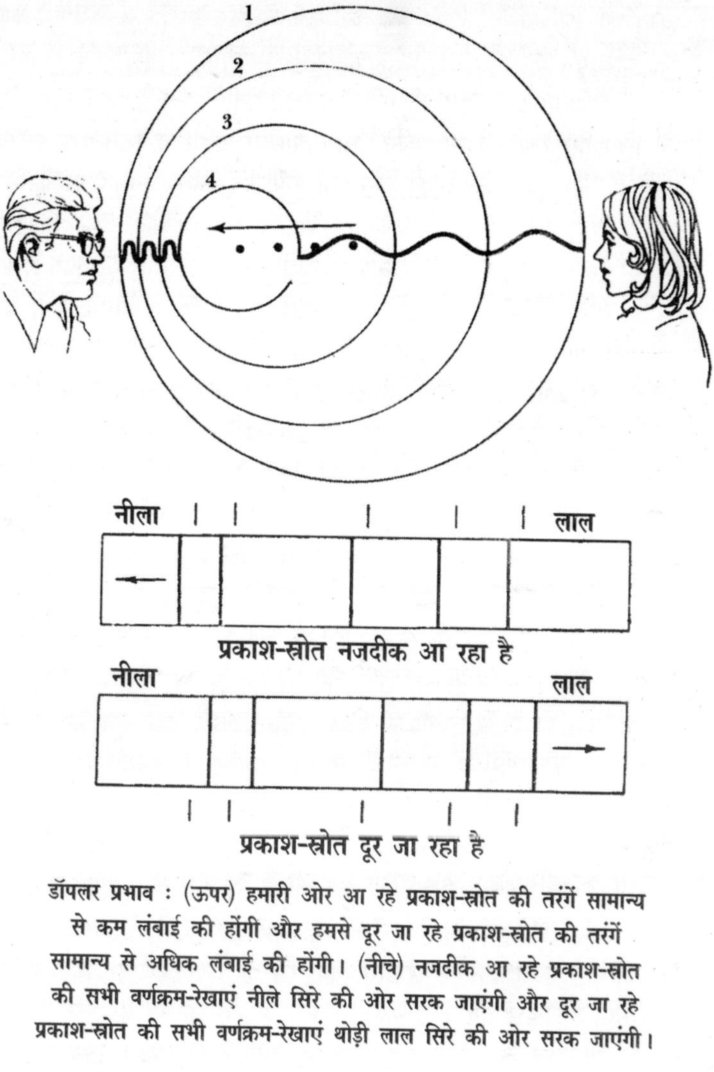

डॉपलर प्रभाव : (ऊपर) हमारी ओर आ रहे प्रकाश-स्रोत की तरंगें सामान्य से कम लंबाई की होंगी और हमसे दूर जा रहे प्रकाश-स्रोत की तरंगें सामान्य से अधिक लंबाई की होंगी। (नीचे) नजदीक आ रहे प्रकाश-स्रोत की सभी वर्णक्रम-रेखाएं नीले सिरे की ओर सरक जाएंगी और दूर जा रहे प्रकाश-स्रोत की सभी वर्णक्रम-रेखाएं थोड़ी लाल सिरे की ओर सरक जाएंगी।

प्रकाश की गति और लाल सरकाव, भौतिकी के इन दो तथ्यों को जान लेने पर अब हम पृथ्वी से विश्व की ज्ञेय सीमा की ओर यात्रा करेंगे और साथ-साथ इसे मोटे तौर पर मापते भी चलेंगे। विश्व के विस्तार का मापन करने के लिए हमारा पैमाना होगा, प्रकाश की गति–एक सेकंड में 3,00,000 किलोमीटर। इस तरह, एक प्रकाश-वर्ष दूरी का अर्थ होगा, लगभग 10,000 अरब किलोमीटर दूरी।

आकाश में हमारा निकटतम पड़ोसी है चंद्रमा, जो हम से करीब 3,84,400 किलोमीटर दूर है। इस दूरी को प्रकाश-किरणें लगभग सवा सेकंड में तय कर लेती हैं। सूर्य हमसे औसतन 14,96,00,000 किलोमीटर दूर है। इतनी दूरी पार करने में प्रकाश-किरणों को लगभग 498 सेकंड या 8.3 मिनट लगते हैं। खगोल-विज्ञान में इस सूर्य-पृथ्वी दूरी को 'खगोलीय एकक' या 'खगोलीय इकाई' (Astronomical Unit) कहा जाता है। सूर्य के जिस प्रकाश को हम पृथ्वी पर ग्रहण करते हैं, वह सूर्य से लगभग 8 मिनट पहले चल चुका होता है। सूर्य पर यदि कोई उथल-पुथल हो जाए, तो उसका पता हमें 8 मिनट बाद ही लग सकता है। नेपच्यून के परे का बौना ग्रह प्लूटो सूर्य से लगभग 5,90,00,00,000 किलोमीटर की दूरी पर इसकी परिक्रमा करता है। सूर्य के प्रकाश को प्लूटो ग्रह तक पहुंचने में चार से सात घंटों तक का समय लगता है।

प्लूटो के परे एक और बौने ग्रह (2003 UB313) की खोज हुई है। आरंभ में इसके खोजकर्ता ने इसे 'ज़ेना' नाम दिया था, परंतु अब इसे अधिकृत रूप से कलह की यूनानी देवी एरीस (Eris) का नाम दिया गया है। सौर मंडल का यह बौना ग्रह सूर्य से औसतन 100 खगोलीय इकाइयों की दूरी से हमारे लगभग 557 वर्षों में सूर्य की एक परिक्रमा पूरी करता है। सौर मंडल के इस बौने ग्रह से पृथ्वी तक प्रकाश-किरणों को पहुंचने में लगभग 14 घंटे लगते हैं।

धूमकेतु सौर मंडल के ही सदस्य हैं। कई धूमकेतु प्लूटो की कक्षा के बाहर भी बहुत दूर तक अंतरिक्ष की यात्रा करते हैं। सौर मंडल की बाहरी सीमाओं में छोटे-मोटे पिंडों की दो विशाल 'बस्तियों'–'कुइपेर पट्टा' और 'ऊर्ट बादल'–की खोज हुई है। किंतु यदि थोड़ी देर के लिए हम इन्हें छोड़ दें और मान लें कि सौर मंडल की सीमा बौने ग्रह एरीस तक ही है, तो हम कह सकते हैं कि सौर मंडल का व्यास लगभग 30 प्रकाश-घंटे है। अन्य शब्दों में, सौर मंडल के एक सिरे से दूसरे सिरे तक प्रकाश-किरणों को पहुंचने में लगभग 30 घंटे लगते हैं। वस्तुतः सौर मंडल की सीमा सूर्य से लगभग एक प्रकाश-वर्ष दूर तक है।

नई जानकारी के अनुसार, हमारी आकाशगंगा में छोटे-बड़े लगभग 200 अरब तारे हैं। हमारा सूर्य आकाशगंगा का एक सामान्य तारा है। आकाशगंगा का यह तारा-समूह पहिए के आकार की एक आकाश-योजना है, जिसे खगोलीय भाषा में मंदाकिनी (galaxy) कहते हैं। हमारी यह आकाशगंगा-मंदाकिनी एक सिरे से दूसरे सिरे तक लगभग 1,00,000 प्रकाश-वर्ष चौड़ी है। अर्थात्, प्रकाश-किरणों को इसके एक सिरे से दूसरे सिरे तक पहुंचने में 1,00,000 वर्ष लगते हैं। केंद्रभाग में इस

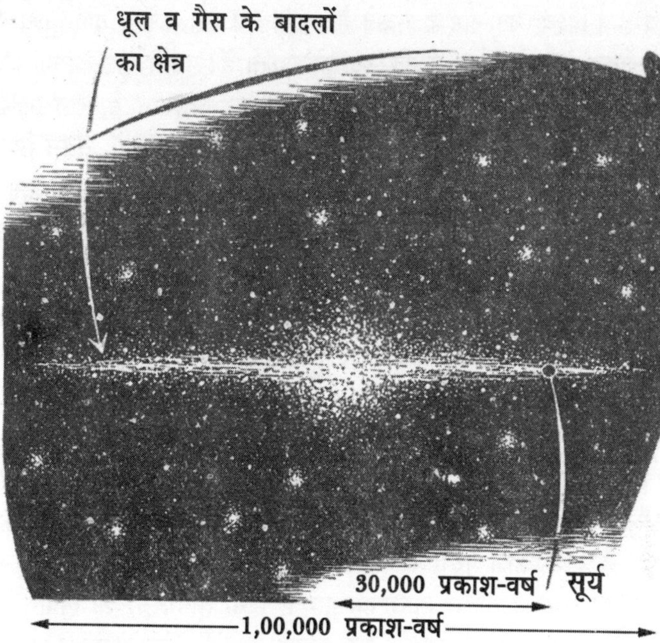

आकाशगंगा-मंदाकिनी का विस्तार

आकाशगंगा की मोटाई लगभग 20,000 प्रकाश-वर्ष है। हमारा सूर्य आकाशगंगा के केंद्र से लगभग 30 हजार प्रकाश-वर्ष की दूरी पर है।

अतः हम कह सकते हैं कि जब हमने अपने सौर मंडल को पार किया, तो मानो हम अपने 'मकान' से बाहर निकले। और, जब हमने अपनी आकाशगंगा को लांघा, तो मानो अभी हम केवल अपने 'नगर' की सीमा से ही बाहर निकले हैं।

ब्रह्मांड में हमारी 'पड़ोसी बस्ती' यानी पड़ोसी-मंदाकिनी कौन-सी है?

हमारी आकाशगंगा के नजदीक इसकी दो छोटी उप-मंदाकिनियां हैं, जिन्हें 'बड़ा मेजल्लानी मेघ' तथा 'छोटा मेजल्लानी मेघ' के नामों से जाना जाता है। इन्हें दक्षिणी खगोल में देखा जा सकता है। बड़ा मेजल्लनी मेघ लगभग 170 हजार प्रकाश-वर्ष दूर है और इसमें अनुमानतः 10 अरब तारे हैं। छोटा मेजल्लानी मेघ लगभग 190 हजार प्रकाश-वर्ष दूर है। ये दोनों मेजल्लानी मेघ और हमारी आकाशगंगा-मंदाकिनी, तीनों मिलकर एक सहगुरुत्व-केंद्र की परिक्रमा करते हैं।

पता चला है कि हमारी आकाशगंगा, दोनों मेजल्लानी मेघ और इसी तरह की करीब डेढ़ दर्जन और मंदाकिनियां मिलकर एक समूह बनाती हैं, जिसे हम

'स्थानीय द्वीप-विश्व' का नाम दे सकते हैं। ब्रह्मांड में ऐसे करोड़ों द्वीप-विश्व हैं। एक द्वीप-विश्व में 1000 तक मंदाकिनियां हो सकती हैं। हमारी आकाशगंगा जिस द्वीप-विश्व की सदस्या है उसमें, खगोलवेत्ताओं का अनुमान है, लगभग 20 मंदाकिनियां हैं। इस 'स्थानीय द्वीप-विश्व' में हमारी आकाशगंगा के सबसे निकट की बड़ी मंदाकिनी है–देवयानी (Andromeda)। यह मंदाकिनी भी हमारी आकाशगंगा के आकार-प्रकार की ही है। यह हमारी आकाशगंगा से लगभग 20,00,000 प्रकाश-वर्ष दूर है (देखिए चित्र, पृष्ठ 21)।

आकाश यदि साफ हो, तो देवयानी मंदाकिनी के प्रकाश-पुंज को हम अपनी नंगी आंखों से देवयानी (Andromeda) तारा-मंडल में देख सकते हैं। परंतु हमें यह स्मरण रखना चाहिए कि देवयानी के जिस प्रकाश-पुंज को आज हम देख रहे हैं, वह इस मंदाकिनी से लगभग 20 लाख वर्ष पहले चल चुका था। देवयानी मंदाकिनी से जब यह प्रकाश चला था, तब पूर्वी अफ्रीका में पहली बार अनघड़ पत्थर का इस्तेमाल करने वाला आदिम-मानव (ऑस्ट्रेलोपिथेकस आफरेंसिस) विचरण कर रहा था; परंतु जब वह प्रकाश पृथ्वी पर पहुंचा, तो 20 लाख वर्षों का महाकाल गुजर गया और अब सारी धरती पर आधुनिक मानव (होमो सेपियन्स) का निवास है।

हमें यह स्मरण रखना चाहिए कि प्रकाश की गति प्रति-सेकंड 3,00,000 किलोमीटर है और अभी हमने विश्व की विस्तार में केवल 20 लाख प्रकाश-वर्षों की दूरी तक की ही यात्रा की है।

विश्व में कितनी मंदाकिनियां हैं? करोड़ों-अरबों! और इनकी दूरियां?

संसार की एक बड़ी दूरबीन, जिसका दर्पण 5 मीटर व्यास का है, अमरीका की पालोमर-पर्वत वेधशाला में स्थापित है। इस विशाल दूरबीन से खगोलविद लगभग 8 अरब प्रकाश-वर्ष दूर की मंदाकिनियों को देखने में समर्थ हैं।

जब हम कहते हैं कि ब्रह्मांड की कोई ज्योति 8 अरब प्रकाश-वर्ष दूर है, तो इसका अर्थ यह हुआ कि उसकी जिन प्रकाश-किरणों को आज हम दूरबीन में ग्रहण कर रहे हैं, वे आज से आठ अरब वर्ष पहले अपने स्रोत-स्थान से निकली थीं। जिस ज्योति को आज हम दूरबीन में देख रहे हैं, वह आठ अरब वर्ष पहले की है। बीच के इन आठ अरब वर्षों में उस ज्योति-पिंड का क्या हुआ होगा, इसके बारे में हम आज कुछ भी नहीं बता सकते। आठ अरब प्रकाश-वर्ष दूर के आकाशपिंड को देखने पर यह भी एक तथ्य सामने आता है कि हमारा यह विश्व कम-से-कम आठ अरब वर्ष पुराना तो है ही।

दूसरा तथ्य यह है कि दूरबीन से आज आकाश की किसी भी दिशा में

देखिए, मंदाकिनियों का वितरण लगभग एक-सा ही दिखाई देता है।

अभी कुछ दशक पहले तक विश्व की हमारी ज्ञेय सीमाएं लगभग आठ अरब प्रकाश-वर्ष तक ही सीमित थीं, क्योंकि संसार की सबसे बड़ी दूरबीन इतनी ही दूरी तक देखने में समर्थ थी। किंतु अब खगोलविदों को एक नया सशक्त साधन मिल गया है। यह नया साधन है—रेडियो-दूरबीन।

आकाश की ज्योतियां, न केवल प्रकाश-विकिरण, बल्कि अन्य कई प्रकार के विकिरणों का उत्सर्जन करती रहती हैं। इनमें से एक विकिरण है– रेडियो-विकिरण। रेडियो-विकिरण का तरंग-दैर्घ्य प्रकाश-विकिरण से अधिक होता है। हमारी सामान्य दूरबीनों से हम केवल प्रकाश-किरणों को ही ग्रहण कर सकते हैं, परंतु दूसरे महायुद्ध के समय (1939-45 ई.) एक ऐसे उपकरण का भी आविष्कार हुआ, जो रेडियो-तरंगों को ग्रहण करके उनका विश्लेषण कर सकता है। इस उपकरण से जब आकाशीय ज्योतियों का अध्ययन किया जाने लगा, तो इसे 'रेडियो-दूरबीन' का नाम दिया गया और जो आकाशीय पिंड रेडियो-तरंगों को उत्सर्जित करता है उसे 'रेडियो-ज्योति' या 'रेडियो-स्रोत' का।

भारत में ऊटी में जो रेडियो-दूरबीन है उसकी एक कतार में स्थापित एंटेनाएं परवलय के आकार की हैं। पुणे से करीब 90 किलोमीटर उत्तर में नारायणगांव के पास कटोरे (Y) के आकार की 34 एंटेनाओं वाली जो बड़ी रेडियो-दूरबीन स्थापित हुई है वह मीटर-लंबाई की रेडियो-तरंगों को ग्रहण करने में समर्थ है।

विशाल मीटर-तरंग रेडियो-दूरबीन, नारायणगांव, पुणे

रेडियो-दूरबीनों से अब तक अज्ञात अनेक आकाशीय ज्योतियों का पता चला है; साथ ही, इनके अन्वेषण से पिछले कुछ दशकों में ही विश्व की सीमाएं लगभग दुगुनी हो गई हैं।

कुछ दशक पहले जिन नई रेडियो-ज्योतियों का पता चला है, उन्हें खगोलवेत्ताओं ने 'क्वासर' (quasar) का नाम दिया है। 'क्वासर' का अर्थ है– quasi-stellar radio source, यानी 'तारों-जैसे रेडियो-स्रोत'। इन 'क्वासरों' के बारे में बहुत-सी बातें अभी विवादास्पद होने पर भी, इन्होंने अपने अस्तित्व मात्र से ही खगोल-विज्ञान में तहलका मचा दिया है।

आरंभ में हमने 'लाल-सरकाव' की चर्चा की है। वर्णक्रमपट में इस लाल-सरकाव को देखकर आकाशीय पिंड की गति का पता लगाया जाता है। उदाहरण के लिए, कालिय (Draco) तारा-मंडल में हम एक मंदाकिनी-समूह (द्वीप-विश्व) को देखते हैं और उसका वर्णक्रमपट प्राप्त करते हैं। इस वर्णक्रमपट के लाल-सरकाव की गणना करने पर पता चलता है कि वह मंदाकिनी-समूह हमसे लगभग दो अरब प्रकाश-वर्ष दूर है और वह लगभग 60,000 किलोमीटर प्रति सेकंड के वेग से हमसे दूर भागता जा रहा है। जो आकाशीय ज्योति हमसे जितनी ही अधिक दूर होगी, वह उतनी ही अधिक तेजी से हमसे दूर हटती जा रही है। अन्य शब्दों में, हम यह कह सकते हैं कि लाल-सरकाव और दूरी एक-दूसरे के सीधे अनुपात में रहते हैं। इस संबंध की खोज अमरीकी खगोलवेत्ता **एडविन हबल** (1889-1953 ई.) ने 1929 ई. में की थी।

इधर के कुछ वर्षों में ऐसे क्वासरों अर्थात् रेडियो-ज्योतियों का पता चला है, जिनका लाल-सरकाव, अर्थात् पलायन-वेग खगोलवेत्ताओं के लिए एक पहेली बन गया है। उदाहरण के लिए, 1965 ई. में एक ऐसी रेडियो-ज्योति (3-C-9) का पता चला, जिसके लाल-सरकाव के अनुसार वह प्रति-सेकंड 2,40,000 किलोमीटर की गति से हम से दूर भागती जा रही है। गणना करने पर पता चलता है कि जो आकाशीय पिंड हमसे प्रति-सेकंड 2,40,000 किलोमीटर के वेग से दूर जा रहा है, वह हमसे 8 अरब प्रकाश-वर्ष दूर होना चाहिए।

दूसरा तथ्य यह है कि प्रति-सेकंड 2,40,000 किलोमीटर का पलायन-वेग प्रकाश की गति का करीब 80 प्रतिशत वेग है। आठ अरब प्रकाश-वर्ष की दूरी हमारे लिए कल्पनातीत तो है ही; प्रकाश की गति का यह 80 प्रतिशत पलायन-वेग भी कम आश्चर्यजनक नहीं है।

सन् 1973 में एक अति-दूरस्थ 'क्वासर' (OH 471) की खोज हुई है।

खगोलविदों का मत है कि यह क्वासर हमसे करीब 11 अरब प्रकाश-वर्ष दूर है। इस क्वासर-ज्योति के बारे में अद्भुत बात यह है कि यह हमसे प्रकाश के वेग के 90 प्रतिशत वेग से दूर भाग रही है!

जो भी हो; क्योंकि जिन अति-दूरस्थ रेडियो-तरंगों को आज हम ग्रहण कर रहे हैं, वे 11 अरब वर्ष पहले अपने स्रोत-स्थान से निकली थीं, इसलिए इस तथ्य से कम-से-कम यह तो सिद्ध होता ही है कि हमारा विश्व 11 अरब वर्ष पुराना है। खगोलविद अब निष्कर्ष पर पहुंचे हैं कि हमारा यह ज्ञेय विश्व 15 से 20 अरब वर्ष पुराना होना चाहिए।

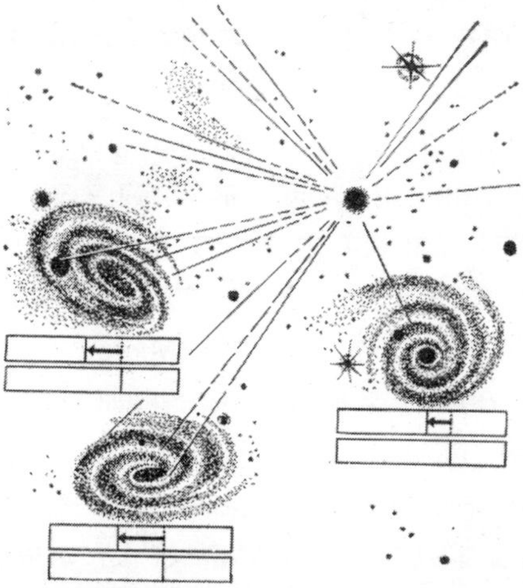

अधिक दूर की मंदाकिनियां अधिक तेजी से दूर भाग रही हैं, इसलिए वे अधिक 'लाल सरकाव' (←) दरशाती हैं।

इस प्रकार, नूतन जानकारी के अनुसार, विशाल विश्व के बारे में प्रमुख तथ्य यह है कि इसमें मंदाकिनियों का विस्तार समरूप है, समदिश है और मंदाकिनियां एक-दूसरे से दूर भागती जा रही हैं। इससे एक स्पष्ट निष्कर्ष यह निकलता है कि सुदूर अतीत में एक समय ऐसा भी रहा है जब सभी मंदाकिनियां एक-दूसरे के बहुत नजदीक रही हैं। और, उसके भी पहले एक ऐसा आरंभिक क्षण रहा है जब आज के विश्व का समस्त द्रव्य (और ऊर्जा भी) एक स्थान पर पुंजीभूत रहा है। तब आज से 15 से 20 अरब साल पहले उस आरंभिक क्षण में, उस पुंजीभूत पिंड में एक 'महाविस्फोट' हुआ और उसके साथ ही समस्त द्रव्य व ऊर्जा का बिखराव शुरू हुआ। 'महाविस्फोट' की उस विलक्षण घटना को खगोलविदों ने 'बिग बैंग'

(Big Bang) यानी 'आदिम महाविस्फोट' का नाम दिया है।

'बिग बैंग' या आदिम महाविस्फोट की उस विलक्षण घटना की वास्तविकता के आज हमारे पास क्या सबूत हैं? एक है—हबल का नियम, यानी दूर की मंदाकिनियां एक-दूसरे से दूर भाग रही हैं, इसलिए अतीत में विश्व का समस्त द्रव्य एक स्थान पर पुंजीभूत रहा होगा।

अभी करीब पांच दशक पहले एक अन्य महत्वपूर्ण सबूत भी प्राप्त हुआ है। इसे समझने के लिए महाविस्फोट के बाद की द्रव्य तथा ऊर्जा की स्थितियों पर विचार कीजिए। आदिम अवस्था के उस अतिघनीभूत द्रव्य का तापमान बहुत ऊंचा रहा होगा। दरअसल, उस समय द्रव्य के साथ-साथ प्रचुर मात्रा में विद्युत-चुंबकीय विकिरण भी मौजूद रहा होगा। इतना ही नहीं, एक अवस्था में द्रव्य और विकिरण का संतुलन भी कायम रहा होगा। परंतु कालांतर में, विश्व के द्रव्य के विस्तार के साथ-साथ, उस आदिम विकिरण का फैलाव होता गया, और इस तरह तापमान निरंतर घटता गया। 'बिग बैंग' के बाद की 15 से 20 अरब सालों की लंबी कालावधि में उस आदिम विकिरण का तापमान इतना अधिक घट गया है कि अब उसके अवशेष सूक्ष्म तरंगों (Microwaves) के रूप में ही पहचाने जा सकते हैं। समूचे विश्व में व्याप्त ऐसे 'अवशिष्ट माइक्रोवेव विकिरण' की खोज 1965 ई. में खगोलविद आरनो पेंजियाज और रॉबर्ट विल्सन ने की। आज इस अवशिष्ट माइक्रोवेव विकिरण का तापमान शून्य के नीचे लगभग 270 डिग्री सेंटीग्रेड अथवा 3 केल्विन (ठीक-ठीक कहें तो 2.7 केल्विन) है।

इन सबूतों के कारण विश्वोत्पत्ति के 'बिग बैंग' सिद्धांत को सबसे ज्यादा समर्थन मिला है। लेकिन इस सिद्धांत की कई बातें अभी सुस्पष्ट नहीं हुई हैं। हम नहीं जानते कि आदिम महाविस्फोट के समय और उसके पहले दिक्, काल, द्रव्य या ऊर्जा की क्या स्थिति रही है। हम यह भी नहीं जानते कि 'आदिम महाविस्फोट' क्यों हुआ।

विश्वोत्पत्ति के कुछ अन्य सिद्धांत भी प्रस्तुत किए गए हैं। मगर अधिकांश खगोलविदों ने 'बिग बैंग' मॉडल या सिद्धांत को ही उपयुक्त पाया है।

अब हम विश्व के भविष्य पर विचार करेंगे। सवाल है—विश्व का निरंतर विस्तार होता रहेगा अथवा एक कालावधि के बाद इसका विस्तार रुक जाएगा और यह सिकुड़ने लग जाएगा? दूसरे शब्दों में, विश्व 'खुला' है या 'बंद' है?

यह जानने का एक उपाय है : विश्व में मौजूद समस्त द्रव्य की मात्रा और उसका औसत घनत्व मालूम करना। विश्व में द्रव्य का संचय या घनत्व एक

निश्चित मात्रा से ज्यादा है, तो गुरुत्वाकर्षण-शक्ति देर-सवेर विश्व के विस्तार को पूर्णतः रोक देगी और उसके बाद मंदाकिनियां एक-दूसरे के निकट पहुंचती जाएंगी।

विश्व में कितना गोचर द्रव्य है और उसका औसत घनत्व कितना है, यह जानना संभव है। पता चला है कि गुरुत्वाकर्षण द्वारा विश्व के विस्तार पर रोक लगाने के लिए जितने द्रव्य की जरूरत है, उसका केवल 10 प्रतिशत द्रव्य ही अब तक विश्व में खोजा गया है।

तो क्या विश्व में सचमुच इतना पर्याप्त द्रव्य नहीं है कि उसके गुरुत्वाकर्षण से भविष्य में विश्व का विस्तार रुक जाएगा? क्या विश्व का विस्तार निरंतर जारी रहेगा? कुछ वैज्ञानिकों का आज यही मत है।

मगर अन्य वैज्ञानिकों की मान्यता है कि द्रव्य की लीलाएं बड़ी विचित्र हैं, विश्व का काफी सारा द्रव्य अभी हमारे लिए 'अदृश्य' बना हुआ है। आजकल विश्व के इसी 'अदृश्य द्रव्य' की तलाश जोर-शोर से जारी है। यह 'अदृश्य द्रव्य' 'कृष्ण-विवरों' के रूप में भी हो सकता है, और किसी अन्य रूप में भी।

इस तरह, विश्व में सचमुच ही यदि पर्याप्त मात्रा में द्रव्य मौजूद है, विश्व यदि 'बंद' है, तो खगोलविदों की गणना के अनुसार, आज से लगभग 40 अरब साल बाद, गुरुत्वाकर्षण-शक्ति मंदाकिनियों के पलायन पर पूर्ण रोक लगा देगी, विश्व का विस्तार रुक जाएगा, मंदाकिनियों का एक-दूसरे के नजदीक पहुंचना शुरू हो जाएगा, विश्व सिकुड़ने लगेगा, विश्व के विकास के चलचित्र का उलटा क्रम शुरू हो जाएगा। विश्व पुनः अपने आदिम 'शून्य' काल की अवस्था पर पहुंच जाएगा। पुनः महाविस्फोट (बिग बैंग) होगा, और विश्व के फैलाव व सिकुड़न का यह चक्र निरंतर चलता रहेगा। एक अन्य विचार के अनुसार, 'बिग बैंग' के बाद ब्रह्मांड का विस्तार होता रहा है, तो 'बिग बैंग' के पहले यह सिकुड़ता रहा है।

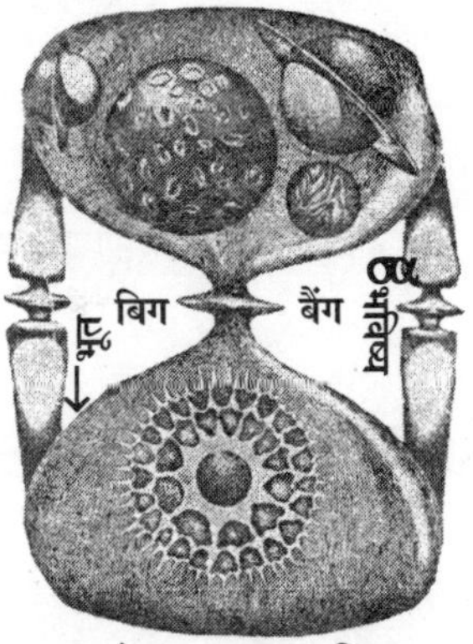

ब्रह्मांड का भूत व भविष्य

मगर पिछले पांच-छह साल की नई जानकारी से पता चला कि विश्व का न केवल सतत फैलाव हो रहा है, इस फैलाव में तेजी से वृद्धि हो रही है। इसकी वजह है—एक प्रकार की रहस्यमय 'अदृश्य ऊर्जा' या 'कृष्ण ऊर्जा' (dark energy), जो गुरुत्वाकर्षण के विरुद्ध काम करती है और विश्व के विस्तार को बढ़ाने में योग देती है। अतः विश्व का विस्तार सतत जारी रहेगा, विश्व सिकुड़ेगा नहीं। निरंतर

फैलते जा रहे ऐसे विश्व का तापमान अंततः 'शून्य' पर पहुंच जाएगा। विश्व की 'शीतमृत्यु' होगी।

यही है विश्व के अतीत, वर्तमान और भविष्य के बारे में आधुनिक खगोल-भौतिकी की संक्षिप्त जानकारी। इधर खगोलविद अब यह भी कहने लगे हैं कि केवल इसी एक विश्व का अस्तित्व नहीं है; ब्रह्मांड में ऐसे या इससे भिन्न अनंत विश्व हो सकते हैं।

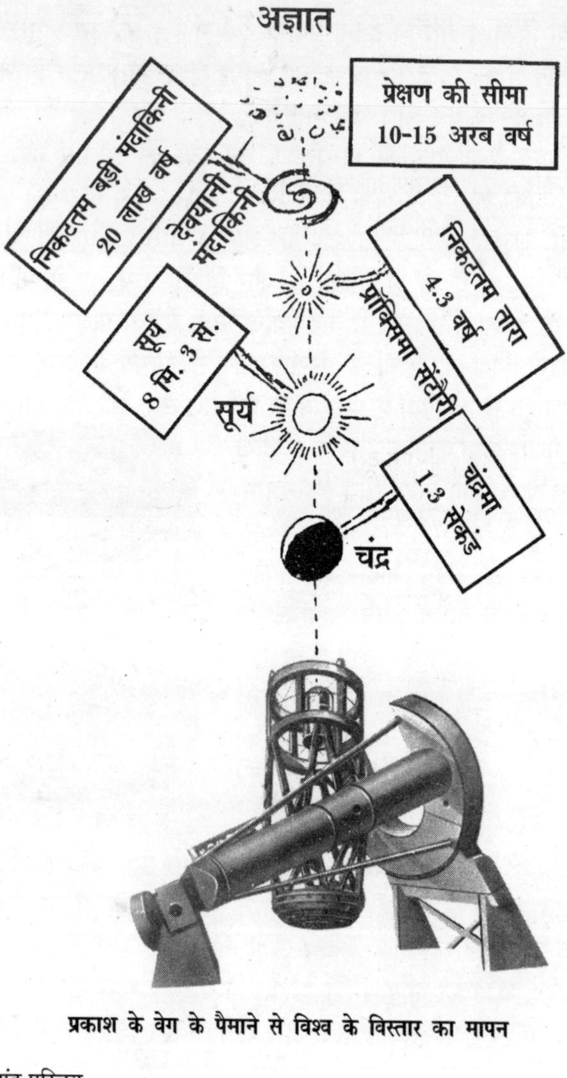

प्रकाश के वेग के पैमाने से विश्व के विस्तार का मापन

विश्व का संक्षिप्त विकासक्रम

काल	घटनाएं
'शून्य'	'बिग बैंग', विश्वोत्पत्ति, दिक्काल व ऊर्जा का उद्‌भव।
10^{-43} सेकंड बाद	गुरुत्वीय विकिरण का उद्‌भव।
10^{-34} सेकंड बाद	विश्व-स्फ़ीति का आरंभ।
10^{-30} सेकंड बाद	क्षीण बल व विद्युत-चुंबकीय बल का पृथक्करण।
10^{-6} सेकंड बाद	प्रोटॉन व न्यूट्रॉन कणों का सृजन।
3.7 मिनट बाद	हाइड्रोजन व हीलियम के नाभिकों का सृजन।
10^{6} वर्ष बाद	परमाणुओं का सृजन।
10^{9} वर्ष बाद	मंदाकिनियों, तारा-गुच्छों व क्वासरों का निर्माण।
आज से पहले	
4.6 अरब वर्ष	सूर्य और ग्रहों-उपग्रहों का निर्माण।
3.5 अरब वर्ष	पृथ्वी पर प्राथमिक सूक्ष्म जीवाणुओं का उदय।
1.5 अरब वर्ष	पृथ्वी पर वनस्पति का उदय।
70 करोड़ वर्ष	प्राथमिक प्राणियों का उदय।
20 करोड वर्ष	प्रथम स्तनपायी।
2 करोड़ वर्ष	कपि-वानर का उदय।
75 लाख वर्ष	आदिम मानव का उदय।
2 लाख वर्ष	अफ्रीका में आधुनिक मानव (होमो सेपियन्स) का उदय।
10 हजार वर्ष	कृषिकर्म का आरंभ।
3500 ई.पू.	लेखन-कला की खोज।
2600-1800 ई.पू.	हड़प्पा संस्कृति।
1500-500 ई.पू.	वैदिक-वेदांग काल।
499 ई.	भूभ्रमणवादी आर्यभट-प्रथम (जन्म 476 ई.)
1543 ई.	कोपर्निकस का सूर्यकेंद्रवादी सिद्धांत।
1680 ई.	न्यूटन का गुरुत्वाकर्षण का सिद्धांत।
1905 व 1915 ई.	आइंस्टाइन का आपेक्षिकता-सिद्धांत।
1951 ई.	मानव की प्रथम अंतरिक्ष-यात्रा।
1969 ई.	पहली बार मानव चंद्रतल पर उतरा।
1990 ई.	अंतरिक्ष में हबल दूरबीन की स्थापना।

☆

17 ब्रह्मांड में जीवन की तलाश

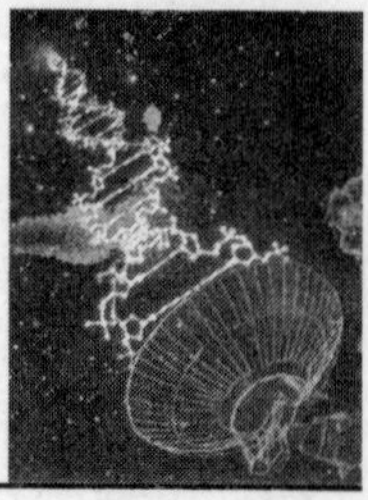

क्या केवल हमारी धरती पर ही जीवन का अस्तित्व है? क्या विशाल विश्व के अन्य अनेक पिंडों पर जीव-जगत का होना संभव नहीं है? क्या यह संभव है कि एक बहुत बड़े खेत में केवल एक ही पौधा पनपे? क्या दिक्काल के इतने लंबे-चौड़े विस्तार में केवल हमारी नन्ही धरती पर ही जीवन के उद्‌भव और विकास के लिए अनुकूल भौतिक परिस्थितियां उपलब्ध हुई हैं? क्या ब्रह्मांड के अन्य अनेक पिंडों पर हमसे भी अधिक उन्नत सभ्यताओं का अस्तित्व संभव नहीं है?

ये सवाल नए नहीं हैं। प्राचीन काल से ही अनेक देशों के विचारक इन सवालों के बारे में सोचते आए हैं। भारतीय आख्यानों में द्युलोक, अंतरिक्षलोक, गंधर्वलोक आदि के उल्लेख बार-बार आए हैं। समूचा भारतीय चिंतन इस मान्यता पर आधारित रहा है कि कालचक्र निरंतर घूमता रहता है, यह विश्व अनादि-अनंत है और इसमें अनेकानेक लोकों का अस्तित्व है। भारतीय विचारकों या धर्मों ने लोकों (जीव-जगतों) की विविधता का कभी कोई विरोध नहीं किया। महान गणितज्ञ-खगोलविद आर्यभट (जन्म 476 ई.) ने स्पष्ट कहा है—**कालोऽयमनाद्यन्तः** (काल अनादि और अनंत है)।

अफ़लातून और अरस्तू जैसे यूनानी विचारकों ने भी विश्व में जीवन की विविधता को स्वीकार किया था, मगर उनकी मान्यता थी कि धरती का मानव ही इस विश्व की सर्वोत्तम सृष्टि है।

ईसाई धर्म की भी यही मान्यता रही कि विश्व में पृथ्वी और मानव की स्थिति अद्वितीय है। ईसाई धर्म के अनुसार, ईश्वर ने ईसा के रूप में केवल इसी धरती पर एक उद्धारक (Saviour) भेजा है। यदि विश्व में दूसरे जीव-जगतों का अस्तित्व होता, तो उन्हें भी उद्धारकों की आवश्यकता पड़ती। इसी स्थिति को स्पष्ट करते हुए सेंट आगस्टाइन (ईसा की 5वीं सदी) ने कहा था : "ईसा मसीह ही एकमात्र उद्धारक है। इसलिए इस धरती

के अलावा अन्यत्र कहीं भी किसी जीव-जगत का अस्तित्व संभव नहीं है।"

प्राचीन यूरोप में यह मान्यता भी प्रचलित रही कि समूचे विश्व का सृजन मूलतः मात्र मानव के लिए हुआ है। कुछ धार्मिक विचारक यह भी दलील देते रहे कि ठीक हमारे जैसे ही जगतों की सृष्टि करते जाने में ईश्वर की कोई दिलचस्पी नहीं हो सकती। उसी प्रकार, भिन्न-भिन्न किस्म के जगतों की सृष्टि करने में भी ईश्वर की कोई दिलचस्पी नहीं हो सकती। ईसाई धर्म, न केवल भूकेंद्रवादी, बल्कि मानवकेंद्रवादी भी बना रहा।

लेकिन कोपर्निकस (1473-1543 ई.) ने जब सिद्ध किया कि हमारी पृथ्वी सौर मंडल का केंद्रीय पिंड नहीं है, तो धार्मिक मान्यताओं को जबरदस्त धक्का पहुंचा। इटली के खगोलविद ज्यार्दानो ब्रूनो (1547-1600 ई.) ने यूरोप के नगरों में घूम-घूमकर प्रचार किया कि ब्रह्मांड में हमारे सूर्य-जैसे अनगिनत सूर्य हैं और हमारी पृथ्वी-जैसे अनगिनत आबाद ग्रह हैं। ब्रूनो को इसकी कीमत भी चुकानी पड़ी। ईसाई धर्मांधों ने उन्हें रोम नगर के एक चौराहे पर खूंटे से बांधकर जिंदा जला दिया!

ज्यार्दानो ब्रूनो (1547-1600 ई.)

निकोलस कोपर्निकस (1473-1543 ई.)

फिर भी, कोपर्निकस के सूर्यकेंद्रवादी सिद्धांत और दूरबीन के उपयोग ने विश्व के अनेकानेक पिंडों पर जीवन के अस्तित्व की संभावना को काफी बल प्रदान किया। दूसरी ओर, गैलीलियो की दूरबीन (1609 ई.) के प्रेक्षण से यह भी स्पष्ट हुआ कि चंद्र एक निर्जीव पिंड है। आगे जाकर यह भी पता चला कि सौर मंडल के अधिकांश ग्रहों व उपग्रहों पर जीव-जगत के अस्तित्व के लिए अनुकूल भौतिक परिस्थितियां नहीं हैं।

यह बड़ी निराशाजनक स्थिति थी। मगर अनेक वैज्ञानिक मानते रहे कि पृथ्वी और मंगल में अनेक बातें समान हैं, इसलिए मंगल पर जीवन का अस्तित्व अवश्य होना चाहिए। महान जर्मन गणितज्ञ कार्ल फ्रेडरिक गौस (1777-1855 ई.) ने मंगल के बुद्धिमान प्राणियों के साथ संपर्क स्थापित करने के लिए एक अनोखी योजना प्रस्तुत की थी। गौस ने सोचा कि मंगलवासी यदि सचमुच बुद्धिमान हैं, तो वे 'पाइथेगोर का प्रमेय' अवश्य जानते होंगे। इसलिए उन्होंने सुझाया कि साइबेरिया के टाइगा प्रदेश में हमें पाइथेगोर के प्रमेय की एक विशाल आकृति खोदनी चाहिए।

मंगल के अनुसंधान के इतिहास में 1877 ई. का साल बड़े महत्व का है। उस साल मंगल के दो नन्हे चंद्रों—फोबोस और देइमोस—की खोज हुई। उसी साल इतालवी खगोलविद जिओवान्नी शियापारेल्ली (1835-1910 ई.) ने दूरबीन से देखा कि मंगल की सतह पर सीधी लकीरों का एक जाल-सा बिछा हुआ है। शियापारेल्ली ने उन काली सीधी लकीरों को इतालवी भाषा में 'कनाली' (पानी की संकरी नालियां) नाम दिया। मगर अंग्रेजी में अनूदित होकर यह 'कनाली' शब्द 'कैनल्स' अर्थात् मानव-निर्मित नहरों का द्योतक बन गया। तब से मंगल की इन नहरों को वास्तविक माना जाने लगा। न केवल खगोलविदों की, अपितु आम जनता की भी यह धारणा बनती गई कि मंगल ग्रह बुद्धिमान प्राणियों से आबाद है।

परसिवल लोवेल (ऊपर) और मंगल की 'नहरों' का उनका रेखांकन (नीचे)।

अमरीकी खगोलविद परसिवल लोवेल (1855-1916 ई.) ने 'बुद्धिमान' मंगलवासियों की धारणा का सबसे अधिक प्रचार किया। उन्होंने मंगल के अध्ययन के लिए अरिज़ोना राज्य (अमरीका) के फ्लैगस्टाफ स्थान पर एक नई वेधशाला स्थापित की। कई साल तक मंगल का अन्वेषण करने के बाद 1908 ई. में लोवेल ने **मंगल : जीवन का धारक** नामक ग्रंथ

लिखा और उसमें उन्होंने मंगल पर बुद्धिमान प्राणियों के अस्तित्व का पुरजोर प्रतिपादन किया।

मंगल पर बुद्धिमान प्राणियों के निवास की मान्यता को लोवेल से भी अधिक प्रचारित किया, वैज्ञानिक कथानकों ने। ब्रिटिश उपन्यासकार एच. जी. वेल्स (1866-1946 ई.) ने 1898 ई. में प्रकाशित अपने उपन्यास War of The Words (ग्रहों का युद्ध) में मंगलवासियों का रोमांचकारी विवरण प्रस्तुत किया। इस कल्पित कथानक के मंगलवासी पानी की प्राप्ति के लिए पृथ्वी पर आक्रमण करते हैं।

मंगल पर विकसित सभ्यता का अस्तित्व होने की धारणा बीसवीं सदी के मध्यकाल तक बरकरार रही। मंगलवासियों के बारे में अनेकानेक कल्पित कथानक लिखे गए। इनका आम लोगों पर कितना गहरा असर पड़ा, यह एक घटना से ही स्पष्ट हो जाता है। ओरसोन वेल्लेस ने 1938 ई. में एच. जी. वेल्स के उपर्युक्त कथानक को एक रूपक में रखकर अमरीकी रेडियो पर प्रस्तुत किया और उसमें बताया कि मंगलवासियों के अंतरिक्षयान न्यू जरसी में उतर रहे हैं, तो अनेक श्रोताओं के दिलों में भय और आतंक छा गया था।

फिर 1957 ई. के बाद अंतरिक्षयानों का युग शुरू हुआ, तो मंगल का एक नितांत नया नजारा प्रकट हुआ। आज हम जानते हैं कि मंगल पर देखी गई 'नहरें' दृष्टिभ्रम थीं। मंगल तक भेजे गए स्वचालित अंतरिक्षयानों से जानकारी मिली है कि उसकी सतह पर सूखी नदियों के पाट, ऊंचे-ऊंचे ज्वालामुखी-शिखर और लंबी-चौड़ी घाटियां तो हैं, मगर उन्नत किस्म के जीवन का कोई अस्तित्व नहीं है। हां, मंगल पर विशिष्ट किस्म के अतिसूक्ष्म जीवाणु हो सकते हैं। वस्तुतः समूचे सौर मंडल में, पृथ्वी के अलावा, अन्य किसी पिंड पर उन्नत किस्म के जीव-जगत का कोई अस्तित्व नहीं है।

मगर ब्रह्मांड बहुत बड़ा है। पिछले लगभग सौ वर्षों में ही हमें यथार्थ जानकारी मिली है कि हमारा यह विश्व वस्तुतः कितना बड़ा है। जीवन के बुनियादी स्वरूप (डीएनए की संरचना आदि) को समझ पाना भी पिछले पांच-छह दशकों में ही संभव हुआ है। अतिदूर के पिंडों तक रेडियो-संदेश भेजने के लिए रेडियो-दूरबीन के रूप में खगोलविदों को एक उपयोगी साधन भी बीसवीं सदी के मध्य में ही उपलब्ध हुआ है।

वस्तुतः 1957 ई. में अंतरिक्ष अनुसंधान के युग का उद्घाटन होने के बाद ब्रह्मांड में जीवन की तलाश के विषय में वैज्ञानिकों की दिलचस्पी लगातार बढ़ती ही गई। पराजीव-विज्ञान (Exobiology) या खगोल-जीवविज्ञान (Astrobiology)

नामक एक नया विज्ञान ही अस्तित्व में आ गया है। ब्रह्मांड में जीवन की तलाश अब प्रकृति के अध्ययन का एक महत्वपूर्ण विषय बन गया है और खगोल-विज्ञान, जैव-रसायन, कंप्यूटर विज्ञान, कृत्रिम बुद्धि, संचार-विज्ञान, टेक्नॉलॉजी, समाज-विज्ञान आदि अनेक विषय इसके अन्वेषण में सहयोग दे रहे हैं।

ब्रह्मांड में जीवन के अस्तित्व का विवेचन करने के लिए दो बुनियादी विषयों को ठीक से समझ लेना जरूरी है। एक–ब्रह्मांड कितना बड़ा है? दूसरा–जीवन क्या है? सबसे पहले हम विश्व के विस्तार पर पुनः थोड़ा विचार करेंगे।

भास्कराचार्य (1150 ई.), कोपर्निकस (1473-1543 ई.) या गैलीलियो 1564-1642 ई.) को यह पता नहीं था कि तारे हमसे कितनी दूर हैं। तारों की दूरियां मापना पहली बार 1838 ई. में संभव हुआ। तारे हमसे इतनी अधिक दूर हैं कि उन दूरियों को हम किलोमीटरों में सुविधा से व्यक्त नहीं कर सकते। खगोलविद विश्व के पिंडों की दूरियां प्रकाश के वेग के पैमाने से मापते हैं। प्रकाश की किरणें एक सेकंड में करीब 3,00,000 किलोमीटर दौड़ती हैं। भौतिक विश्व में प्रकाश की गति ही महत्तम गति है। तीन लाख किलोमीटर प्रति सेकंड के वेग से प्रकाश की किरणें एक वर्ष में जितनी दूरी तक जाती हैं उसे एक **प्रकाश-वर्ष** दूरी कहते हैं। एक प्रकाश-वर्ष दूरी लगभग 94,63,00,00,00,000 किलोमीटरों के बराबर होती है।

धरती से प्रेषित प्रकाश-किरणें लगभग सवा सेकंड में चंद्रतल तक पहुंच जाती हैं। सूर्य हमसे करीब 15 करोड़ किलोमीटर दूर है, मगर सूर्य की किरणें इस अंतराल को करीब आठ मिनटों में तय करके धरती पर पहुंच जाती हैं। इसलिए हम कह सकते हैं कि सूर्य हमसे करीब 8 'प्रकाश-मिनट' दूर है। सूर्य और पृथ्वी के बीच की लगभग 15 करोड़ किलोमीटर की औसत दूरी को **खगोलीय इकाई** का नाम दिया गया है।

सूर्य के प्रकाश को सौर मंडल के बौने ग्रह प्लूटो तक पहुंचने में चार से सात घंटों तक का समय लगता है। प्लूटो के परे 2005 ई. में एरीस (2003 UB 313) नामक एक नया बौना ग्रह खोजा गया। बौना ग्रह एरीस सूर्य से औसतन 100 खगोलीय ईकाइयों की दूरी से हमारे लगभग 557 वर्षों में सूर्य की एक परिक्रमा पूरी करता है। सौर मंडल के इस बौने ग्रह से पृथ्वी तक प्रकाश-किरणों को पहुंचने में लगभग 14 घंटे लगते हैं।

धूमकेतु हमारे सौर मंडल के ही सदस्य हैं। कई धूमकेतु प्लूटो की कक्षा के बाहर भी बहुत दूर तक अंतरिक्ष की यात्रा करते हैं। वस्तुतः सौर मंडल की बाहरी सीमाओं में छोटे-मोटे पिंडों की दो और विशाल 'बस्तियों'–'कुइपेर पट्टा' और 'ऊर्ट

बादल'—की खोज हुई है। किंतु यदि थोड़ी देर के लिए हम इन्हें छोड़ दें और मान लें कि सौर मंडल की सीमा नए खोजे गए बौने ग्रह एरीस की कक्षा तक ही है, तो हम कह सकते हैं कि सौर मंडल का व्यास लगभग 30 प्रकाश-घंटे है।

सूर्य हमसे करीब 8 प्रकाश-मिनट दूर है। मगर सूर्य के बाद आकाश का दूसरा सबसे नजदीक का तारा (प्रोक्सिमा सेंटौरी) हमसे लगभग 4.3 प्रकाश-वर्ष दूर है। आकाश में दिखाई देने वाले अन्य सभी तारे हमसे और भी कई गुना दूर हैं, सैकड़ों प्रकाश-वर्ष दूर।

आकाश में जितने भी तारे दिखाई देते हैं वे सभी 'आकाशगंगा' योजना के सदस्य हैं। आकाशगंगा एक मंदाकिनी (galaxy) है। आकाशगंगा में लगभग 200 अरब तारे हैं। आकाशगंगा का व्यास 1,00,000 प्रकाश-वर्ष है और केंद्रभाग में इसकी मोटाई करीब 20 हजार प्रकाश-वर्ष है। हमारा सूर्य आकाशगंगा के केंद्रभाग से करीब 30 हजार प्रकाश-वर्ष दूर है।

इतनी विशाल है हमारी आकाशगंगा-मंदाकिनी। सूर्य (इसके साथ हम भी) पहिए के आकार-प्रकार की इस आकाशगंगा के एक किनारे पर हैं, इसलिए आकाश में यह हमें सघन तारों के एक पट्टे की तरह दिखाई देती है।

लेकिन विश्व में सिर्फ यही एक आकाशगंगा (मंदाकिनी) नहीं है। खगोलविदों ने ब्रह्मांड में करोड़ों मंदाकिनियों की खोज की है। इनमें से प्रत्येक में अरबों तारे हैं। हमारी आकाशगंगा के बाहर लगभग इतनी ही बड़ी सबसे नजदीक की देवयानी (Andromeda) मंदाकिनी हमसे 20 लाख प्रकाश-वर्ष दूर है। इसका अर्थ यह है कि देवयानी मंदाकिनी के जिस प्रकाश को आज हम धरती पर ग्रहण कर रहे हैं वह अपने स्रोत-स्थान से 20,00,000 वर्ष पहले निकला था!

ब्रह्मांड की दूसरी मंदाकिनियां हमसे करोड़ों-अरबों प्रकाश-वर्ष दूर हैं। संसार की सबसे शक्तिशाली दूरबीन से करीब 8 अरब प्रकाश-वर्ष दूर की मंदाकिनियों के चित्र उतारे गए हैं। इधर के वर्षों में 17-18 अरब प्रकाश-वर्ष दूर की मंदाकिनियों के बारे में भी जानकारी मिली है। इसका अर्थ यह हुआ कि यह विश्व कम-से-कम 17-18 अरब वर्ष पुराना तो है ही।

क्या इतने बड़े ब्रह्मांड में, जिसमें करोड़ों-अरबों मंदाकिनियां हैं और प्रत्येक मंदाकिनी में अरबों तारे हैं, यह संभव है कि इसके एक सामान्य तारे (सूर्य) के एक सामान्य ग्रह (पृथ्वी) पर ही जीव-जगत का उद्‌भव तथा विकास हुआ है?

यह भी एक महत्वपूर्ण तथ्य है कि जैसा द्रव्य सूर्य, सौर मंडल के ग्रहों-उपग्रहों या हमारी धरती पर मौजूद है, वैसा ही विश्व के अन्य पिंडों पर भी पाया जाता

है। दूसरी महत्व की बात यह है कि भौतिकी के जो नियम पृथ्वी के द्रव्य पर लागू होते हैं, वही नियम विश्व के दूसरे पिंडों के द्रव्य पर भी लागू होते हैं।

इस तमाम जानकारी के आधार पर अनेक वैज्ञानिकों का विश्वास बना है कि जीवन का सृजन और विकास केवल हमारी धरती पर ही हुआ हो, यह संभव नहीं। विशाल विश्व में विविध प्रकार के जीवन के अस्तित्व के लिए बेशुमार संभावनाएं विद्यमान हैं। मगर सर्वप्रथम यही जानना उपयोगी होगा कि हमारी धरती पर जीव-जगत का उद्‌भव किस प्रकार हुआ।

यहां हम जीवन की उत्पत्ति से संबंधित पुराने मिथकों, धार्मिक मान्यताओं या दार्शनिकों के विचारों की चर्चा नहीं करेंगे। वैज्ञानिक दृष्टि से जीवन की उत्पत्ति और विकास के बारे में उन्नीसवीं सदी से ही सोचा जाने लगा है। चार्ल्स डारविन (1809-1882 ई.) और अलफ्रेड वालेस (1823-1913 ई.) ने प्राकृतिक चयन के आधार पर विकासक्रम का एक सिद्धांत प्रस्तुत किया। डारविन का शायद यह भी विश्वास रहा कि धरती के आरंभिक इतिहास में अजैव द्रव्य से, रासायनिक विकास के अंतर्गत, प्राथमिक जैव रूपों का प्रादुर्भाव हुआ था।

जीवन की उत्पत्ति, कुछ विशिष्ट अनुकूल परिस्थितियों में, अजैव द्रव्य से विकासक्रम के अंतर्गत हुई है। 'जीवन' द्रव्य का ही एक विशिष्ट स्वरूप है।

लेकिन इन मान्यताओं को स्वीकार करने में अनेक कठिनाइयां थीं। मुख्य सवाल है–यदि प्रथम जीव का उद्‌भव अजैव घटकों से हुआ है, तो उसने अपनी संरचना के लिए जैव घटक कहां से प्राप्त किए?

इस सवाल को सुलझाने के लिए रूसी वैज्ञानिक अलेक्सांद्र इवानोविच ओपारिन (1894-1980 ई.) ने 1924 ई. में जीवन की उत्पत्ति के बारे में एक नया व्यापक सिद्धांत प्रस्तुत किया। ओपारिन ने स्पष्ट किया कि जीवन की उत्पत्ति महज एक संयोग नहीं है, बल्कि इस धरती पर द्रव्य के विकासक्रम का एक दौर है। जीवन की उत्पत्ति के पहले धरती पर जैव पदार्थों का संश्लेषण हुआ है। जीवन की उत्पत्ति के पहले जैव पदार्थों के संश्लेषण की प्रक्रिया खूब तीव्र रही, मगर बाद में स्वयं जीवधारी बड़ी तेजी से धरती पर जैव पदार्थों का

अलेक्सांद्र ओपारिन (1894-1980 ई.)

सृजन करने में जुट गए। ओपारिन ने अपने कृतित्व में उन सभी चरणों को स्पष्ट किया जिनमें से गुजरकर अंततः जीवधारियों का उद्भव हुआ है। मोटे तौर पर जैव विकास के ये चरण हैं : (1) एमिनो एसिडों-जैसे छोटे अणुओं का संश्लेषण, (2) इन छोटे अणुओं से प्रोटीनों और न्यूक्लेइक एसिडों जैसे बड़े जैवाणुओं का संयोजन, (3) इन बड़े जैवाणुओं से अधिकाधिक जटिल जैवाणुओं में संगठन, और (4) जीवन का उद्भव।

ओपारिन के कृतित्व का बड़ा गहरा प्रभाव पड़ा। ओपारिन के सिद्धांत को जे. बी. एस. हाल्डेन, जे. डी. बर्नाल आदि वैज्ञानिकों ने परिष्कृत किया। ओपारिन के सिद्धांत के प्रत्येक चरण का अब प्रयोगशालाओं में परीक्षण किया जा सकता था।

इस दिशा में पहला महत्वपूर्ण प्रयोग अमरीका के तरुण वैज्ञानिक स्टेनली मिल्लेर (जन्म 1930 ई.) ने 1953 ई. में किया। उन्होंने मीथेन (कार्बन का स्रोत), एमोनिया (नाइट्रोजन का स्रोत), हाइड्रोजन और पानी के मिश्रण को लेकर उसमें विद्युत-धाराएं छोड़ीं। इस प्रयोग के जरिए उन्होंने विविध प्रकार के एमिनो एसिड प्राप्त किए। उनके बाद अन्य वैज्ञानिकों ने ऊर्जा के स्रोत के लिए पराबैंगनी किरणों, ऊष्मा-लैंपों आदि का उपयोग करके इसी तरह के परिणाम प्राप्त किए। फिर अमरीका के ही एक अन्य वैज्ञानिक सिडनी फॉक्स ने परख-नली में तैयार किए गए एमिनो एसिडों से लघु प्रोटीन घटक तैयार किए।

यहां यह जान लेना उपयोगी होगा कि हमारी पृथ्वी का निर्माण लगभग 4.6 अरब साल पहले हुआ। यह भी स्पष्ट हुआ है कि धरती पर जीवन का प्रादुर्भाव करीब 3.5 अरब साल पहले हुआ। अन्य शब्दों में, धरती की परिस्थितियों में जीवन का उद्भव होने में लगभग 1.1 अरब सालों का लंबा समय लगा।

आज अधिकांश वैज्ञानिकों का मत है कि आरंभिक पृथ्वी के वायुमंडल में ऑक्सीजन नहीं थी। ऑक्सीजन का निर्माण बाद में प्रकाश-संश्लेषण (photosynthesis) की प्रक्रिया के जरिए हुआ। आरंभ में पृथ्वी के वायुमंडल में मीथेन, एमोनिया, हाइड्रोजन और जलवाष्प की ही प्रधानता थी।

मिल्लेर और फॉक्स के बाद कई वैज्ञानिकों ने इस क्षेत्र में प्रयोग किए और अधिकाधिक जटिल जैव घटक प्राप्त किए। श्रीलंका के वैज्ञानिक साइरिल पोन्नमपेरूमा ने प्रयोगशाला में पृथ्वी की आरंभिक परिस्थितियों को दोहराकर न्यूक्लेइक एसिडों के रासायनिक घटक प्राप्त किए।

इधर के वर्षों में सबूत मिले हैं कि जैव घटकों का रासायनिक संयोजन बाह्य अंतरिक्ष में भी हो सकता है। धरती पर गिरने वाले उल्का-प्रस्तरों में से

करीब दो प्रतिशत में कार्बन-युक्त जैव यौगिक पाए गए हैं। कुछ उल्का-प्रस्तरों में एमिनो एसिड भी खोजे गए हैं। पोन्नमपेरूमा ने ऑस्ट्रेलिया में 1969 ई. में ताजे गिरे हुए एक उल्का-प्रस्तर का अन्वेषण करके उसमें विभिन्न प्रकार के 17 एमिनो एसिडों की खोज की।

विश्व में रिक्त आकाश-जैसी कोई चीज नहीं है। जहां आकाश (दिक्) है, वहां किसी-न-किसी रूप में द्रव्य अवश्य विद्यमान है। तारों के बीच के अंतरिक्ष में भी गैस और धूल के रूप में काफी सारा द्रव्य मौजूद है। इधर के वर्षों में जानकारी मिली है कि सौर मंडल के बाहर अंतर्नक्षत्रीय आकाश में भी जैव रसायन मौजूद हैं। सन् 1968 में अमरीका के एक वैज्ञानिक दल ने रेडियो-दूरबीन से आकाशगंगा के केंद्रभाग की ओर से आने वाले ऐसे विकिरण को ग्रहण किया जो केवल एमोनिया के अणुओं से ही उत्सर्जित हो सकता है। उसके बाद तारों के बीच के अंतरिक्ष में मौजूद गैसीय मेघों में कार्बन-मोनोक्साइड, फार्मलडेहाइडे, पानी आदि के अणु खोजे गए। ये अणु जीवन के लिए अपरिहार्य हैं।

इन अनुसंधानों से निष्कर्ष निकलता है कि सौर मंडल के बाहर के अंतरिक्ष में भी जीवन के लिए परमावश्यक बुनियादी रसायन मौजूद हैं। मगर यह जरूरी नहीं है कि विश्व में अन्यत्र भी जीवन का विकास उसी प्रकार हुआ हो, जैसा कि हमारी धरती पर हुआ है। विश्व में अन्य स्थानों पर वहां की भिन्न परिस्थितियों के अनुरूप ही विविध प्रकार के जीवन का विकास हुआ होगा।

तात्पर्य यह कि इस विशाल ब्रह्मांड में केवल हमारी पृथ्वी पर ही जीवन का विकास हुआ हो, यह संभव नहीं है। आकाशगंगा-मंदाकिनी के करीब 200 अरब तारों के करोड़ों ग्रहों पर जीवन का विकास हुआ होगा। यहां हम आकाशगंगा के केवल वैसे ही ग्रहों पर विचार करेंगे जो हमारी पृथ्वी की तरह हो सकते हैं। ऐसे कितने ग्रह हो सकते हैं? इनमें से कितने ग्रहों पर बुद्धिमान सभ्यताएं विकसित हुई होंगी? इन बुद्धिमान सभ्यताओं में से कितनी सभ्यताएं हमारी तरह दूरसंचार के साधन विकसित कर चुकी होंगी? (मानव ने दूरसंचार के साधन बीसवीं सदी में ही विकसित किए हैं।)

इन सवालों के उत्तर जानने के लिए अमरीकी वैज्ञानिक फ्रैंक ड्रेक ने 1960 ई. में एक 'समीकरण' प्रस्तुत किया। यह 'ड्रेक समीकरण' विभिन्न घटकों के आधार पर आकाशगंगा में बुद्धिमान सभ्यताओं की संख्या निर्धारित करता है। 'ड्रेक समीकरण' है : $N = R_* \times f_p \times n_e \times f_l \times f_i \times f_c \times L$

इस समीकरण के सात घटकों के आधार पर आकाशगंगा-मंदाकिनी में

संचार-संबंध स्थापित करने में सक्षम बुद्धिसम्पन्न सभ्यताओं की संख्या (N) का अनुमान लगाने का प्रयास किया गया है। बाएं से दाएं क्रमशः ये घटक हैं :

R_* : यह प्रथम घटक आकाशगंगा में तारों की संख्या व्यक्त करता है। खगोलविदों का अनुमान है कि आकाशगंगा में लगभग 200 अरब तारे हैं।

f_p : यह दूसरा घटक ऐसे तारों के भिन्न (fraction) को दर्शाता है जिनके गिर्द ग्रह-मालिकाएं हो सकती हैं।

n_e : यह तीसरा घटक आकाशगंगा की ग्रह-मालिकाओं में पृथ्वी-जैसे उन ग्रहों की भिन्न संख्या बताता है जिन पर जीवन के विकास के लिए अनुकूल परिस्थितियां हो सकती हैं।

f_l : यह चौथा घटक उन ग्रहों की भिन्न संख्या बताता है जहां वस्तुतः जीवन का उद्‌भव और विकास हुआ हो सकता है।

f_i : यह पांचवां घटक उन ग्रहों की भिन्न संख्या बताता है जिन पर बुद्धिमान प्राणियों का विकास हुआ होगा। यह एक अज्ञात संख्या है। 'बुद्धिमान' किसे कहें, यह भी एक विवादास्पद विषय है। यहां हम 'बुद्धिमान सभ्यता' उसे मानेंगे जो अंतर्नक्षत्रीय संबंध स्थापित करने की चाह रखती है और उसके लिए साधन जुटाती है।

f_c : यह छठा घटक उन बुद्धिमान सभ्यताओं की भिन्न संख्या दर्शाता है जो टेक्नॉलॉजी के मामले में कम-से-कम हमारे बराबर उन्नत हैं।

L : 'ड्रेक समीकरण' का यह सातवां और अंतिम घटक टेक्नॉलॉजी की दृष्टि से उन्नत सभ्यताओं के औसत जीवनकाल का द्योतक है। यह एक महत्वपूर्ण घटक है। किसी पृथ्वीतर सभ्यता का अस्तित्व केवल इस बात पर निर्भर करता है कि वह अपना अस्तित्व टिकाए रखने में कितनी समर्थ बनी है। हमारा अपना उदाहरण हमारे सामने है। इधर के करीब छह-सात दशकों में हमने समूची मानव सभ्यता के विनाश के लिए पर्याप्त साधन जुटा लिए हैं। इसलिए कई निराशावादी वैज्ञानिक सोचते हैं कि अधिकांश पृथ्वीतर सभ्यताएं अपना अस्तित्व मिटा चुकी होंगी और आकाशगंगा में हमारे अलावा दो या तीन ही ऐसी सभ्यताएं बची होंगी जो दूरसंचार-संबंध स्थापित करने में समर्थ हैं।

'ड्रेक समीकरण' के इन विभिन्न घटकों के बारे में बहुत कम जानकारी मिल पाई है। अतः ड्रेक के N (बुद्धिमान सभ्यताओं की संख्या) का उत्तर यकीन वे ऽसाथ देना संभव नहीं है। खगोलविद कार्ल सागाँ (1934-1996 ई.) का अनुमान था कि हमारी आकाशगंगा-मंदाकिनी में बुद्धिमान सभ्यताओं की संख्या 10,00,000

फ्रैंक ड्रेक और उनका 'समीकरण' (बाएं)

होनी चाहिए। इससे यह भी निष्कर्ष निकलता है कि ऐसी कुछ बुद्धिमान सभ्यताएं 100 से 1000 प्रकाश-वर्ष दूरी के घेरे में अवश्य खोजी जा सकती हैं।

ड्रेक समीकरण के आधार पर निष्कर्ष निकाला गया है कि हमारी आकाशगंगा में लगभग दस लाख उन्नत सभ्यताएं अवश्य होनी चाहिए। मगर जैसा कि हमने देखा है, ड्रेक समीकरण के सभी घटकों के बारे में फिलहाल हमें पर्याप्त जानकारी प्राप्त नहीं हुई है। कुछ ऐसे भी वैज्ञानिक हैं जो मानते हैं कि हमारी मंदाकिनी में पृथ्वी की मानव-सभ्यता के अलावा अन्य किसी उन्नत सभ्यता का अस्तित्व नहीं है। वैज्ञानिक इ. टिपलर का मत है कि हमारी आकाशगंगा में दूरसंचार-संबंध स्थापित करने में समर्थ केवल एक ही उन्नत सभ्यता का अस्तित्व है, और वह है हमारी अपनी सभ्यता।

यह संभव है कि कोई पृथ्वीतर सभ्यता कृत्रिम बुद्धि वाली ऐसी मशीन का निर्माण कर ले जो आगे अपनी तरह की मशीनों का सृजन करती चली जाए। तब वही मशीनें दूर-दूर तक अंतरिक्षयात्राएं करके अनेक पिंडों पर अपने उपनिवेश स्थापित कर सकती हैं। टिपलर का कहना है कि, चूंकि कृत्रिम बुद्धि वाली वैसी कोई मशीन धरती पर नहीं पहुंची है, इसलिए भी आकाशगंगा में किसी पृथ्वीतर उन्नत सभ्यता का कोई अस्तित्व नहीं है।

और भी कई निराशावादी वैज्ञानिक हैं जो $N = 1$ को मानते हैं, यानी सिर्फ पृथ्वी पर ही उन्नत सभ्यता के अस्तित्व को स्वीकार करते हैं। प्रख्यात भौतिकवेत्ता एनरिको फर्मी (1901-54 ई.) ने 1950 ई. में अपने सहकर्मियों से पूछा था : "*वे सब*

(उन्नत सभ्यताओं वाले) कहां हैं? आगे के लगभग दस लाख वर्षों में मानव, सिद्धांततः, सारी आकाशगंगा में अपने उपनिवेश स्थापित कर लेगा। यदि मानव यह कर सकता है, तो दूसरी सभ्यताओं के अंतरिक्षयात्री भी वैसा ही कर सकते हैं। तब वे पृथ्वी पर अब तक क्यों नहीं पहुंचे?" यह प्रश्न 'फर्मी पहेली' के नाम से जाना जाता है।

एनरिको फर्मी (1901-1954 ई.)

आशावादियों की एक परिकल्पना यह भी है कि आकाशगंगा में व्याप्त उन्नत सभ्यताएं हम पर सतत नजर रख रही हैं, पर वे हस्तक्षेप नहीं कर रही हैं। जैसे चिड़ियाघरों में पशु-पक्षियों को सुरक्षित रखकर पाला-पोसा जाता है, उसी तरह उन्नत सभ्यताएं हमारे विकास का अध्ययन कर रही हैं। इस विचार को 'चिड़ियाघर परिकल्पना' का नाम दिया गया है।

पिछली सदी से कुछ वैज्ञानिकों का यह भी मत रहा है कि जीवन का आरंभ धरती पर नहीं हुआ है, बल्कि किसी दूर के पिंड से आरंभिक जीवाणु पृथ्वी पर पहुंचे हैं। ये जीवाणु या तो उल्कापिंडों के साथ आए या ब्रह्मांडीय धूलिकणों के साथ। प्रसिद्ध खगोलविद फ्रेड हॉयल (जन्म 1915 ई.) का यह भी मत रहा कि धूमकेतुओं के माध्यम से आज भी विभिन्न किस्म के विषाणु (वायरस) धरती के वायुमंडल में प्रवेश करते रहते हैं।

डीएनए (DNA) की कुंडली-नुमा रचना की खोज करने वाले नोबेल पुरस्कार-विजेता वैज्ञानिक फ्रांसिस क्रिक (1916-2004 ई.) ने धरती पर जीवन के उदय के बारे में कुछ वर्ष पहले एक नई परिकल्पना प्रस्तुत की थी। उनकी मान्यता थी कि धरती पर जीवन के 'बीज' किसी अन्य उन्नत सभ्यता ने बोए हैं। वे यह भी कहते हैं कि आज से करीब 3.5 अरब साल पहले धरती पर ये बीज (जीवाणु) किसी उन्नत सभ्यता ने अंतरिक्षयान के जरिए भेजे होंगे। यही कारण है कि आज धरती के समस्त जीव-जगत की आनुवंशिक कुंडली (डीएनए कोड) की रचना एकरूप है। वस्तुतः चार न्यक्लिओटाइडों और 20 एमिनी एसिडों के मेल से 10 करोड़ किस्म के आनुवंशिक कोड बन सकते हैं। परंतु आज सभी किस्म के जीवों में एक ही किस्म के आनुवंशिक कोड का अस्तित्व है। इसलिए फ्रांसिस क्रिक इस

फ्रांसिस क्रिक (1916-2004 ई.)

निष्कर्ष पर पहुंचे थे कि धरती पर एक-से आनुवंशिक कोड वाले जीवाणुओं का रोपण किसी अन्य उन्नत सभ्यता ने किया है।

फ्रांसिस क्रिक की इस परिकल्पना में कई खामियां हैं। पहली बात तो यही है कि यह कल्पना जीवन की उत्पत्ति की पहेली पर कोई प्रकाश नहीं डालती। प्रश्न बना ही रहता है कि उन्नत सभ्यता वाले उस अन्य ग्रह पर जीवन का उदय किस प्रकार हुआ होगा। यह भी प्रश्न उठता है कि उस उन्नत सभ्यता ने केवल एक ही आनुवंशिक कोड के जीवाणु धरती पर क्यों भेजे। क्या उस अन्य पिंड पर भी एक ही आनुवंशिक कोड वाले जीवों का उदय हुआ है?

तात्पर्य यह कि फ्रांसिस क्रिक की परिकल्पना जीवन की उत्पत्ति की पहेली को सुलझाने में असमर्थ है। उनकी पत्नी भी उनकी इस परिकल्पना को एक वैज्ञानिक कथानक ही मानती हैं। धरती पर जीवन की उत्पत्ति के सवाल को हमें धरती के परिवेश में ही सुलझाना होगा।

यह भी जरूरी नहीं है कि सुदूर के सभी पृथ्वीतर पिंडों पर धरती-जैसे ही जीव-जगत का विकास हुआ हो। धरती का जीव-जगत कार्बन के रसायन पर आधारित है। मगर ऐसे अनेक पिंड हो सकते हैं जहां जीवन का आधार एमोनिया या सिलिकन हो। उदाहरण के लिए, किसी अन्य पिंड पर पानी का स्थान एमोनिया ले लेता है, तो वहां का जीवन एमोनिया के जैवाणुओं पर आधारित होगा। हम पानी पीते हैं और ऑक्सीजन ग्रहण करते हैं। उस पिंड के प्राणी एमोनिया पीते होंगे और नाइट्रोजन ग्रहण करते होंगे। मगर फिलहाल ये सब कल्पनाएं ही हैं।

परंतु इतना स्पष्ट है कि इस विशाल विश्व में केवल हम ही हम नहीं हैं। हमारी पृथ्वी की भौतिक परिस्थितियां और इनमें जीव-जगत का उदय तथा विकास प्रकृति का एकाकी 'चमत्कार' नहीं है। ऐसा चमत्कार विशाल विश्व के अनेकानेक पिंडों पर घटित होना सहज संभव है।

पृथ्वीतर सभ्यताओं के अस्तित्व के बारे में अब तक हमें भले ही कोई ठोस सबूत न मिला हो, पर उनकी खोज अवश्य जारी रहनी चाहिए। हमने देखा है कि 'ड्रेक

समीकरण' के अनुसार, आकाशगंगा के लगभग 200 अरब तारों में से 10 लाख तारों के ग्रहों पर उन्नत जीवन का अस्तित्व अवश्य होना चाहिए। इसका अर्थ यह हुआ कि आकाशगंगा के 2,00,000 तारों में से एक तारे के ग्रह पर बुद्धिमान प्राणियों का निवास होना चाहिए। इस अनुमान को आकाशगंगा की व्यवस्था पर लागू करें, तो स्पष्ट होता है 100 प्रकाश-वर्ष की दूरी पर कम-से-कम एक बुद्धिमान सभ्यता का अस्तित्व अवश्य होना चाहिए।

इतनी दूर की बुद्धिमान सभ्यता के साथ कैसे स्थापित होगा संपर्क?

फिलहाल हमारे पास तीन ऐसे साधन उपलब्ध हैं जिनके जरिए पृथ्वीतर सभ्यताओं के साथ संपर्क स्थापित किया जा सकता है : (1) मानव-युक्त अंतरिक्षयान भेजना, (2) मानव-रहित अंतरिक्षयान भेजना, और (3) रेडियो-तरंगों से या लेसर-किरणों से संदेश भेजना।

सौर मंडल के बाहर के दूर के पिंडों तक मानव-युक्त अंतरिक्षयान भेजना व्यावहारिक उपाय नहीं है, कम-से-कम फिलहाल। धरती का मानव चंद्रमा की यात्रा करके लौट आया है, और हम जानते हैं इस यात्रा में करीब एक सप्ताह का समय लगता है। अब मंगल की यात्रा के लिए तैयारियां हो रही हैं। रूस का स्वचालित 'फोबोस' यान करीब ढाई सौ दिनों की लंबी यात्रा के बाद मंगल तथा उसके फोबोस उपग्रह के पास पहुंचा था। मौजूदा साधनों से मंगल की यात्रा करके लौटने में आदमी को ढाई-तीन साल का समय लग सकता है। रूस के अंतरिक्षयात्री अंतरिक्ष में सतत एक साल तक रहने के कीर्तिमान स्थापित कर चुके हैं। अतः यह सुनिश्चित है कि आदमी अगले एक-दो दशक में मंगल की यात्रा कर लेगा।

सुदूर के बौने ग्रह प्लूटो या एरीस तक की यात्रा करके लौटने में करीब 25-30 साल का समय लग सकता है। देर-सवेर धरती का मानव समूचे सौर मंडल की निश्चय ही छानबीन कर लेगा। मगर हम जानते हैं कि सौर मंडल के किसी अन्य ग्रह या उपग्रह पर उन्नत किस्म के जीव-जगत का अस्तित्व नहीं है। उन्नत सभ्यताओं की खोज हमें दूर के तारों की ग्रह-मालिकाओं में ही करनी होगी।

सबसे नजदीक का प्रोक्सिमा-सेंटौरी तारा हमसे 4.3 प्रकाश-वर्ष दूर है। हमने यह भी देखा है कि 100 प्रकाश-वर्ष दूर के तारों में से औसतन केवल एक तारे के ग्रह पर उन्नत जीवन होने की संभावना है। इसलिए प्रकाश के वेग (एक सेकंड में तीन लाख किलोमीटर) से भी यात्रा करनी हो, तो भी फिलहाल तारों तक की मानव-यात्राएं संभव नहीं हैं।

हां, सौर मंडल के बाहर के अंतरिक्ष में स्वचालित अंतरिक्षयान भेजना संभव

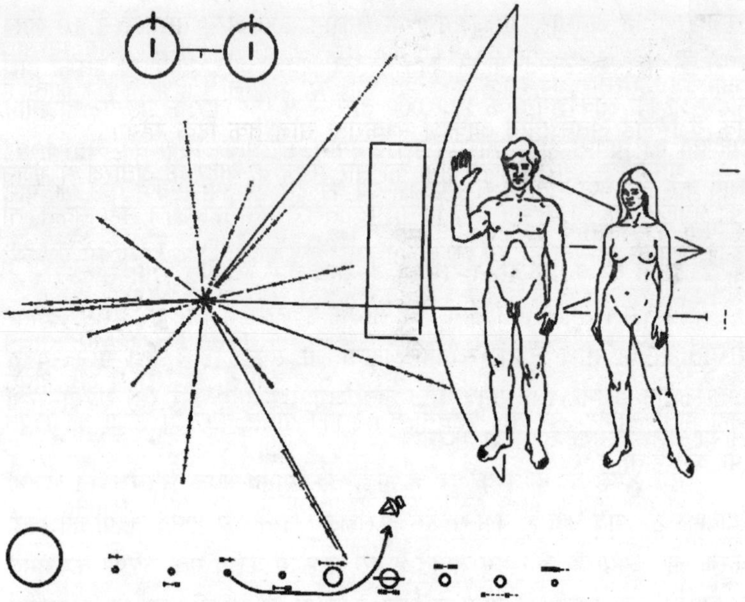

पायोनियर-10 यान के साथ जोड़ी गई प्लेट पर अंकित संदेश, जिसका आशय है : "हमारा अस्तित्व है और हम यहां हैं।" इस संदेश में प्लेट के बाईं ओर के अर्धांश के मध्य में एक पल्सर- मैप के जरिए अंतरिक्ष में पृथ्वी की स्थिति स्पष्ट की गई है। नीचे सौर मंडल का अंकन है और दर्शाया गया है कि पायोनियर यान की यात्रा तीसरे ग्रह (पृथ्वी) से शुरू हुई है। ऊपर बाईं ओर हाइड्रोजन-परमाणु की दो निम्न स्थितियों का अंकन है। दाईं ओर नग्न स्त्री-पुरुष की आकृतियां हैं। यह संदेश अमरीकी खगोलविद कार्ल सागाँ ने तैयार किया था।

है और इस दिशा में कुछ प्रयास भी हुए हैं। सबसे पहले 1972 ई. में स्वचालित पायोनियर-10 यान धरती से छोड़ा गया था। उसके बाद पायोनियर-11 छोड़ा गया। इन यानों के साथ एक-एक प्लेट जोड़ी गई है। इन प्लेटों पर धरती की स्थिति तथा मानव के अस्तित्व को व्यक्त करने वाला एक 'संदेश' अंकित किया गया है। पायोनियर यान अब सौर मंडल के बाहर पहुंच गए हैं।

पायोनियर यानों के बाद दो स्वचालित वायजर यान 1977 ई. में छोड़े गए। इन यानों ने बृहस्पति तथा शनि के वलयों तथा चंद्रों के बारे में महत्व की जानकारी दी है। ये यान भी सौर मंडल के बाहर पहुंच गए हैं। दोनों वायजर यानों के साथ तांबे के फोनोग्राफ रिकार्ड हैं, जिन्हें एल्यूमीनियम के खोल में रखा गया है। खोल पर कुछ-कुछ पायोनियर-प्लेट जैसी ही जानकारी अंकित कर दी गई है। रिकार्ड में धरती की विभिन्न भाषाओं के अलावा व्हेल-जैसे प्राणी की आवाज

भी अंकित है। साथ ही, कई प्रकार का संगीत भी भरा गया है। इसमें भारतीय गायिका केसरबाई का 'जाते कहां हो' गीत भी शामिल है। आशा की जाती है कि ये रिकार्ड अंतर्नक्षत्रीय आकाश में करोड़ों साल तक टिके रहेंगे।

पायोनियर और वायजर यानों को सौर मंडल के बाहर के अंतरिक्ष में भेजने का प्रयोजन यह है कि हम यदि किसी पृथ्वीतर सभ्यता को खोज नहीं सकते, तो कोई पृथ्वीतर सभ्यता ही हमें खोज ले। हमारे इन संदेशों से वे इतना तो जान ही लेंगे कि उनके अलावा भी विश्व में किसी अन्य सभ्यता का अस्तित्व है।

किसी पृथ्वीतर सभ्यता तक संदेश भेजने का तीसरा और सर्वोत्तम साधन है—रेडियो-तरंगें। रेडियो-तरंगें प्रकाश के वेग से दौड़ती हैं, अंतरिक्ष में अवशोषित नहीं होतीं और दूर-दूर तक पहुंचती हैं। इनको प्रेषित करने में ऊर्जा की खपत भी कम होती है।

लेकिन सवाल उठता है—पृथ्वीतर सभ्यताओं के साथ संपर्क स्थापित करने के लिए कितनी लंबाई की रेडियो-तरंगों का इस्तेमाल करना होगा?

हाइड्रोजन विश्व में सर्वत्र विद्यमान है। हाइड्रोजन के मुक्त परमाणु 21 सेंटीमीटर लंबाई की तरंगें उत्सर्जित करते हैं। इसलिए निष्कर्ष निकाला गया है कि पृथ्वीतर सभ्यताएं 21 सेंटीमीटर लंबाई की रेडियो-तरंगों में संदेश प्रेषित या ग्रहण कर सकती हैं।

प्यूएर्टोरिको द्वीप (वेस्ट इंडीज) के एक प्राकृतिक खड्ड में निर्मित 305 मीटर व्यास की कटोरे-नुमा आरिसिबो रेडियो-दूरबीन

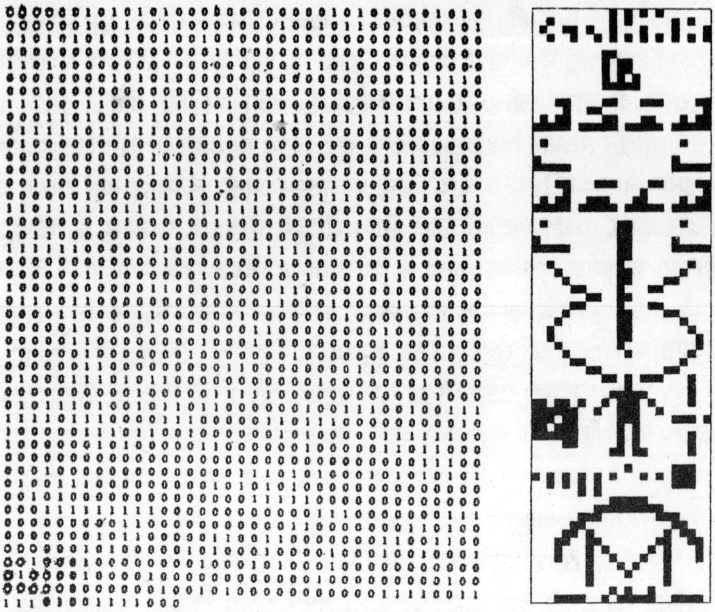

आरिसिबो रेडियो-दूरबीन से भेजा गया 1679 बिटों का संदेश। इसमें सबसे ऊपर द्विआधारी अंक-पद्धति में 1 से 10 तक की संख्याएं हैं। उसके नीचे हाइड्रोजन, कार्बन, नाइट्रोजन, ऑक्सीजन तथा फास्फोरस के परमाणु-नंबर दिए गए हैं। उनके नीचे डीएनए के सूत्र तथा उसकी रचना को स्पष्ट किया गया है। फिर मानव की आकृति तथा उसकी औसत ऊंचाई दी गई है। उसके नीचे सौर मंडल के पिंड हैं। तीसरे ग्रह (पृथ्वी) को मानव की ओर ऊपर उठा दिया गया है। सबसे नीचे आरिसिबो दूरबीन की आकृति तथा उसका व्यास दिया गया है।

वेस्ट इंडीज के प्यूएर्टोरिको द्वीप के आरिसिबो स्थान पर 305 मीटर व्यास की एक विशाल रेडियो-दूरबीन है। एक कटोरे-नुमा प्राकृतिक घाटी में निर्मित यह रेडियो-दूरबीन दूर-दूर के तारों तक रेडियो संदेश भेज सकती है, उन तारों से आने वाली रेडियो-तरंगों को पकड़ सकती है। इस भव्य रेडियो-दूरबीन के ज़रिए, **ओज़्मा योजना** के अंतर्गत 1960 ई. में ड्रेक, पामेर तथा जुकेरमान ने 21 सेंटीमीटर लंबाई की रेडियो-तरंगें खोजने के प्रयास किए। इस खोज के लिए 10-11 प्रकाश-वर्ष दूर के **इप्साइलन-वैतरणी** (ε Eridani) और **टाउ-तिमिंगल** (τ Cetus) तारों को चुना गया था, क्योंकि इनके गिर्द ग्रह होने के बारे में जानकारी मिली है। मगर इस प्रयास में कोई सफलता नहीं मिली। परंतु इससे यह निष्कर्ष नहीं निकाला जा सकता कि किसी पृथ्वीतर सभ्यता का कहीं कोई अस्तित्व नहीं है। हमने देखा है कि ड्रेक समीकरण के अनुसार 100 प्रकाश-वर्ष की दूरी तक औसतन

एक ही उन्नत सभ्यता का अस्तित्व हो सकता है।

पृथ्वीतर सभ्यताओं के साथ संपर्क स्थापित करने की दिशा में आरिसिबो दूरबीन के जरिए एक और महत्वपूर्ण प्रयास हुआ है। फ्रैंक ड्रेक ने 1974 ई. में इसी दूरबीन से करीब 23,500 प्रकाश-वर्ष दूर के हरक्यूलीज तारा-मंडल के **M-13** नामक गोलाकार तारा-गुच्छ की ओर एक संदेश प्रेषित किया है। यह संदेश 'शून्य' और 'एक' की शृंखला में है, अर्थात् 'बिटों' में है। इस संदेश में कुल 1679 बिटों का प्रयोग हुआ है। अभाज्य संख्याएं 73 और 23 को गुना करने पर संख्या 1679 प्राप्त होती है। 1679 बिटों को 23 स्तंभों और 73 पंक्तियों में स्थापित करने पर संदेश का स्वरूप काफी स्पष्ट हो जाता है।

ड्रेक का यह रेडियो-संदेश अब (2006 ई. में) करीब 32 प्रकाश-वर्ष की दूरी तक पहुंच गया है। अन्य शब्दों में, धरती का यह संदेश नजदीक के कई तारों के पार चला गया है। मगर अपने लक्ष्य यानी **M-13** तारा-गुच्छ तक पहुंचने में इसे पूरे 23,500 साल लगेंगे!

करीब 100 प्रकाश-वर्ष दूरी के घेरे में 800 से लेकर 1000 तक तारे हैं। इनकी छानबीन करने के लिए इधर के वर्षों में कुछ नई योजनाएं अस्तित्व में आई हैं। खगोलविद बर्नार्ड एम. ओलिवर की **साइक्लोप** योजना के अनुसार पांच किलोमीटर के फासले पर सौ-सौ मीटर व्यास की रेडियो-दूरबीनों का एक जाल स्थापित करके 30 साल के भीतर 1000 प्रकाश-वर्ष दूर के सभी तारों की छानबीन की जा सकती है। मगर यह योजना काफी खर्चीली है।

अब कंप्यूटरों को रेडियो-दूरबीनों के साथ जोड़कर तेजी से तारों की छानबीन करना संभव हो गया है। इस टेक्नॉलॉजी के आधार पर तारों से आने वाले संदेशों की छानबीन करने के लिए कुछ नई योजनाएं अस्तित्व में आई हैं। अब **नासा** भी पुनः पृथ्वीतर सभ्यताओं की खोजबीन के लिए एक भव्य योजना बना रहा है। इस योजना के अंतर्गत आरिसिबो रेडियो-दूरबीन तथा अन्य रेडियो-दूरबीनों से 100 प्रकाश-वर्ष दूरी तक के करीब एक हजार तारों की छानबीन की जाएगी।

दूरसंचार की क्षमता हमने पिछली सदी में हासिल की है। हमारे टेलीविजन कार्यक्रम भी सतत अंतरिक्ष पहुंच रहे हैं। मगर 1936 ई. में बर्लिन में जिन ओलंपिक खेलों का आयोजन हुआ था और जिन्हें टी.वी. पर दिखाया गया था (उन्हीं खेलों में हॉकी के भारतीय जादूगर ध्यानचंद ने अपना कमाल दिखाया था), वे अभी किसी पृथ्वीतर सभ्यता के टी.वी. स्क्रीन तक नहीं पहुंचे होंगे। यदि किसी पृथ्वीतर सभ्यता ने सौर मंडल की ओर कोई रेडियो-संदेश भेजा हो, तो

अभी कुछ दशक पहले तक उसे ग्रहण करने में हम समर्थ नहीं थे।

अब भारत में भी पुणे के पास नारायणगांव में मीटर-लंबाई की रेडियो-तरंगों को ग्रहण करने वाली एक विशाल रेडियो-दूरबीन स्थापित हो गई है। कई किलोमीटर क्षेत्र में फैली इस रेडियो-दूरबीन में कटोरे-नुमा 30 विशाल एंटेनाएं हैं और प्रत्येक एंटेना का व्यास 45 मीटर है (देखिए चित्र, पृष्ठ 183)। मीटर तरंग-दैर्घ्य वाली संसार में यह सबसे बड़ी रेडियो-दूरबीन है। इस दूरबीन का पृथ्वीतर सभ्यताओं की खोज के लिए भी उपयोग हो सकता है।

इस विशाल ब्रह्मांड में केवल हमारी सभ्यता का ही अस्तित्व हो, यह संभव नहीं लगता। पृथ्वीतर सभ्यताओं की तलाश के प्रयास निश्चय ही जारी रहने चाहिए। साथ ही, हमें अपने ग्रह पर भी जीवन का अस्तित्व बरकरार रखना होगा। ड्रेक समीकरण का अंतिम और महत्वपूर्ण घटक है—उन्नत सभ्यताओं का जीवन-काल (L)। पृथ्वी पर आधुनिक मानव ('होमो सेपियन्स' यानी बुद्धिमान मानव) का अस्तित्व पिछले लगभग डेढ़-दो लाख वर्षों से है। मानव-मस्तिष्क के बारे में अभी कई बातें अस्पष्ट हैं। हम भयानक गलतियां करते हैं। हम महायुद्ध रचते हैं। हम महाविनाशक परमाणु-बम बनाते हैं। हम अपनी पृथ्वी को तेजी से प्रदूषित करते जा रहे हैं। इसलिए हमारा प्राथमिक प्रयास होना चाहिए—पृथ्वी की मानव-सभ्यता को अधिक-से-अधिक दीर्घकालिक बनाना।

स्टीफेन हॉकिंग (जन्म 1942 ई.)

अभी कुछ दिन पहले प्रख्यात ब्रह्मांडविद स्टीफेन हॉकिंग (जन्म 1942 ई.) ने खुला सवाल पूछा है : "राजनीतिक, सामाजिक व पर्यावरण की अंध-व्यवस्था में फंस गई इस दुनिया में मानव-जाति आगे 100 साल तक किस तरह अपना अस्तित्व कायम रख सकती है?"

हॉकिंग ने स्वीकार किया है कि इस सवाल का उनके पास भी कोई जवाब नहीं है।

☆

परिशिष्ट

1. खगोल-विज्ञान का संक्षिप्त विकासक्रम
2. खगोल-विज्ञान संबंधी प्रमुख आंकड़े और स्थिरांक
3. ग्रहों के बारे में प्रमुख आंकड़े
4. खगोल और तारा-मानचित्र
5. उत्तरी खगोलार्ध व दक्षिणी खगोलार्ध
6. तारा-मंडल सूची
7. आकाश के सर्वाधिक चमकीले बीस तारे
8. विविध राशिनाम
9. राशियां और उनके भारतीय नक्षत्र / नजदीक के तारे
10. खगोल-विज्ञान की विशिष्ट शब्दावली
11. पारिभाषिक शब्दावली : हिंदी-अंग्रेजी / अंग्रेजी-हिंदी
12. पठनीय ग्रंथ

कांसे का बना हुआ भारतीय खगोल,
जिस पर तारांकन चांदी से किया गया है
(लगभग 1600 ई.)

दो सहयोगियों के बीच बैठा खगोलविद एक तारे का उन्नतांश माप रहा है।
(फ्रांस की 13वीं सदी की एक भजन-पोथी का लघुचित्र)

परिशिष्ट-1

खगोल-विज्ञान का संक्षिप्त विकासक्रम

[यहां नवषाषण युग से लेकर अब तक की खगोल-विज्ञान के क्षेत्र की प्रमुख उपलब्धियों का क्रमिक उल्लेख है। ईसा-पूर्व के वर्षों को ऋण चिह्न (–) से दर्शाया गया है। हर स्थिति में ठीक-ठीक काल-निर्धारण संभव नहीं है। मेरा प्रयास रहा कि खगोल-विज्ञान के क्षेत्र की भारतीय उपलब्धियों को समुचित प्रतिनिधित्व मिले।]

9000-4000 ई.पू. नवपाषाण युग, कृषिकर्म की शुरुआत। अन्न-संग्राहक और शिकारी मानव दिशा-ज्ञान व चंद्र की घटती-बढ़ती कलाओं से परिचित (प्रारंभिक चांद्र पंचांग)। कृषिकर्म के लिए मौसम की जानकारी जरूरी थी, और मौसम सूर्य की वार्षिक गति से निर्धारित होते हैं; इसलिए आरंभिक सौर पंचांग भी अस्तित्व में आया। आकाश के कुछ विशिष्ट तारों की स्थितियों से भी मौसम (कृषिकर्म) का निर्धारण होने लगा। आर्द्रा (गीला), पुनर्वसु (पुनः समृद्ध होना) आदि कई भारतीय नक्षत्रों के नाम कृषिकर्म से संबंधित हैं।

4000-1500 ई.पू. कांस्ययुग–मिस्र, मेसोपोटामिया, चीन और भारत–की प्राचीन सभ्यताएं; नगरों की स्थापना; लिपि व अंक-संकेतों का प्रचलन; प्रारंभिक अंकगणित और ज्यामिति का ज्ञान; सूर्य, चंद्र और पांच ग्रहों के आकाश-मार्ग के रूप में रविपथ (क्रांतिवृत्त) की पहचान।

–1500 **ऋग्वेद** में कुछेक नक्षत्रों के नाम। **यजुर्वेद** और **अथर्ववेद** में 27 (या 28) नक्षत्रों की सूची। मिस्र में धूप-घड़ी का उपयोग।

–575 मिलेटुस (एशिया माइनर) नगर के अनाक्सिमंदर द्वारा शंकु का उपयोग करके विषुव-काल तथा अयनांत-काल की खोज।

–500 (लगभग) महात्मा लगध का **वेदांग-ज्योतिष** (ऋक् व याजुष्) : पांच वर्ष का युग, 366 दिनों का वर्ष, नक्षत्र-सूची; त्रैराशिक का नियम।

–280 अरिस्टार्कस (सामोस-वासी) का मत : पृथ्वी तथा अन्य ग्रह सूर्य की

परिक्रमा करते हैं। सूर्य तथा चंद्र की सापेक्ष दूरियां जानने का प्रयास।

–230 इराटोस्थनीज द्वारा पृथ्वी की परिधि के मापन का प्रयास और क्रांतिवृत्त की तिर्यकता का मापन। एपोलोनियस का शांकव गणित।

–150 हिप्पार्कस का वेधकार्य–अयन-चलन की खोज, तारा-सूची, त्रिकोणमिति।

+100 (लगभग) जैन ज्योतिष-ग्रंथ **सूर्यप्रज्ञप्ति, ज्योतिषकरंड** आदि। यूनानी-बेबीलोनी ज्योतिष (गणित व फलित) का भारत में प्रवेश।

150 तालेमी (टॉलेमी) : सिकंदरिया के मिस्री-यूनानी खगोलविद। इनके ग्रंथ–**सिंटैक्सिस्** (अरबी में 'अल्-मजिस्ती') व **भूगोल**। तारा-सूची, त्रिकोणमिति, भूकेंद्रवाद। **गर्ग-संहिता**।

200 (लगभग) प्राचीन पंचसिद्धांत : सौर, पैतामह, वासिष्ठ, रोमक और पौलिश, जिनका संक्षिप्त परिचय बाद में वराहमिहिर (ईसा की छठी सदी) ने अपने **पंच-सिद्धांतिका** ग्रंथ में दिया।

499 आर्यभट (जन्म : 476 ई.) का **आर्यभटीय** ग्रंथ–ज्या-सारणी, $\pi = 3.1416$, भूभ्रमण (पृथ्वी के अक्ष-भ्रमण) का सिद्धांत, केवल चार मूल तत्व, समान कालावधि के चार युग, ग्रहणों की व्याख्या, त्रिकोणमिति।

550 वराहमिहिर (मृत्यु 587 ई.)–**पंचसिद्धांतिका, बृहत्संहिता, बृहज्जातक** आदि ग्रंथ; फलित-ज्योतिष का पुरजोर प्रतिपादन।

628 ब्रह्मगुप्त (जन्म : 598 ई.) के ग्रंथ : **ब्राह्मस्फुट-सिद्धांत** व **खंड-खाद्यक**; भास्कर (प्रथम) के ग्रंथ : **महाभास्करीय** व **आर्यभटीय-भाष्य** (629 ई.)।

772 बगदाद (स्थापना : 762 ई.) में ब्रह्मगुप्त के ग्रंथों का अरबी में अनुवाद। **सूर्य-सिद्धांत** का संशोधन (लगभग)।

819 खलीफा अल्-मामू द्वारा बगदाद में वेधशाला की स्थापना। गणितज्ञ-ज्योतिषी अल्-ख्वारिज्मी (783-850 ई.) का वेधकार्य; ज्योतिष-सारणी। तालेमी के **सिन्टैक्सिस्** ग्रंथ का अरबी में अनुवाद (**अल्-मजिस्ती**)।

904 वटेश्वर का **वटेश्वर-सिद्धांत**। मंजुलाचार्य का **लघुमानस** (932 ई.)। आर्यभट-द्वितीय का **महासिद्धांत** (लगभग 950 ई.)

1040 अल्-बिरूनी (973-1048ई.) के **किताब अल्-हिंद (भारत)** ग्रंथ में भारतीय गणित-ज्योतिष का विवरण। चीनी ज्योतिषी सु-सोङ् (1020-1101 ई.) की जल-प्रवाह खगोल-घड़ी। श्रीपति का **सिद्धांत-शेखर** (1039 ई.)।

1054 चीनी खगोलविदों द्वारा वृषभ तारा-मंडल में 'अतिथि तारे' (सुपरनोवा) का अवलोकन।

1100 उमर खय्याम : बीजगणित, वेधकार्य, पंचांग-सुधार।

1150 भास्कराचार्य (जन्म 1114 ई.) के ग्रंथ–**सिद्धांत-शिरोमणि** (4 भाग : लीलावती, बीजगणित, ग्रहगणित व गोलाध्याय) और **करण-कुतूहल**।

1356 नारायण पंडित की कृति **गणित-कौमुदी**।

1380 संगमग्राम (केरल) के माधव की गणित व ज्योतिष गवेषणाएं।

1431 केरल के परमेश्वर (1380-1455 ई.) का दीर्घकाल तक वेधकार्य; **गोलदीपिका**, **दृक्गणित** आदि ग्रंथ; दृक्-गणना पद्धति की स्थापना।

1435 उलूग बेग : समरकंद की वेधशाला, ज्योतिष-सारणी।

1460 नीलकंठ सोमयाजी (जन्म 1444 ई.) के ग्रंथ : **गोलसार, तंत्रसंग्रह, आर्यभटीय-टीका**; सौर मंडल का नया मॉडल।

1536 गणेश दैवज्ञ (जन्म : 1507 ई.) का **ग्रहलाघव** ग्रंथ (1520 ई.)।

1543 निकोलस कोपर्निकस (1473-1543 ई.) का सूर्यकेंद्री सिद्धांत।

1576 ट्यूको ब्राहे (1546-1601 ई.) द्वारा उरानीबर्ग (डेनमार्क) वेधशाला में वेधकार्य; तारा-सारणी। जेष्ठदेव की कृति **युक्तिभाषा** (मलयालम में)।

1600 ज्यार्दानो ब्रूनो (सूर्यकेंद्री सिद्धांत का जबरदस्त प्रचारक) को रोम में खूंटे से बांधकर जिंदा जला दिया गया!

1609 गैलीलियो (1564-1642 ई.) द्वारा पहली बार दूरबीन का उपयोग। केपलर (1571-1630 ई.) द्वारा ग्रहों की गतियों के दो नियमों की खोज; तीसरे नियम की खोज 1618 ई. में। सन् 1627 में ट्यूको ब्राहे की ज्योतिष-सारणी का प्रकाशन। कमलाकर का **सिद्धांत-तत्व-विवेक**।

1668 आइजेक न्यूटन (1642-1727 ई.) द्वारा परावर्ती दूरबीन का निर्माण।

1675 न्यूटन के प्रकाश-सिद्धांत का प्रकाशन। ग्रीनिच वेधशला की स्थापना। ओले रोमर (1644-1710 ई.) द्वारा प्रकाश के वेग का मापन।

1682 एडमंड हेली (1656-1742 ई.) द्वारा धूमकेतु ('हेली का धूमकेतु') का अवलोकन। 1705 ई. में हेली ने भविष्यवाणी की कि यही धूमकेतु 1758 ई. में पुनः पृथ्वी के आकाश में लौटेगा।

1687 आइजेक न्यूटन के **प्रिंसिपिया** ग्रंथ का प्रकाशन।

1728 सवाई जयसिंह (1686-1743 ई.) द्वारा जयपुर, दिल्ली, मथुरा, वाराणसी और उज्जैन में वेधशालाओं का निर्माण। जयसिंह के राजज्योतिषी पंडित जगन्नाथ (जन्म : 1652 ई.) का **सम्राट-सिद्धांत** ग्रंथ। जेम्स ब्रेडले (1693-1762 ई.) द्वारा प्रकाश-विपथन की खोज।

1772 योहान्न बोडे (1747-1826 ई.) द्वारा 'बोडे नियम' का प्रकाशन।

1781 विलियम हर्शेल (1738-1822 ई.) द्वारा यूरेनस ग्रह की खोज।

1784 मेसिए की 'नेबुला-सूची' का प्रकाशन।

1792 मद्रास (चेन्नई) में वेधशाला की स्थापना।

1799 लापलास (1749-1827 ई.) का नीहारिका सिद्धांत; **खगोल-यांत्रिकी** ग्रंथ।

1801 जियूसेप्पे पियाज्जी द्वारा पहले क्षुद्रग्रह (अब बौना ग्रह) सीरेस की खोज।

1834 फ्रीडरिख़ बेस्सेल (1784-1846 ई.) द्वारा व्याध तारे की अनियमित निजी गति की खोज और व्याध का एक साथी-तारा होने की घोषणा। बेस्सेल द्वारा पहली बार एक तारे की दूरी का निर्धारण (1838 ई.)।

1842 'डॉपलर प्रभाव' की खोज।

1846 एडम्स, लवेरिए और गाल्ले द्वारा नेपच्यून ग्रह की खोज।

1888 नेबुलाओं और तारा-गुच्छों का 'न्यू जनरल कैटलॉग' (**NGC**)।

1890 फोगेल द्वारा स्पेक्ट्रोस्कोपी के जरिए ग्रहणकारी युग्म-तारों की खोज।

1899 सामंत चंद्रशेखर सिंह (1835-1904 ई.) का **सिद्धांत-दर्पण**। कोडाइकनाल वेधशाला की स्थापना। निजामिया वेधशाला की स्थापना (1901 ई.)

1905 अल्बर्ट आइंस्टाइन (1879-1955 ई.) के 'विशिष्ट आपेक्षिकता-सिद्धांत' का प्रकाशन; सूत्र $E = mc^2$ का प्रतिपादन।

1912 कुमारी लीविट द्वारा सैफियरी चरों का अध्ययन और 'आवर्त-कांति संबंध' की खोज।

1913 हेनरी नॉरिस रसेल (1877-1957 ई.) का 'हर्ट्ज़स्प्रुंग-रसेल आरेख'।

1915 डब्ल्यू. एस. एडम्स द्वारा पहले वामन-तारे (व्याध के साथी-तारे) की खोज। आइंस्टाइन के 'व्यापक आपेक्षिकता सिद्धांत' का प्रकाशन।

1917 माउंट विल्सन (अमरीका) पर 250 सेंटीमीमीटर व्यास के दर्पण वाली 'हूकर दूरबीन' की स्थापना।

1918 हारलो शेपले द्वारा आकाशगंगा के आकार का सही अनुमान।

1919 आर्थर एडिंगटन (1882-1944 ई.) द्वारा सूर्य-ग्रहण का अध्ययन : सूर्य के समीप प्रकाश-किरणें थोड़ी भीतर की ओर मुड़ जाती हैं; आइंस्टाइन के व्यापक आपेक्षिकता-सिद्धांत के लिए एक सबूत।

1920 मंदाकिनियों के वर्णक्रमों में अवरक्त विस्थापन अथवा लाल सरकाव (red shift) की खोज। तारों में परमाणुओं के आयनीकरण से संबंधित मेघनाद साहा (1893-1956 ई.) के समीकरणों का प्रकाशन।

1923 एडविन हबल (1889-1953 ई.) ने सिद्ध किया कि आकाशगंगा के परे भी मंदाकिनियों का अस्तित्व है।

1927 जॉन ऊर्ट का प्रतिपादन : आकाशगंगा का घूर्णन और इसका केंद्र धनु तारा-मंडल की ओर।

1929 हबल का नियम : मंदाकिनियों का पलायन-वेग उनकी दूरियों के अनुपात में। स्त्रुवे : समूची आकाशगंगा में अंतर्नक्षत्रीय द्रव्य का अस्तित्व।

1930 क्लाइड टॉमबोव द्वारा प्लूटो की खोज। अगस्त 2006 तक प्लूटो सौर मंडल का नौवां ग्रह बना रहा; परंतु अंतर्राष्ट्रीय खगोल-विज्ञान संघ ने अब इसे 'बौने ग्रह' की श्रेणी में रखा है।

1931 कार्ल जान्स्की द्वारा तारों से आनेवाली रेडियो-तरंगों की खोज।

1938 सुब्रह्मण्यन् चंद्रशेखर (1910-1995 ई.) : **तारों की संरचना** ग्रंथ; 'चंद्रशेखर-सीमा' की खोज; भौतिकी का नोबेल पुरस्कार (1983 ई.)। तारों की ऊर्जा के बारे में बेथे और वाइत्साकेर के नए सिद्धांत।

1940 ग्रोटे रेबर द्वारा आकाश के प्रथम रेडियो-मैप का प्रकाशन।

1948 माउंट पालोमर (अमरीका) की 500 सेंटीमीटर व्यास के दर्पण वाली 'हाले दूरबीन' तैयार। आल्फेर, बेथे और गेमोव का तत्वों की उत्पत्ति का सिद्धांत–आदिम महाविस्फोट (बिग बैंग) का सिद्धांत। विश्व के विस्तार का स्थिर-स्थिति सिद्धांत (गोल्ड, बॉन्डी व हॉयल)।

1952 बाडे द्वारा मंदाकिनियों की दूरियों के पैमाने में संशोधन।

1955 नैनीताल वेधशाला की स्थापना–पहले वाराणसी में, 1954 ई. में।

1957 (4 अक्तूबर) सोवियत संघ (रूस) द्वारा पहले कृत्रिम उपग्रह (स्पूतनिक-1) का अंतरिक्ष में सफल प्रक्षेपण।
स्पूतनिक-2 में 'लाइका' नामक कुतिया की अंतरिक्षयात्रा।
जोड्रेल बैंक (इंग्लैंड) की 250-फुट व्यास की रेडियो-दूरबीन कार्यरत।

1959 ज्ञात रेडियो-स्रोतों का तृतीय कैम्ब्रिज कैटेलॉग (3C)।

1960 सांडेज और मैथ्यूज द्वारा क्वासरों की खोज।

1961 (12 अप्रैल) वोस्तोक-1 यान में यूरी गागारीन की अंतरिक्षयात्रा।

1963 श्मिड्ट द्वारा क्वासरों के लाल विस्थापन की खोज : क्वासर आकाशगंगा के बाहर हैं। 'बर्नार्ड के तारे' के गिर्द कोई ग्रह होने की संभावना।

1964 पेंजियाज और विल्सन द्वारा पार्श्ववर्ती माइक्रोवेव विकिरण की खोज, जिससे विश्वोत्पत्ति के 'बिग बैंग' सिद्धांत को समर्थन मिला।

1965 कर्क नीहारिका में प्रथम एक्स-रे स्रोत (τ X-1) की खोज।

1969 अपोलो-11 अंतरिक्षयान में आर्मस्ट्रांग व एल्डरिन की प्रथम चंद्रयात्रा। बेंगलूरु में भारतीय अंतरिक्ष अनुसंधान संगठन (इसरो) की स्थापना।

1972 पायोनियर-10 का बृहस्पति की ओर प्रक्षेपण।

1973 पायोनियर-11 का बृहस्पति की ओर प्रक्षेपण। पायोनियर-10 बृहस्पति के नजदीक पहुंचा, पृथ्वी पर चित्र भेजे और आगे बढ़ गया।

1974 कृष्ण-विवर (ब्लैक होल) की परिकल्पना प्रस्तुत की गई।

1979 वायजर-1 और वायजर-2 यान बृहस्पति के नजदीक पहुंचे, आगे बढ़े।

1980 वायजर-1 ने शनि के वलयों के चित्र धरती पर भेजे।

1981 अमरीकी अंतरिक्ष-शटल 'कोलंबिया' की प्रथम यात्रा।

1985 भारत में अंतर्राष्ट्रीय खगोल-विज्ञान संघ (IAU) का सम्मेलन।

1988 पुणे में खगोल-विज्ञान व खगोल-भौतिकी का अंतर्विश्वविद्यालय केंद्र शुरु।

1989 वैणु बाप्पू वेधशाला (कावलूर) में 2.5 मीटर व्यास की दूरबीन कार्यरत।

1990 पार्थिव कक्षा (अंतरिक्ष) में हबल-दूरबीन की स्थापना।

1994 शूमेकर-लेवी धूमकेतु बृहस्पति ग्रह से जाकर टकराया।

1997 नासा (अमरीका) के 'सॉजर्न' स्वचलित यान ने मंगल ग्रह की सतह पर यात्रा करके पृथ्वी पर चित्र भेजे। शनि और उसके चंद्र टाइटन के अध्ययन के लिए 'कास्सिनी-हाइगेंस' यान भेजा गया। नारायणगांव (पुणे) में मीटर-तरंग रेडियो-दूरबीन कार्यरत।

1999 (जुलाई) 'चंद्र' एक्स-रे दूरबीन की पृथ्वी की कक्षा में स्थापना।

2001 हान्ले (लद्दाख) में 'हिमालय चंद्र दूरबीन' की स्थापना।

2003 'मैप' नामक उपग्रह द्वारा प्रेषित सूचनाओं से 'बिग बैंग' का समर्थन। साथ ही, विश्व में 'अदृश्य ऊर्जा' या 'कृष्ण द्रव्य' (Dark Energy or Dark Matter) की खोज, जिससे प्रमाणित होता है कि विश्व का विस्तार निरंतर जारी रहेगा।

(जनवरी-फरवरी) अमरीकी अंतरिक्ष-शटल 'कोलंबिया' सोलह दिन की अंतरिक्षयात्र के बाद वायुमंडल में वापस लौटते समय विखंडित हो गया। इसमें सवार सातों अंतरिक्षयात्रियों की मृत्यु–भारतीय मूल की कल्पना चावला सहित।

(जुलाई-अगस्त) यूरोपीय अंतरिक्ष एजंसी ने 'मार्स एक्स्प्रेस' नामक यान मंगल की ओर भेजा, जो दिसंबर में उस ग्रह के पास पहुंचा। नासा

ने मंगल की ओर दो रोबोट-गाड़ियां ('स्पिरिट' व 'अपॉर्च्युनिटी') भेजीं। सौर मंडल में प्लूटो के परे उससे भी कुछ बड़े **एरीस** (2003 UB 313) नामक नए पिंड (बौने ग्रह) की खोज।

2004 (जनवरी) नासा की दो रोबोट-गाड़ियां मंगल की सतह पर उतरीं। पता चला कि किसी समय मंगल पर काफी पानी बहता रहा है।

2005 (4 जुलाई) नासा का 'डीप इम्पैक्ट' यान धूमकेतु '9पी/टेंपल 1' से जा टकराया।

'कास्सिनी-हाइगेंस' यान शनि के पास पहुंचा और 'हाइगेंस' प्रोब अलग होकर शनि के टाइटन उपग्रह पर उतरा।

2006 (जनवरी) 'कुइपेर पट्टे' के पिंडों के बारे में अधिक जानकारी प्राप्त करने के प्रयोजन से नासा ने 'न्यू होराइज़न' (नया क्षितिज) अभियान के अंतर्गत एक स्वचालित यान प्लूटो की ओर भेजा।

2006 (24 अगस्त) : प्राग (चेकोस्लोवाकिया) में आयोजित अंतर्राष्ट्रीय खगोल-विज्ञान संघ (IAU) के महाधिवेशन में 'ग्रह' की एक नई परिभाषा स्वीकार की गई : (1) ग्रह को सूर्य की परिक्रमा करनी चाहिए; (2) ग्रह इतना बड़ा होना चाहिए कि वह अपने गुरुत्वाकर्षण से गोल आकार ग्रहण कर ले; और (3) ग्रह की कक्षा से दूसरे पिंड पर्याप्त दूरी पर रहे। प्लूटो इस तीसरी कसौटी पर खरा नहीं उतरता; यह नेपच्यून की कक्षा के भीतर चला आता है। इसलिए अब इसे सौर मंडल का नौवां ग्रह नहीं माना जाएगा। प्लूटो और इसके परे खोजे गए एरीस आदि नए पिंड अब 'बौने ग्रह' (Dwarf Planets) या 'कुइपेर पट्टा पिंड (Kuiper Belt Objects) के नाम से जाने जाएंगे। अब सौर मंडल में 'प्रधान ग्रह' (Major Planets) आठ ही रह गए हैं–(क्रमशः) बुध, शुक्र, पृथ्वी, मंगल, बृहस्पति, शनि, यूरेनस और नेपच्यून।

☆

परिशिष्ट-2

खगोल-विज्ञान संबंधी प्रमुख आंकड़े और स्थिरांक

पृथ्वी का द्रव्यमान (भार)	=	6,60,0 0,00,00,00,00,00,00,00,000 टन (59737×10^{18} मीट्रिक टन)
पृथ्वी का औसत घनत्व	=	5.52 (पानी का घनत्व 1)
पृथ्वी का विषुववृतीय व्यास	=	12,756.28 किलोमीटर
पृथ्वी का ध्रुवीय व्यास	=	12,713.56 किलोमीटर
माध्य नाक्षत्र दिवस	=	23 घं. 56 मि. 4.09 से. माध्य सौरकाल
चांद्रमास, संयुति मास	=	29 दि. 12 घं. 44 मि. 2.9 से.
नाक्षत्र मास	=	27 दि. 7 घं. 43 मि. 11.5 से.
सायन वर्ष	=	365 दि. 5 घं. 48 मि. 46 से.
क्रांतिवृत्त-तल के साथ पृथ्वी के घूर्णन-अक्ष का झुकाव	=	66° 31' 22"
सूर्य के गिर्द पृथ्वी का कक्षीय वेग	=	29.76 किलोमीटर प्रति सेकंड
पृथ्वी की आयु	=	लगभग 4.6 अरब वर्ष
पृथ्वी से चंद्र की माध्य दूरी	=	3,84,400 किलोमीटर
चंद्र का व्यास	=	3476 किलोमीटर
पृथ्वी से सूर्य की माध्य दूरी	=	14,95,97,900 किलोमीटर (1 खगोलीय इकाई)
सूर्य का व्यास	=	13,92,000 किलोमीटर
सूर्य का द्रव्यमान	=	1.960×10^{27} टन

सूर्य का सतह-तापमान	=	लगभग 6000° सेल्सियस
सूर्य की केंद्रीय भट्ठी का तापमान	=	लगभग 1,60,00,000° सेल्सियस
प्रकाश का वेग	=	2,99,792.5 किलोमीटर प्रति सेकंड
1 प्रकाश-वर्ष	=	94,63,00,00,00,000 किलोमीटर
1 पारसेक	=	3.26 प्रकाश-वर्ष
1 खगोलीय एकक (इकाई)	=	8 मि. 18 से. (14,95,97,900 किमी.)
सबसे नजदीक का प्रॉक्सिमा-सेंटौरी तारा	=	4.3 प्रकाश-वर्ष दूर
आकाशगंगा में तारों की संख्या	=	लगभग 200 अरब
आकाशगंगा का व्यास	=	1,00,000 प्रकाश-वर्ष
आकाशगंगा के केंद्रभाग में इसकी मोटाई	=	20,000 प्रकाश-वर्ष
आकाशगंगा की द्रव्यराशि	=	लगभग 200 सूर्यों के बराबर
आकाशगंगा के केंद्रभाग से सूर्य की दूरी	=	30,000 प्रकाश-वर्ष
देवयानी मंदाकिनी (एंड्रोमीडा गैलेक्सी) की दूरी	=	20,00,000 प्रकाश-वर्ष
ज्ञेय विश्व की सीमा	=	15 से 20 अरब प्रकाश-वर्ष

☆

परिशिष्ट-3

सौर मंडल के ग्रहों के बारे में प्रमुख आंकड़े

ग्रह	औसत व्यास		औसत दूरी		द्रव्यराशि
	किलोमीटर	पृथ्वी = 1	किलोमीटर (करोड़)	पृथ्वी = 1	पृथ्वी = 1
1. बुध	4850	0.38	5.79	0.39	0.054
2. शुक्र	12,228	0.97	10.82	0.72	0.816
3. पृथ्वी	12,756	1.00	14.95	1.00	1.000
4. मंगल	6788	0.53	22.77	1.52	0.107
5. बृहस्पति	1,42,980	11.00	77.77	5.2	318.00
6. शनि	1,16,000	9.5	142.56	9.5	95.0
7. यूरेनस	51.000	4.0	286.85	19.2	14.6
8. नेपच्यून	45,000	3.5	450.00	30.0	17.2
बौने ग्रह					
प्लूटो	2330	?	595.60	39.7	?
एरीस (2003 UB 313)	3400		1500.00	100	
सीरेस	933		41.90	2.8	

सौर मंडल के ग्रहों के बारे में प्रमुख आंकड़े

गुरुत्वाकर्षण	घनत्व	उत्केंद्रता	औसत कक्षा-गति	सूर्य-परिक्रमा का समय	धुरी-परिक्रमा का समय	उपग्रह संख्या
पृथ्वी = 1	पानी = 1		किमी./से.	वर्षों में		
0.26	3.8	0.21	47.8	0.24	59 दिन	नहीं
0.90	4.9	0.007	35.0	0.62	?	नहीं
1.00	5.5	0.017	29.8	1.00	1 दिन	1
0.37	4.1	0.097	24.1	1.88	24 घं.37 मि.	2
2.64	1.3	0.048	13.0	11.86	9 घं. 50 मि.	18
1.13	0.7	0.056	9.6	29.42	10 घं. 47 मि.	31
0.84	1.5	0.047	6.88	84.02	10 घं. 42 मि.	15
1.14	2.2	0.009	5.4	164.80	15 घं. 48 मि.	8
बौने ग्रह						
?	?	0.250	4.7	247.70	153 घंटे	3
				557.00		1
				4.6	9.075 घंटे	

☆

परिशिष्ट-4

खगोल और तारा-मानचित्र

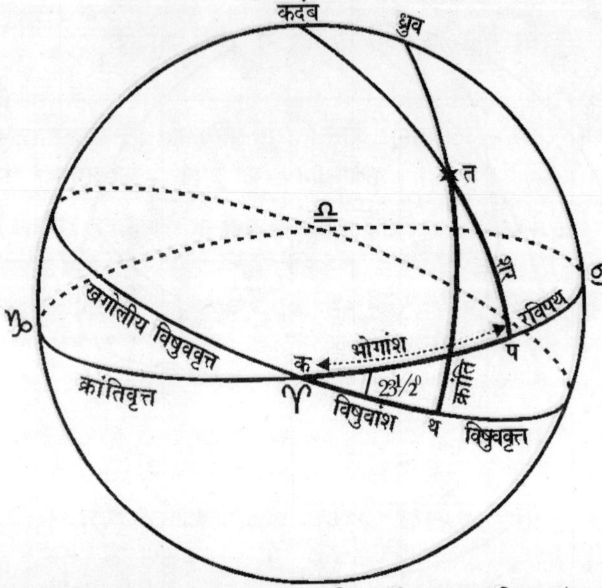

खगोलीय विषुववृत्त (Celestial equator) और क्रांतिवृत्त या रविपथ (Ecliptic) जिन दो बिंदुओं पर एक-दूसरे को (लगभग 23½° के कोण में) काटते हैं वे संपात-बिंदु (equinoxes) कहलाते हैं–एक वसंत-संपात-बिंदु (Vernal equinox, ♈, क) और दूसरा शरद-संपात-बिंदु (Autumnal equinox, ♎)। ऊपर की आकृति में–

ध्रुव = Celestial pole; कदंब = Pole of the ecliptic; त = खगोलीय पिंड, तारा

क(♈) = वसंत-संपात-बिंदु (First point of Aries, Vernal equinox)

♎ = शरद-संपात-बिंदु (First point of Libra, Autumnal equinox)

♋ = उत्तरायणांत, कर्क संक्रांति (First point of Cancer, Summer solstice)

♑ = दक्षिणायनांत, मकर संक्रांति (First point of Capricorn, Winter solstice)

♈ थ = विषुवांश (Right ascension); थ त = क्रांति (Declination)

♈ प = भोगांश (Celestial longitude); प त = शर (Celestial latitude)

खगोल पर हर तारे (पिंड) का एक सुनिश्चित स्थान होता है, जहां उसे उसके विषुवांश व क्रांति से हमेशा खोजा जा सकता है। तारे (**त**) के विषुवांश का मापन वसंत-संपात-बिंदु (♈) से पूर्व की ओर खगोलीय विषुववृत्त पर किया जाता है– 0^h से 24^h तक। जैसे, अगले पृष्ठ के मानचित्र में देखेंगे कि **आर्द्रा** (Betelgeuse) तारे का विषुवांश लगभग 6^h है तथा क्रांति + 7°; और **ज्येष्ठा** (Antares) तारे का विषुवांश $16^h 30^m$ तथा क्रांति –26° है।

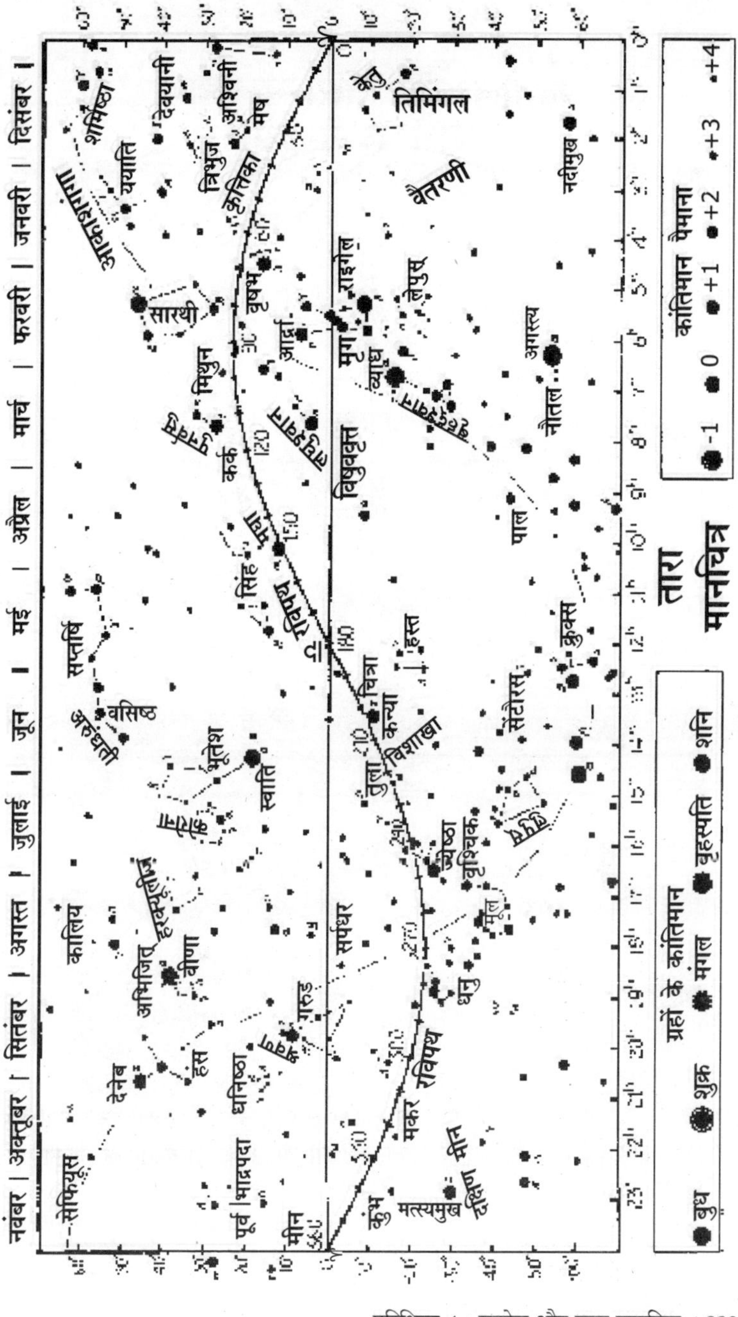

तारा मानचित्र
नवंबर | अक्तूबर | सितंबर | अगस्त | जुलाई | जून | मई | अप्रैल | मार्च | फरवरी | जनवरी | दिसंबर
सेफियस
देनेब
हंस
अभिजित
वीणा
कालिय
हरक्यूलीज
भूतेश
स्वाति
अरुंधती
वसिष्ठ
सप्तर्षि
सिंह
मघा
कर्क
मिथुन
सारथी
आकाशगंगा
ययाति
शर्मिष्ठा
देवयानी
अश्विनी
त्रिभुज
मेष
कृत्तिका
वृषभ
आर्द्रा
पूर्व भाद्रपदा
धनिष्ठा
गरुड
सर्पधर
मीन
रविपथ
चित्रा
कन्या
विशाखा
तुला
ज्येष्ठा
वृश्चिक
मूल
धनु
मकर
कुंभ
मत्स्यमुख
दक्षिण मीन
विषुववृत्त
हस्त
संटोरस
क्रुक्स
पाल
नौतल
अगस्त्य
व्याध
मृग
राइगेल
शशक
वैतरणी
तिमिंगल
कैतुस
नदीमुख
ग्रहों के कांतिमान
बुध
शुक्र
मंगल
बृहस्पति
शनि
कांतिमान पैमाना
-1
0
+1
+2
+3
+4

परिशिष्ट-5

उत्तरी खगोलार्ध

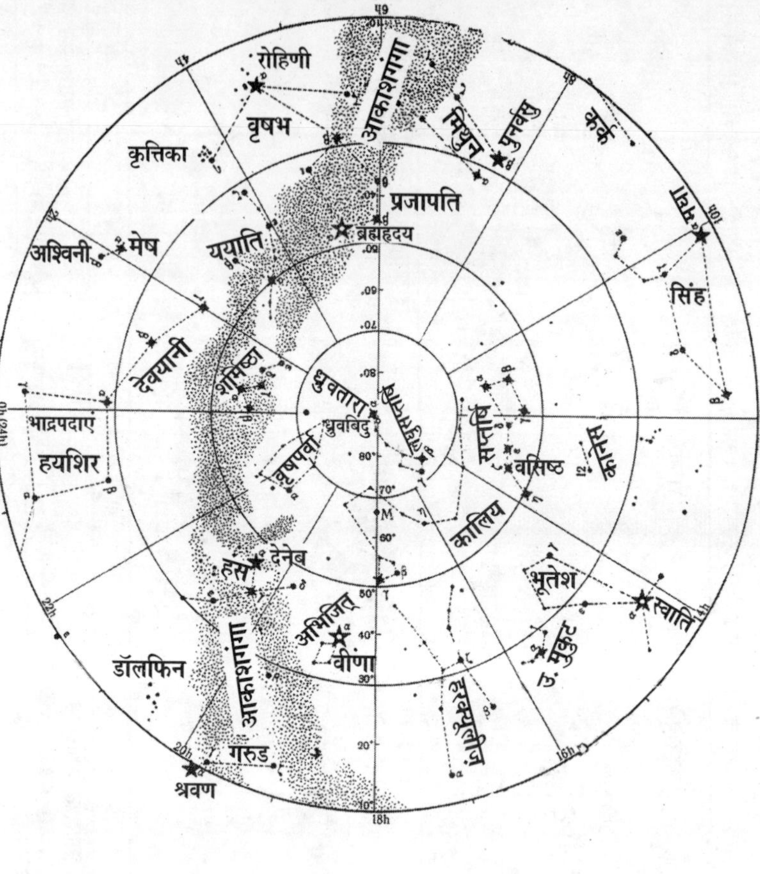

उत्तरी खगोलार्ध का केंद्र पृथ्वी के उत्तरी ध्रुव के ठीक ऊपर है; और, यह ध्रुव तारे के बहुत निकट है। आकाशगंगा का पट्टा, कुछ खंडित रूप में, उत्तर से दक्षिण फैला हुआ है। तारों की कांति का अनुमान उनकी सूचक बिंदियों या उनके तारांकनों के आकार से लगाया जा सकता है।

दक्षिणी खगोलार्ध

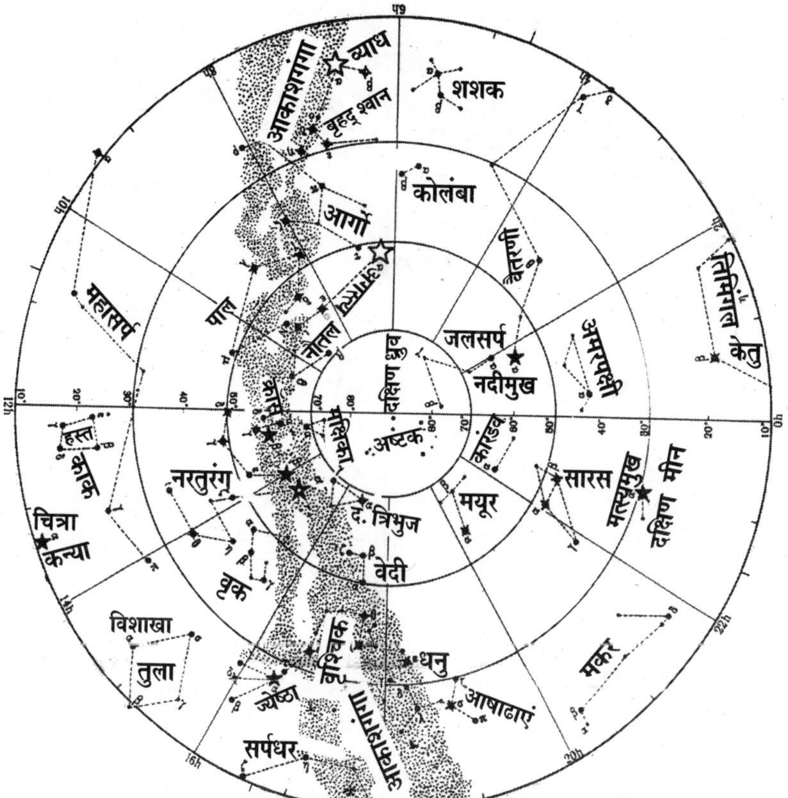

दक्षिणी खगोलार्ध के इस नक्शे के बाहरी घेरे के सभी तारा-मंडलों को पूरे भारत से देखा जा सकता है। **व्याध** (Sirius) के बाद आकाश के दूसरे सबसे चमकीले **अगस्त्य** (Canopus) तारे को मार्च-अप्रैल में रात के नौ-दस बजे लगभग समूचे भारत से दक्षिण क्षितिज के ऊपर आसानी से पहचाना जा सकता है। वैणु बाप्पू वेधशाला (कावलूर, तमिळनाडु) में स्थापित 2.5 मीटर व्यास के दर्पण वाली दूरबीन से दक्षिणी खगोल के एक काफी बड़े हिस्से का अध्ययन किया जा सकता है।

परिशिष्ट-6

तारा-मंडल सूची

आधुनिक खगोल-विज्ञान में संपूर्ण आकाश को 88 तारा-मंडलों में बांटा गया है। (N = उत्तरी खगोलार्ध में, S = दक्षिणी खगोलार्ध में, Z = राशिचक्र में)

पाश्चात्य नाम	अर्थ	भारतीय नाम	विशेष
Andromeda, N	एंड्रोमीडा	देवयानी	उत्तर भाद्रपदा, M31
Antlia, S	वायु-पंप	वाताकर्ष	
Apus, S	स्वर्ग का पक्षी		
Aquarius, **Z**	कुंभधर	**कुंभ**	शतभिषक् नक्षत्र
Aquila, N	गरुड	गरुड	श्रवण नक्षत्र
Ara, S	वेदी	वेदी	
Aries, **Z**	भेड़ा	**मेष**	अश्विनी, भरणी नक्षत्र
Auriga, N	सारथी	प्रजापति	ब्रह्महृदय
Boötes, N	चरवाहा, शिकारी	बोतीज, भूतेश	स्वाति नक्षत्र
Caelum, S	छेनी	तक्षणी	
Camelopardus, N	जिराफ़	जिराफ़	
Cancer, **Z**	केकड़ा	**कर्क**	पुष्य, आश्लेषा, M44
Canes Venatici, N	शिकारी कुत्ते	कानेस वेनाटिसी	कोर कारोली, M51
Canis Major, S	बड़ा कुत्ता	बृहद् श्वान	व्याध (लुब्धक) तारा
Canis Minor, S	छोटा कुत्ता	लघु श्वान	प्रोसियोन तारा
Capricornus, **Z**	समुद्री बकरा	**मकर**	मकर संक्रांति
Carina, S	नौकातल	नौतल	अगस्त्य नक्षत्र
Cassiopeia, N	कैसियोपिया	शर्मिष्ठा	शेदर
Centaurus, S	सेंटौरस्	नरतुरंग	प्रॉक्सिमा-सेंटौरी तारा
Cepheus, N	सेफियस	वृषपर्वा	δ-सैफी
Cetus, N	सेतुस्	तिमिंगल, केतु	माइरा तारा
Chamaeleon, S	बहुरूपी	गिरगिट	
Circinus, S	कंपास	परकार	
Colamba, S	कपोत	कपोत	

पाश्चात्य नाम	अर्थ	भारतीय नाम	विशेष
Coma Berenices, N	बेरेनिस के बाल	केश	मंदाकिनी-समूह
Corona Australis, S	दक्षिणी मुकुट	दक्षिणी किरीट	
Corona Borealis, N	उत्तरी मुकुट	उत्तरी किरीट	अल्फक्का
Corvus, S	कौआ	काक	हस्त नक्षत्र
Crater, S	प्याला	चषक	
Crux, S	क्रॉस, सलीब	स्वस्तिक	'कोयले की गठरी'
Cygnus, N	हंस	हंस	देनेब तारा
Delphinus, N	डॉलफिन	डॉलफिन	धनिष्ठा नक्षत्र
Dorado, S	तेगामछली	दोरादो	बड़ा मेजल्लानी मेघ
Draco, N	ड्रैगन	कालिय	थुबान तारा
Equuleus, N	छोटा घोड़ा	लघु अश्व	
Eridanus, S	एरिदानुस्	वैतरणी	नदीमुख (आख़रनार)
Fornax, S	भट्ठी	भट्ठी	
Gemini, **Z**	जुड़वां	**मिथुन**	पुनर्वसु नक्षत्र
Grus, S	सारस	सारस	
Hercules, N	हरक्यूलीज	हरक्यूलीज	M13
Horologium, S	घड़ी	घड़ी	
Hydra, N	महाजलसर्प	महासर्प	अल्-फर्द तारा
Hydrus, S	जलसर्प	जलसर्प	
Indus, S	इंडियन	इंदुस्	
Lacerta, N	छिपकली		
Leo, **Z**	सिंह	**सिंह**	मघा, फाल्गुनी नक्षत्र
Leo Minor, N	छोटा सिंह	लघु सिंह	
Lepus, S	खरगोश	शशक	
Libra, **Z**	तराजू	**तुला**	विशाखा नक्षत्र
Lupus, S	भेड़िया	वृक	
Lynx, N	बनबिलाव	बिडाल	
Lyra, N	वीणा	वीणा	अभिजित् नक्षत्र
Mensa, S	पर्वत-पठार	पठार	
Microscopium, S	माइक्रोस्कोप	सूक्ष्मदर्शी	
Monoceros, S	मोनोसेरॉस	एकशृंग	
Musca, S	मक्खी	मक्षिका	

पाश्चात्य नाम	अर्थ	भारतीय नाम	विशेष
Norma, S	गुनिया	गुनिया	
Octans, S	अष्टक	अष्टक	दक्षिण ध्रुव
Ophiuchus, N	सर्पधर	सर्पधर	प्रस्तावित 13वीं राशि
Orion, N	शिकारी, बहेलिया	मृग	आर्द्रा नक्षत्र, M12
Pavo, S	मोर	मयूर	
Pegasus, N	पेगासस	हयशिर	भाद्रपदा नक्षत्र
Perseus, N	पर्सेयूस्	ययाति	अलग़ूल तारा
Phoenix, S	अमरपक्षी	अमरपक्षी	
Pictor, S	चित्रफलक	चित्रफलक	
Pisces, **Z**	मछलियां	**मीन**	रेवती नक्षत्र
Piscis Australis, S	दक्षिण की मछली	दक्षिण मीन	मत्स्यमुख तारा
Puppis, S	नाव का पिच्छल	पिच्छल	
Pyxis, S	कुतुबनुमा	दिक्सूचक	
Reticulum, S	जाल	जाल	
Sagitta, N	तीर	बाण	
Sagittarius, **Z**	धनुर्धर	**धनु**	आषाढा, आकाशगंगा-केंद्र
Scorpius, **Z**	बिच्छू	**वृश्चिक**	ज्येष्ठा, मूल नक्षत्र
Sculptor, S	शिल्पकार	शिल्पकार	
Scutum, S	ढाल	ढाल	
Serpens, N	सर्प	सर्प	
Sextans, S	वृत्त का छठा भाग	षडंश	
Taurus, **Z**	सांड	**वृषभ**	रोहिणी, कृत्तिका
Telescopium, S	दूरबीन	दूरदर्शी	
Triangulum, N	त्रिभुज	त्रिभुज	
Triangulum Australe, S	दक्षिणी त्रिभुज	दक्षिणी त्रिभुज	
Tucana, S	एक पक्षी	कारंडव	छोटा मेजल्लानी मेघ
Ursa Major, N	बड़ा भालू	सप्तर्षि	सप्तर्षि
Ursa Minor, N	छोटा भालू	लघुसप्तर्षि	ध्रुव तारा
Vela, S	नाव का पाल	पाल	
Virgo, **Z**	कन्या	**कन्या**	चित्रा नक्षत्र
Volans, S	उड़न-मछली	उड़न-मीन	
Vulpecula, S	छोटी लोमड़ी	शृगाल	

☆

परिशिष्ट-7

आकाश के सर्वाधिक चमकीले बीस तारे

तारा	दृश्य कांतिमान	निरपेक्ष कांतिमान	रंग	दूरी (प्रकाश-वर्ष)
1. व्याध (लुब्धक)	– 1.5 जु	+ 1.3	नीला	8.6
2. अगस्त्य	– 0.7	– 4.6	पीला	98.0
3. α-सेंटौरी	+ 0.3 जु	+ 4.7	पीला	4.3
4. अभिजित्	0.1	+ 0.5	नीला	26.4
5. ब्रह्महृदय	0.1	– 0.5	पीला	46.0
6. स्वाति	0.2	0.0	नारंगी	36.0
7. राइगेल	0.1 जु	– 6.2	नीला	450.0
8. प्रोसियोन	0.4 जु	+ 2.8	पीला	11.0
9. आख़रनार	0.5	– 2.6	नीला	118.0
10. β-सेंटौरी	0.9	– 3.1	नीला	450.0
11. श्रवण	0.8	+ 2.4	पीला	16.0
12. आर्द्रा	0.9	– 5.6	लाल	240.0
13. α-स्वस्तिक	1.1 जु	2.7	नीला	220.0
14. रोहिणी	1.1 जु	– 0.5	लाल	68.0
15. चित्रा	1.2 जु	– 2.2	नीला	160.0
16. पोलक्स	1.2	+ 1.0	पीला	33.0
17. ज्येष्ठा	1.0 जु	– 2.4	लाल	170.0
18. मत्स्यमुख	1.2	+ 2.1	नीला	23.0
19. देनेब	1.3	– 4.6	नीला	540.0
20. मघा	1.3 जु	– 0.7	नीला	85.0

टिप्पणी : 'जु' का अर्थ है–जुड़वां तारा। किसी तारे को 10 पारसेक (32.6 प्रकाश-वर्ष) की दूरी पर कल्पित करने से उसका जो दृश्य कांतिमान होगा उसे 'निरपेक्ष कांतिमान' कहते हैं। अधिक दूर के तारों की दूरियां सुनिश्चित नहीं हैं।

परिशिष्ट-8

विविध राशिनाम

लैटिन नाम	समानार्थी अंग्रेजी नाम	यूनानी नाम	वराहमिहिर के नाम	संस्कृत नाम	बेबीलोनी नाम
1. ऐरिईज	Ram	क्रिओस	क्रिय	मेष	कु, इ-कु (मेढ़ा)
2. टौरस	Bull	टॉरस्	ताबुरि	वृषभ	ते-ते (सांड)
3. जेमिनी	Twins	दिदुमोई, दिदुम	जितुम	मिथुन	मस्मसु (युगल)
4. कैंसर	Crab	कलौरस्, कर्खिनोस्	कुलीर	कर्क, कर्कट	नंगरू (केकड़ा)
5. लिओ	Lion	लिओन्	लेय	सिंह	अरू (सिंह)
6. विरगो	Virgin	पार्थेनोस् पाथोन	प्राथोन,	कन्या	की (कन्या)
7. लिब्रा	Balance	जुगोस्, जुकोस्	जूक	तुला	नुरू (तुला)
8. स्कोर्पियो	Scorpion	स्कोर्पिओस्	कौर्प्य	वृश्चिक	अक्रबु (बिच्छू)
9. सैजिटेरियस	Archer	तोजेऊतस्	तौक्षिक	धनु	पा, मुलबान (धनुर्धर)
10. कैप्रिकोर्नस	Goat	आइगोकेरौस्	आकोकोर	मकर	साहु (बकरा)
11. एक्वेरियस	Water-Bearer	हिद्रोकोस्	हृद्रोग	कुंभ	गु (कुंभधर)
12. पिसीज	Fish	इक्थए, इख्थुएस	इत्थ, अंत्यभ	मीन (मछली)	झिब, नूनी

☆

परिशिष्ट-9

राशियां और उनके भारतीय नक्षत्र

(प्रत्येक राशि में 30 अंशों के तुल्य सवा-दो नक्षत्रों का समावेश किया गया है)

राशि चिह्न	राशि नाम	नक्षत्र
♈	मेष	अश्विनी (1), भरणी (1), कृत्तिका (¼)
♉	वृषभ	कृत्तिका (¾), रोहिणी(1), मृग (½)
♊	मिथुन	मृग (½), आर्द्रा (1), पुनर्वसु (¾)
♋	कर्क	पुनर्वसु (¼), पुष्य (1), आश्लेषा(1)
♌	सिंह	मघा (1), पूर्वाफाल्गुनी(1), उत्तराफाल्गुनी (¼)
♍	कन्या	उत्तराफाल्गुनी (¾), हस्त (1), चित्रा (½)
♎	तुला	चित्रा (½), स्वाति (1), विशाखा (¾)
♏	वृश्चिक	विशाखा (¼), अनुराधा (1), ज्येष्ठा (1)
♐	धनु	मूल (1), पूर्वाषाढा (1), उत्तराषाढा (¼)
♑	मकर	उत्तराषाढा (¾), (अभिजित्), श्रवण(1), धनिष्ठा (½)
♒	कुंभ	धनिष्ठा (½), शतभिषक् (1), पूर्वभाद्रपदा (¾)
♓	मीन	पूर्वभाद्रपदा (¼), उत्तरभाद्रपदा (1), रेवती (1)

नजदीक के तारे

तारा	दूरी (प्रकाश वर्ष)	तारा	दूरी (प्रकाश वर्ष)
प्रॉक्सिमा सेंटौरी	4.24	रॉस 248(HH देवयानी)	10.37
α सेंटौरी अ, ब	4.34	ε वैतरणी	10.63
बर्नार्ड का तारा	5.97	रॉस 128(FI कन्या)	10.79
वूल्फ 359(CN सिंह)	7.80	GX व GQ देवयानी	11.22
लालांदे 21185	8.19	61 हंस अ, ब	11.22
UV सेती अ, ब	8.55	HD 173739	11.25
व्याध अ, ब	8.67	ε इंदुस्	11.25
रॉस 154	9.52	τ सेती	11.41

परिशिष्ट-10

खगोल-विज्ञान की विशिष्ट शब्दावली

अंतर्नक्षत्रीय द्रव्य (interstellar matter) : तारों के बीच के अंतरिक्ष में मौजूद द्रव्य, जो हाइड्रोजन गैस और ब्रह्मांडीय धूल के रूप में है।

अंतर्राष्ट्रीय खगोल-विज्ञान संघ (International Astronomical Union, IAU) : दुनिया-भर के खगोलविदों का संगठन, जो खगोलीय शोधकार्य के बारे में महत्वपूर्ण निर्णय लेता है। जैसे, अगस्त 2006 में प्राग में आयोजित संघ के अधिवेशन में 'ग्रह' की एक नई परिभाषा स्वीकार करके निर्णय लिया गया कि आगे से प्लूटो को 'प्रधान ग्रह' नहीं, बल्कि एक 'बौना ग्रह' माना जाएगा। अतः अब सौर मंडल में 8 ही 'प्रधान ग्रह' रह गए हैं–बुध से नेपच्यून तक। क्षुद्रग्रह **सीरेस** को भी बौना ग्रह माना गया है। प्लूटो के परे खोजे गए बौने ग्रह 2003 UB313 को अधिकृत नाम मिला है–**एरीस** (Eris)।

अधिनवतारा (supernova) : किसी पुराने, विशाल तारे का नाभिकीय ईंधन समाप्त हो जाने पर उसमें जो विस्फोट होता है, उसे 'सुपरनोवा' कहते हैं। तब तारे की कांति हजारों गुना बढ़ जाती है। तारे का नाभिकीय ईंधन समाप्त हो जाने पर उसके केंद्रभाग में द्रव्य का तेजी से पतन होता है और तब वहां तापमान करोड़ों डिग्री बढ़ जाता है। सुपरनोवा विस्फोट होने पर तारा अपने अधिकांश द्रव्य को अंतरिक्ष में बिखेर देता है। शेष बचती है, लगभग बुझे हुए द्रव्य की एक अतिसघन गुठली (सफेद बौना तारा)। चीनी खगोलविदों द्वारा 1054 ई. में वृषभ तारा-मंडल में देखे गए सुपरनोवा विस्फोट की फैलती द्रव्यराशि को आज हम **कर्क नीहारिका** (Crab Nebula) के रूप में देखते हैं। कुछ सुपरनोवा विस्फोटों को नंगी आंखों से भी देखा जा सकता है। सन् 1987 में 'बड़े मेजल्लाली मेघ' में एक सुपरनोवा विस्फोट को देखा गया था। देखिए **गुरुत्वीय पतन** (gravitational collapse)।

अधोबिंदु (nadir) : खगोल पर शिरोबिंदु (zenith) की विपरीत दिशा में स्थित बिंदु। प्रेक्षक के पैरों के ठीक नीचे होने के कारण इसे 'पदबिंदु' भी कहते हैं।

अभिरक्त विस्थापन (red shift) : मंदाकिनियों के वर्णक्रमपट में वर्णक्रम-रेखाओं का लाल सिरे की ओर सरकाव (लाल विस्थापन)। 'डॉपलर प्रभाव' के अनुसार,

यह अभिरक्त विस्थापन या लाल विस्थापन मंदाकिनियों के हमसे दूर भागते जाने का सूचक है। अमरीकी खगोलविद एडविन हबल ने 1929 ई. में पता लगाया कि अधिक दूर की मंदाकिनियों का लाल विस्थापन अधिक होता है। लाल विस्थापन से मंदाकिनियों की दूरियां निर्धारित की जाती हैं।

अयन-चलन (precession of the equinoxes) : विषुव-बिंदुओं का तारा-मंडलों के बीच पश्चिम की ओर अत्यंत मंद गमन, जो प्रति वर्ष 50" होता है। अतः तारों की स्थितियां (विषुवांश व क्रांति) निरंतर बदलती रहती हैं। विषुव-बिंदु पश्चगमन करते हुए करीब 26,000 वर्षों में खगोल का एक पूरा चक्कर लगाते हैं। ध्रुव-बिंदु भी इतने ही वर्षों में कदंब (pole of the ecliptlic) की एक परिक्रमा करते हैं।

अयनांत (solstices) : तारों के बीच सूर्य के वार्षिक पथ की चरम स्थितियां : जब उत्तर की ओर इसकी क्रांति (declination) महत्तम होती है (उत्तर अयनांत, कर्क संक्रांति), और जब दक्षिण की ओर इसकी क्रांति महत्तम होती है (दक्षिण अयनांत, मकर संक्रांति)।

अरीय वेग (radial velocity) : प्रेक्षक की दृष्टि-रेखा में किसी तारे के वेग का घटक। 'डॉपलर प्रभाव' के अनुसार, तारा यदि प्रेक्षक की ओर आ रहा है, तो उसकी स्पेक्ट्रम-रेखाएं नीले सिरे की ओर सरकती हैं; और यदि वह प्रेक्षक से दूर जा रहा है, तो उसकी स्पेक्ट्रम-रेखाएं लाल सिरे की ओर सरकती हैं।

आकाशगंगा (Milky Way) : आकाश में उत्तर-दक्षिण में फैला तारों का दुधिया पट्टा। वस्तुतः पहिए के आकार की एक विशाल तारक-योजना–1,00,000 प्रकाश-वर्ष चौड़ी, जिसमें लगभग 200 अरब तारे हैं। इनमें एक है हमारा सूर्य-तारा, जो आकाशगंगा-केंद्र से करीब 30,000 प्रकाश-वर्ष दूर इसकी एक बांह में स्थित है।

आपेक्षिकता सिद्धांत (Relativity theory) : आइंस्टाइन द्वारा प्रतिपादित सिद्धांत, जो दिक्, काल व गति के बीच संबंध स्थापित करता है। यदि किसी पिंड का वेग प्रकाश के वेग (3,00,000 किमी./से.) के नजदीक पहुंचता है, तो काल की गति धीमी होती प्रतीत होती है, गतिमान पिंड का आकार बदलता है और उसका द्रव्यमान बढ़ जाता है।

आरोही पात (ascending node) : किसी ग्रह की कक्षा और क्रांतिवृत्त (रविपथ) का वह प्रतिच्छेद-बिंदु, जहां वह ग्रह दक्षिण से उत्तर की ओर गमन करते समय क्रांतिवृत्त को लांघता है। चंद्र के आरोही पात को 'राहु' कहते हैं।

इसरो (Indian Space Research Organization, ISRO) : **भारतीय अंतरिक्ष अनुसंधान संगठन** : मुख्यालय व उपग्रह केंद्र बेंगलूरु में, विक्रम साराभाई अंतरिक्ष केंद्र तिरुवनंतपुरम में और शार (श्रीहरिकोटा रैंज) केंद्र श्रीहरिकोटा में।

उन्नतांश (altitude) : आकाशस्थ पिंड की क्षितिज से ऊपर की कोणीय दूरी। यह दूरी क्षितिज से शिरोबिंदु पर पहुंचनेवाले उस पिंड के उद्वृत्त (vertical circle) पर मापी जाती है।

ऊर्ट बादल (Oort cloud) : सौर मंडल की बाहरी सीमा का विशाल गोलाकार घेरा, जो अधिकांश दीर्घकालिक धूमकेतुओं का स्रोत-स्थान है। डच खगोलविद जान ऊर्ट (1899-1971 ई.) के नाम वाले इस घेरे में कई खरब धूमकेतुओं का निवास हो सकता है। जब कोई तारा ऊर्ट बादल के कुछ नजदीक से गुजरता है, तब वह इसके अनेक धूमकेतुओं को सूर्य की कक्षा में या सौर मंडल के बाहर ढकेल देता है। ऊर्ट बादल सूर्य से 4500 अरब से 15,000 अरब किलोमीटर तक (करीब डेढ़ प्रकाश-वर्ष दूरी तक) फैला हुआ है। सूर्य से सबसे नजदीक का दूसरा तारा प्रॉक्सिमा-सेंटौरी लगभग 4.3 प्रकाश-वर्ष दूर है।

एक्स-रे खगोलिकी (X-ray astronomy) : अंतरिक्ष से आने वाली एक्स-किरणों का अध्ययन। पृथ्वी का वायुमंडल एक्स-किरणों को धरातल तक नहीं पहुंचने देता, इसलिए इनके अध्ययन-अन्वेषण के लिए राकेट और उपग्रह ऊपर अंतरिक्ष में भेजे जाते हैं। नासा ने 1999 ई. में 'चंद्र' नामक एक्स-रे दूरबीन अंतरिक्ष में भेजी थी। जुड़वां तारों, सुपरनोवा, मंदाकिनियों के बाहरी घेरे की तप्त गैसों और कृष्ण विवर में गिरने वाली चक्रिल द्रव्यराशि से एक्स-किरणों का उत्सर्जन होता है।

एरीस (Eris) : प्लूटो के परे 2005 ई. में खोजा गया एक बौना ग्रह (कुइपेर पट्टा पिंड), जिसे अंतर्राष्ट्रीय खगोल-विज्ञान संघ ने सितंबर 2006 में **एरीस** (कलह की यूनानी देवी) का अधिकृत नाम दिया है। प्लूटो से कुछ बड़ा यह बौना ग्रह करीब 15 अरब किलोमीटर की औसत दूरी से हमारे लगभग 557 वर्षों में सूर्य का एक चक्कर लगाता है। एरीस के चंद्र को **दिसनोमिया** (Dysnomia) नाम दिया गया है।

एन.जी.सी. (NGC : New General Catalogue of Nebulae and Clusters of Stars) : खगोलविदों द्वारा 1888 ई. से तैयार किया जा रहा कैटेलॉग, जिसमें लगभग 13,000 आकाशस्थ ज्योतियों–'नीहारिकाओं' तथा तारा-गुच्छों–के संक्षिप्त नामों का निर्देश है। इसमें 12,000 से अधिक मंदाकिनियों का समावेश है। इस कैटेलॉग में प्रसिद्ध देवयानी मंदाकिनी (Andromeda galaxy) को NGC 224 से और हरक्यूलीज मंडल के गोलाकर तारा-गुच्छ को NGC 6205 से निर्देशित किया गया है।

कांतिमान (magnitude) : तारे की कांति का एक माप। कांतिमान एक संख्या है। कोरी आंखों से दिखाई देनेवाले तारों को, उनकी कमोबेश कांति के अनुसार, छह कांतिमानों में बांटा गया है। छोटी संख्या ज्यादा कांतिमान की सूचक होती है।

कुइपेर पट्टा (Kuiper belt) : नेपच्यून की कक्षा के परे छोटे-छोटे लाखों बर्फीले पिंडों का जो विशाल पट्टा है, उसे डच खगोलविद जेराल्ड कुइपेर (Gerald Kuiper : 1905-1993 ई.) की स्मृति में कुइपेर पट्टे का नाम दिया गया है। कुइपेर पट्टा ग्रहों के समतल में सूर्य से करीब 5 अरब से 15 अरब किलोमीटर की दूरी तक फैला हुआ है। बौने ग्रह प्लूटो व एरीस, इनके क्रमशः कारोन व दिसनोमिया आदि चंद्र और इन्हीं की तरह के अन्य कई छोटे-बड़े पिंड वस्तुतः कुइपेर पट्टे के ही सदस्य हैं। लगभग 200 वर्ष के भीतर सूर्य का चक्कर लगा लेने वाले धूमकेतु भी मूलतः इसी पट्टे के सदस्य रहे हैं।

कृष्ण विवर (black hole) : दिक्काल (space-time) का वह क्षेत्र जहां से कुछ भी, यहां तक कि प्रकाश भी, बाहर नहीं आ सकता, क्योंकि वहां प्रकाश-वेग से पलायन-वेग अधिक होता है, गुरुत्वाकर्षण बहुत ज्यादा होता है।

कृष्ण द्रव्य (dark matter) : ऐसा परिकल्पित द्रव्य जो पूर्णतः अदृश्य रहता है, परंतु अपने गुरुत्वाकर्षण के जरिए अपना अस्तित्व जाहिर करता है। वैज्ञानिकों का मत है कि विश्व में विद्यमान समूचे द्रव्य का हम केवल एक प्रतिशत ही देख सकते हैं; बाकी द्रव्य, कृष्ण द्रव्य के रूप में, मंदाकिनियों के अंदर-बाहर मौजूद है। यह कृष्ण द्रव्य कृष्ण विवरों, परमाणु कणों तथा अतिमंदकांति तारों के रूप में हो सकता है।

क्रांति (declination) : एक निर्देशांक, जो खगोलीय विषुववृत्त से किसी पिंड की कोणीय दूरी दर्शाता है – उत्तर की ओर धन (+) और दक्षिण की ओर ऋण (–)।

क्वासर (quasi-stellar radio source = quaser) : अतिदूर की मंदाकिनियां या ज्योतियां, जो तीव्र प्रकाश और शक्तिशाली रेडियो-संकेतों का प्रक्षेपण करती हैं।

खगोलीय एकक या इकाई (astronomical unit) : सूर्य के केंद्र और पृथ्वी के केंद्र के बीच की माध्य या औसत दूरी — 14,95,97,870 किलोमीटर।

खगोलीय याम्योत्तरवृत्त (celestial meridian) : खगोल का वह बृहद् वृत्त जो दोनों ध्रुवों, शिरोबिंदु और अधोबिंदु से होकर गुजरता है। याम्योत्तरवृत्त क्षितिज को दक्षिण वं उत्तर दिशा-बिंदुओं में काटता है।

खगोलीय विषुववृत्त (celestial equator) : खगोल का वह बृहद् वृत्त जो खगोलीय ध्रुवों (celestial poles) के बीच की आधी दूरी पर होता है।

गुरुत्वीय पतन (gravitational collapse) : अत्यधिक द्रव्यमान वाले तारे के जीवन के अंतिम दौर की एक घटना। तारे के केंद्रभाग में नाभिकीय ईंधन समाप्त हो जाने पर उसका तापमान गिर जाता है; भीतर से बाहर ढकेलने वाला दाब नहीं रह जाता। इसलिए गुरुत्वीय बल के कारण तारे के बाहरी द्रव्य का भीतर की ओर तेजी से पतन होता है। इस प्रक्रिया में भीषण ऊर्जा पैदा होती है और तारा

सुपरनोवा (supernova) में तब्दील हो जाता है, यानी तारे में विस्फोट हो जाता है और उसकी कांति एकाएक बहुत ज्यादा बढ़ जाती है।

गोलाकार तारा-गुच्छ (globular star clusters) : ऐसे लगभग गोलाकार तारा-गुच्छ, जिनमें दस हजार से एक लाख तक तारे होते हैं और गुच्छ-केंद्र की ओर उनका जमाव ज्यादा होता है। इन गोलाकार तारा-गुच्छों में प्रमुखतः पुराने तारे होते हैं। हमारी आकाशगंगा-मंदाकिनी में लगभग 100 गोलाकार तारा-गुच्छ हैं। ऐसा काफी नजदीक का एक बड़ा और चमकीला गोलाकार तारा-गुच्छ ω-सेंटौरी (NGC 5139) है, जो हमसे करीब 17,000 प्रकाश-वर्ष दूर है। ऐसे गोलाकार गुच्छ अन्य मंदाकिनियों में भी खोजे गए हैं।

ग्रह (planet) : आकाश का ऐसा गोल पिंड, जो स्वयं प्रकाशित नहीं है और अपने तारे की परिक्रमा करता है। अंतर्राष्ट्रीय खगोल-विज्ञान संघ द्वारा अगस्त 2006 ई. में लिये गए निर्णय के अनुसार, अब सौर मंडल में आठ ही प्रधान ग्रह (major planets) रह गए हैं : (क्रमशः) बुध, शुक्र, पृथ्वी, मंगल, बृहस्पति, शनि, यूरेनस व नेपच्यून। इनके अलावा, कई हजार क्षुद्रग्रह या लघुग्रह (asteroids) हैं। नेपच्यून के परे प्लूटो और एरीस, दो बौने ग्रह (dwarf planets) हैं। साथ ही, मंगल और बृहस्पति के बीच सूर्य का चक्कर लगा रहे लगभग गोलाकार क्षुद्रग्रह सीरेस को भी अब बौना ग्रह मान लिया गया है। इधर के वर्षों में सुदूर के कई तारों के गिर्द भी ग्रह खोजे गए हैं।

ग्रहणकारी चरकांति (युग्म) तारे (eclipsing binary or variables) : वे जुड़वां तारे जो अपनी कक्षाओं में भ्रमण करते हुए एक-दूसरे के सामने आते हैं और एक-दूसरे के प्रकाश को अवरोधित करते हैं, यानी एक-दूसरे को ग्रहण लगाते हैं।

चंद्रशेखर-सीमा (Chandrasekhar limit) : तारे के केंद्रभाग में हीलियम-द्रव्य के संचय की सीमा, जो तारे के संपूर्ण द्रव्यमान के करीब 12 प्रतिशत के आसपास है। इसी क्रांतिक सीमा का नाम 'चंद्रशेखर-सीमा' है।

चरकांति तारे (variable stars) : वे तारे जिनकी कांति घटती-बढ़ती रहती है। इनके विविध प्रकार हैं : आर आर लाइरी (R R Lyrae), सैफियरी चर (Cepheids), डब्ल्यू वर्जिनिस (W Virginis), आर वी टौरी (R V Tauri), माइरा तारे (Mira stars, Me), अनियमित चरकांति (irregular variables)। नोवा (Nova) और सुपरनोवा (Supernova) भी चरकांति हैं।

डॉपलर प्रभाव (Doppler effect) : ध्वनि या प्रकाश के तरंग-दैर्घ्य में होने वाला परिवर्तन। जब कोई प्रकाश-स्रोत प्रेक्षक की ओर आता है या उससे दूर जाता है, तब उसकी वर्णक्रम-रेखाओं का नीले या लाल सिरे की ओर होनेवाला विस्थापन।

तारा-गुच्छ (star clusters) : अंतरिक्ष में एकसाथ गतिमान तारों के समुदाय। इनके दो मुख्य प्रकार हैं — खुले तारा-गुच्छ और गोलाकार तारा-गुच्छ।

तिर्यकता (obliquity of the ecliptic) : खगोलीय विषुववृत्त और क्रांतिवृत्त के बीच का कोण, जो वर्तमान समय में 23°26'54" है, और थोड़ा घटता-बढ़ता रहता है।

दानव तारे (giant stars) : कम सतह-तापमान वाले वे तारे जो विशाल आकार के, उच्च निरपेक्ष कांतिमान के और कम माध्य घनत्ववाले होते हैं। इनमें उच्चतर निरपेक्ष कांतिमान वाले तारे महादानव (supergiants) कहलाते हैं।

दिगंश (azimuth) : एक निर्देशांक — वह कोण जो तारे के उद्वृत्त (vertical circle, यानी तारे और शिरोबिंदु में से होकर गुजरनेवाला बृहद् वृत्त) और प्रेक्षक की स्थिति के याम्योत्तर के बीच बनता है। दिगंश का मापन क्षितिज के दक्षिण-बिंदु से पश्चिम की ओर और क्षितिज के उत्तर-बिंदु से पूर्व की ओर होता है।

दृश्य कांतिमान (apparent magnitude) : तारे की प्रत्यक्ष कांति, जो उसकी दूरी और उसकी वास्तविक कांति पर निर्भर रहती है।

दैनिक गति (diurnal motion) : खगोलीय पिंडों की पूर्व से पश्चिम की ओर दृश्य गति, जिसका कारण है पृथ्वी का पश्चिम से पूर्व की ओर अक्ष-घूर्णन।

द्वीपविश्व (island universe) : आकाशगंगा और अन्य मंदाकिनियों के लिए कभी-कभी प्रयुक्त होनेवाला शब्द।

नवतारा (nova) : ऐसा तारा जो एकाएक भड़ककर पहले से कहीं ज्यादा चमकने लगता है। यह तारा आगे कई महीनों तक इसी तरह तेजी से चमकता रह सकता है। गैसों के विस्फोटित होने पर नवतारे जन्म लेते हैं। आरंभ में खगोलविदों ने समझा था ये नए तारे हैं, इसलिए इन्हें 'नोवा' (नवतारा) नाम दिया गया था।

नाक्षत्र वर्ष (sidereal year) : तारों के सापेक्ष सूर्य का परिक्रमा-काल। अन्य शब्दों में, पृथ्वी का अपनी कक्षा में सूर्य के चहुं ओर का परिक्रमा-काल। एक नाक्षत्र वर्ष = 365.2564 माध्य सौर दिन।

नासा (National Aeronautics and Space Administration, NASA) : अंतरिक्षयात्राओं, अंतरिक्षयानों और उपग्रह-प्रक्षेपणों का आयोजन करने वाला अमरीकी शासन का संगठन, जिसकी स्थापना अक्तूबर 1958 में हुई थी।

निजी गति (proper motion) : अंतरिक्ष में तारे की अपनी निजी गति के कारण आकाश में नजर आनेवाला उसका स्थित्यंतर, जो बहुत अल्प होता है।

निरपेक्ष कांतिमान (absolute magnitude) : यदि किसी तारे को 10 पारसेक (=32.6 प्रकाश-वर्ष) की दूरी पर स्थापित किया जाए, तो उसका जो दृश्य कांतिमान होगा उसे निरपेक्ष कांतिमान कहते हैं। पारसेक में तारे की दूरी और

उसका दृश्य कांतिमान ज्ञात हो, तो एक सूत्र से उसके निरपेक्ष कांतिमान की गणना की जा सकती है।

नीहारिका (nebula) : अंतर्नक्षत्रीय अंतरिक्ष में मौजूद धूल व गैसों के विशाल मेघ।

परम शून्य (absolute zero) : निम्नतम संभव तापमान : शून्य के नीचे 273.16° सेंटीग्रेड या 0 **केल्विन**। इस तापमान पर अणु व परमाणु गतिहीन हो जाते हैं।

परिध्रुवी तारे (circumpolar stars) : किसी एक स्थान से हमेशा ही क्षितिज के ऊपर दिखाई देनेवाले तारे।

पलायन वेग (escape velocity) : किसी पिंड के गुरुत्वाकर्षण से मुक्त होने के लिए आवश्यक न्यूनतम वेग। राकेटयान को पृथ्वी की कक्षा में या अंतरिक्ष में भेजने के लिए पलायन वेग की सही जानकारी अत्यावश्यक है। पृथ्वी के लिए यह पलायन वेग 11.2 किलोमीटर प्रति सेकंड है।

पारगमन (transit) : जब कोई खगोलीय पिंड दूसरे खगोलीय पिंड के ऊपर से या सामने से गुजरता है, तब उस घटना को पारगमन कहते हैं; जैसे, भीतरी ग्रहों (बुध या शुक्र) का सूर्य की चकती पर से पारगमन, बृहस्पति के चंद्रों का बृहस्पति की चकती पर से पारगमन या किसी तारे का याम्योत्तर (meridian) पारगमन।

पारसेक (parsec = *par*allax-*sec*ond) : उस तारे की दूरी जो 1" (एक कोणीय सेकंड) लंबन दर्शाता है। एक पारसेक = 3.259 प्रकाश-वर्ष = 2,06,265 खगोलीय इकाइयां। सूर्य के अलावा सभी तारे एक पारसेक से अधिक दूर हैं।

प्रकाश-वर्ष (light year) : वह दूरी जिसे प्रकाश की किरणें एक वर्ष में तय करती हैं। प्रकाश का वेग है, लगभग 3,00,000 किलोमीटर प्रति सेकंड। एक प्रकाश-वर्ष = लगभग 94,63,00,00,00,000 किलोमीटर।

प्रतिद्रव्य (anti-matter) : प्रति-कणिकाओं (जैसे, प्रति-प्रोटॉन, प्रोजिट्रॉन) आदि से निर्मित द्रव्य।

प्लूटो (Pluto) : नेपच्यून ग्रह के परे 1930 ई. में खोजे गए इस पिंड को सौर मंडल का नौवां ग्रह माना गया था। परंतु अंतर्राष्ट्रीय खगोल-विज्ञान संघ ने अगस्त 2006 में लिये गए अपने निर्णय में प्लूटो को 'प्रधान ग्रह' (major planet) के पद से हटाकर बौना ग्रह (dwarf planet) करार दिया है। कारण : प्लूटो बहुत छोटा है, इसकी कक्षा ग्रहों के समतल के साथ काफी बड़ा कोण (लगभग 17°) बनाती है और प्लूटो की कक्षा नेपच्यून की कक्षा के भीतर चली आती है। अब तक प्लूटो के तीन चंद्र खोजे गए हैं–कारोन (Charon), निक्स (Nix) व हाइड्रा (Hydra)। कारोन काफी बड़ा है, परंतु बाकी दो चंद्र बहुत छोटे हैं।

बौना ग्रह (dwarf planet) : अंतर्राष्ट्रीय खगोल-विज्ञान संघ द्वारा अगस्त 2006 में लिये

गए निर्णय के अनुसार, मंगल तथा बृहस्पति के बीच सूर्य का चक्कर लगा रहे गोलाकार क्षुद्रग्रह **सीरेस** और नेपच्यून ग्रह के परे के **प्लूटो** व **एरीस** अब 'बौने ग्रह' (dwarf planet) कहलाएंगे।

ब्रह्मांड विज्ञान (cosmology) : विश्व का समग्र अध्ययन-अन्वेषण।

भोगांश (celestial longitude) : एक निर्देशांक, जिसका मापन वसंत-विषुव-बिंदु (♈) से क्रांतिवृत्त या रविपथ के साथ पूर्व की ओर होता है — 0° से 360° तक।

मंदाकिनी (galaxy) : तारों की एक विशाल योजना; जैसे, हमारी आकाशगंगा (Milky Way, Galaxy) या देवयानी मंदाकिनी (Andromeda galaxy)।

महाकुंचन (Big Crunch) : एक विचार के अनुसार, यदि विश्व बंद (closed) है, तो अंततः इसका फैलना रुक जाएगा और यह सिकुड़ना आरंभ कर देगा, विश्व के समस्त द्रव्य व विकिरण का एक स्थान पर महाकुंचन हो जाएगा। महाकुंचन व महाविस्फोट परस्पर विपरीत प्रक्रियाएं हैं।

महादानव (super giants) : विशाल तारे, जो सामान्य दानव (giant) तारों से कई गुना अधिक चमकीले होते हैं। महादानवों के व्यास सूर्य के व्यास से कई सौ गुना अधिक होते हैं, मगर उनका माध्य घनत्व बहुत कम होता है। ज्येष्ठा (Antares) और आर्द्रा (Betelgeuse) तारे महादानव हैं।

महाविस्फोट (Big Bang) : विश्व के आरंभकाल की विलक्षणता (singularity) की स्थिति। महाविस्फोट के सिद्धांत के अनुसार, विश्व का समस्त द्रव्य व विकिरण 15 से 20 अरब वर्ष पहले अचानक हुए एक महाविस्फोट के बाद अस्तित्व में आया था। महाविस्फोट के बाद समस्त द्रव्य का बाहर की ओर तेजी से छितराव हुआ; विश्व का विस्तार आरंभ हो गया।

माइक्रोवेव पृष्ठभूमिक विकिरण (microwave background radiation) : अतितप्त आरंभिक विश्व का अवशिष्ट विकिरण, जिसका इतना अधिक लाल विस्थापन (red shift) हुआ है कि अब यह प्रकाश के रूप में नहीं, बल्कि माइक्रोवेव (चंद सेंटीमीटर तरंग-दैर्घ्य वाली रेडियो-किरणों) के रूप में प्रकट होता है। विश्व में सर्वत्र व्याप्त इस अवशिष्ट विकिरण का तापमान अब -270° सेल्सियस है।

मेसिए (Messier, M) : फ्रांसीसी खगोलविद शार्ल मेसिए (1730-1817 ई.) द्वारा तैयार किए गए 'नीहारिकाओं' और तारा-गुच्छों के कैटेलॉग के सदस्यों को प्रायः M के आगे उनका संख्यांक देकर व्यक्त किया जाता है; जैसे, देवयानी मंदाकिनी को M31 से और हर्क्यूलीज मंडल के गोलाकार तारा-गुच्छ को M13 से।

युति (conjunction) : जब दो खगोलीय पिंडों के भोगांश या विषुवांश समान होते हैं, तब वे युति में होते हैं।

युग्म तारा, जुड़वां तारा (binary star) : गुरुत्वीय बंधन में बंधे दो तारे, जो अपने सहगुरुत्वकेंद्र की परिक्रमा करते हैं। आकाश के तीन तारों में एक अवश्य ही युग्म तारा है। अनेक जुड़वां तारों के दो से अधिक घटक हैं।

योगतारा (junction star) : भारतीय ज्योतिष के 27 नक्षत्रों में से प्रत्येक का प्रमुख तारा। योगतारों के साथ चंद्र तथा ग्रहों की युति के अध्ययन का विशेष महत्व था।

राशिचक्र, भचक्र (zodiac) : क्रांतिवृत्त (रविपथ) के साथ-साथ के तारा-मंडल (राशियां), जिन्हें, तुला को छोड़कर, जीवित प्राणियों के नाम दिए गए हैं — वृषभ, कन्या, सिंह, मकर, मीन आदि। अयन-चलन के कारण वसंत-विषुव-बिंदु (♈) धीरे-धीरे पश्चिम की ओर सरकता रहता है। प्राचीन बेबीलोन के ज्योतिषियों ने क्रांतिवृत्त को 12 राशियों में (प्रत्येक राशि 30° लंबाई की) विभक्त किया था। अयन-चलन के कारण राशिचिह्नों की स्थितियों में काफी बदल हुआ है। वसंत-विषुव-बिंदु (♈) आज मीन राशि में है; प्राचीन काल में यह मेष राशि में था।

यूरोपीय अंतरिक्ष एजेंसी (European Space Agency, ESA) : अंतरिक्षयानों और उपग्रहों के निर्माण और प्रक्षेपण के लिए बना यूरोप के 12 देशों का संगठन।

लंबन (parallax, stellar) : किसी तारे की जगह पर पृथ्वी की कक्षा के अर्धव्यास (करीब 15 करोड़ किलोमीटर दूरी) से बननेवाला कोण।

लाल दानव (red giant) : तारे के जीवनक्रम का एक पड़ाव। कुछ तारे अपनी जीवन-यात्रा के अंतिम दौर में फूलकर लाल दानव बन जाते हैं। फिर वे सिकुड़कर **श्वेत वामन** (red giant) यानी सफेद बौने बनते हैं और केवल मंदकांति प्रकाश उत्सर्जित करते हैं। लाल दानव तारे सूर्य से तीन-चार सौ गुना बड़े हो सकते हैं।

वसंत-विषुव-बिंदु (♈, vernal equinox) : आकाश के क्रांतिवृत्त (रविपथ) और विषुववृत्त जिन दो बिंदुओं में एक-दूसरे को काटते हैं, उनमें से एक। सूर्य दक्षिण से उत्तर की ओर गमन करते हुए जब विषुववृत्त को लांघता है, तब लगभग 21 मार्च को वह वसंत-विषुव-बिंदु पर होता है। वसंत-विषुव-बिंदु से ही विषुवांश (right ascension) और भोगांश (celestial longitude) का मापन होता है।

वामन तारे (dwarf stars) : लघु व्यासवाले तारे; इनका दृश्य कांतिमान कम और माध्य घनत्व ज्यादा होता है।

विद्युत-चुंबकीय विकिरण (electromagnetic radiation) : विश्व में सर्वत्र विद्यमान ऊर्जा का एक रूप। तरंगों में गतिमान विद्युत-चुंबकीय विकिरण विभिन्न तरंग-दैर्घ्यों वाला होता है। **रेडियो-तरंगें** सबसे ज्यादा लंबाई की होती हैं। उसके बाद अधिकाधिक कम लंबाई का विद्युत-चुंबकीय विकिरण है : **माइक्रोवेव, अवरक्त किरणें, प्रकाश-किरणें, पराबैंगनी किरणें, एक्स-किरणें** और **गामा किरणें**।

विपथन (aberration of light) : पृथ्वी की गति के परिणामस्वरूप किसी आकाशस्थ ज्योति का उसी दिशा में होनेवाला दृश्य स्थानांतरण, जो बहुत अल्प होता है।

वियुति (opposition) : जब कोई ग्रह सूर्य की विपरीत दिशा में होता है, तब वह वियुति में है। वियुति के वक्त सूर्य और उस ग्रह के बीच में पृथ्वी होती है।

विलक्षणता (singularity) : दिक्काल (space-time) का वह बिंदु जहां दिक्काल की वक्रता अपरिमित हो जाती है।

विश्वोत्पत्ति विज्ञान (cosmogony) : विश्व की उत्पत्ति और विकासक्रम का अध्ययन।

विषुव, क्रांतिपात (equinoxes) : खगोल के वे दो बिंदु जहां क्रांतिवृत्त और विषुववृत्त एक-दूसरे को काटते हैं। वसंत-विषुव (vernal equinox, ♈) मीन मंडल का 0° भोगांश व 0° शर वाला वह बिंदु है जहां सूर्य करीब 21 मार्च को विषुववृत्त को लांघता है। शरद-विषुव (autumnal equinox, ♎) 180° भोगांश वाला कन्या मंडल का वह बिंदु है जहां सूर्य करीब 23 सितंबर को विषुववृत्त को लांघता है। सूर्य जब इन विषुव-बिंदुओं पर होता है, तब रात व दिन समान होते हैं।

विषुवांश (right ascension) : वसंत-विषुव-बिंदु (♈) से पूर्व की ओर उस बिंदु तक की दूरी जहां तारे का होरावृत्त (hour circle) खगोलीय विषुववृत्त को काटता है। विषुवांश को घंटों, मिनटों व सेकंडों में व्यक्त किया जाता है, और यह दैनिक गति से स्वतंत्र होता है।

शिरोबिंदु, खमध्य (zenith) : प्रेक्षक के ठीक सिर के ऊपर का खगोल का बिंदु, जो क्षितिज से 90° दूर होता है। शिरोबिंदु की ठीक विपरीत दिशा में खगोल का अधोबिंदु (nadir) होता है–प्रेक्षक के पैरों के नीचे की ओर।

श्वेत वामन (white dwarfs) : न्यून निजी कांतिवाले बौने तारे। ये पृथ्वी के आकार-प्रकार के होते हैं, मगर इनमें सूर्य के तुल्य द्रव्यराशि होती है। इनके द्रव्य का माध्य घनत्व पानी के घनत्व से 1,00,000 गुना से भी अधिक होता है। इनकी केंद्रीय गुठली का घनत्व तो पानी के घनत्व से 10 करोड़ गुना अधिक रहता है। व्याध तारे का साथी-तारा आकाश में खोजा गया पहला श्वेत वामन था। हमारा सूर्य भी अंततः एक श्वेत वामन तारा बन जाएगा।

सायन वर्ष (tropical year) : वसंत-विषुव (♈) के सापेक्ष सूर्य को खगोल की एक परिक्रमा पूरी करने में लगनेवाला समय। अयन-चलन के कारण वसंत-विषुव-बिंदु क्रांतिवृत्त पर पीछे की ओर सरकता है, मगर सूर्य अपनी वार्षिक गति में आगे की ओर गमन करता है (अर्थात्, वसंत-विषुव व सूर्य विपरीत दिशाओं में गमन करते हैं), इसलिए सायन वर्ष नाक्षत्र वर्ष से करीब 20 मिनट छोटा होता है। सायन वर्ष = 365.2422 माध्य सौर दिन।

स्थिर स्थिति सिद्धांत (Steady State theory) : विश्वोत्पत्ति के **महाविस्फोट** (Big Bang) सिद्धांत के विपरीत विचार वाला सिद्धांत। इसके अनुसार, विश्व का सदैव अस्तित्व रहा है, विश्व का कोई आदि-अंत नहीं है। इस सिद्धांत के अनुसार, विश्व में नूतन द्रव्य का सतत सृजन होता रहता है। यह द्रव्य उन मंदाकिनियों का स्थान ले लेता है जो आगे बढ़ जाती हैं। परंतु **माइक्रोवेव पृष्ठभूमिक विकिरण** (microwave background radiation) की खोज हो जाने के बाद अब स्थिर स्थिति सिद्धांत में बहुत कम वैज्ञानिक यकीन करते हैं।

सीरेस (Ceres) : 1 जनवरी, 1801 ई. की पूर्वरात्रि को मंगल और बृहस्पति की कक्षाओं के बीच खोजा गया पहला और सबसे बड़ा क्षुद्रग्रह (asteroid)। करीब 935 किलोमीटर व्यास के इस लगभग गोलाकार पिंड को अब एक बौना ग्रह (dwarf planet) माना गया है। सीरेस करीब 9 घंटों में अपनी धुरी पर एक चक्कर लगाते हुए हमारे 4.6 वर्षों में सूर्य की एक परिक्रमा पूरी करता है।

सौर अभिबिंदु (apex) : खगोल का वह बिंदु जिसकी ओर सूर्य, समीप के तारों के सापेक्ष, गतिमान (19.7 किमी./से.) प्रतीत होता है। यह सौर अभिबिंदु हरक्यूलीज तारा-मंडल में विषुवांश 18° और क्रांति + 30° पर स्थित है।

सौर मंडल (solar system) : सूर्य और इसके गिर्द चक्कर लगाने वाले सभी पिंड– आठ प्रधान ग्रह, उपग्रह, क्षुद्रग्रह, प्लूटो, एरीस आदि बौने ग्रह, धूमकेतु व उल्कापिंड। कुइपेर पट्टा पिंड, ऊर्ट बादल पिंड और ग्रहों के बीच के अंतरिक्ष में मौजूद धूल व गैस का भी सौर मंडल में समावेश होता है।

होरा कोण (hour angle) : तारे के होरा वृत्त और खगोलीय याम्योत्तर की बीच का कोण। इसका मापन याम्योत्तर से पश्चिम की ओर होता है — 0^h से 24^h।

होरा वृत्त (hour circle) : वह वृहद् वृत्त जो खगोल के एक निश्चित बिंदु और खगोलीय ध्रुव से गुजरता है।

☆

परिशिष्ट-11

हिंदी-अंग्रेजी पारिभाषिक शब्द

अंतरिक्ष, दिक्, आकाश	space, sky
अंतरिक्षयात्रा	space voyage
अंश	degree
अक्ष, धुरी	axis
अगस्त्य तारा	Canopus
अग्नि तारा	Beta (β) Tauri
अधिनवतारा, सुपरनोवा	supernova
अधिमास	intercalary month
अधोबिंदु	nadir
अनुराधा तारा	Delta (δ) Scorpii
अभिजित् तारा	Vega
अभिसरण-बिंदु	apex
अयन : उत्तरायण या दक्षिणायन	northward or southward motion of a planet
अयन-चलन, विषुव-अयन	precession of equinoxes
अयनांत	solistice
अरुंधती तारा	Alcor
आकाशगंगा	Milky Way, Galaxy
आपेक्षिकता सिद्धांत	Theory of Relativity
आर्द्रा तारा	Betelgeuse,
आवर्तकाल	period
उत्केंद्रता	eccentricity
उत्तराफाल्गुनी तारा	Denebola
उत्तरायनांत	summer solstice
उपग्रह, चंद्र	satellite, moon
उन्नतांश	elevation

उन्नतांशमापी	astrolabe
उल्का	meteor
उल्कापिंड, उल्काश्म	meteorite
एरीस, एक बौना ग्रह	Eris, a dwarf planet
औसम, माध्य	mean, average
कक्षा	orbit
कन्या राशि	Virgo
कदंब	pole of the ecliptic
कला	phase
कल्प	4,32,00,00,000 year period
कांति	luminosity
कांतिमान	magnitude
कारोन	Charon, Pluto's moon
कालिय तारा-मंडल	Draco
कुंभ राशि	Aquarius
कृत्तिका तारा-पुंज	Pleiades
कृष्ण द्रव्य	dark matter
कृष्ण वामन	black dwarf
कृष्ण विवर, अंधेरी गुफा	black hole
केतु, अवरोही पात	descending node
क्रतु तारा	Dubhe, α-Ursa Majoris
क्रांतिवृत्त, रविमार्ग	ecliptic
क्रांतिपात, विषुव	equinoxes
क्वासर	quasi-stellar radio source
क्षितिज	horizon
क्षुद्रग्रह, लघुग्रह	asteroid
खगोल, भगोल	celestial sphere
खगोल-भौतिकी	astrophysics
खगोल-यांत्रिकी	celestial mechanics
खगोल-विज्ञान, गणित-ज्योतिष	astronomy
खगोलविद, गणितज्ञ-ज्योतिषी	astronomer
खगोलीय इकाई, खगोलीय एकक,	astronomical unit

खमध्य, शिरोबिंदु	zenith
गुरुत्वाकर्षण	gravity
गोलार्द्ध	hemisphere
ग्रह	planet
ग्रहण	eclipse
ग्रहणकारी युग्म-तारा	eclipsing binary star
चंद्रशेखर-सीमा	Chandrasekhar's limit
चांद्रमास, संयुति मास	synodic month
चांद्र पंचांग	lunar calendar
चित्रा तारा	Spica
ज्येष्ठा तारा	Antares
फलित-ज्योतिष	astrology
फलित-ज्योतिषी	astrologer
तरंग-दैर्घ्य	wave-length
तारा, नक्षत्र	star
तारा-गुच्छ	star cluster
तारा-मंडल, नक्षत्र-मंडल, राशि	constellation
तुला राशि	Libra
त्रिकांड	belt of the Orion
दक्षिणायनांत (मकर संक्रांति)	winter solstice
दानव तारा	giant star
दिगंश	azimuth
दिसमोनिया, एरीस का चंद्र	Dysmonia, Eris's moon
दीर्घवृत्त	ellipse
दूरबीन	telescope
दृश्य, दृष्ट	apparant
दृश्य कांतिमान	apparant magnitude
देवयानी मंदाकिनी	Andromeda galaxy
दैनिक गति	diurnal motion
द्युति	brightness
द्रव्य, द्रव्यराशि	matter
द्रव्यमान	mass

द्वीपविश्व	island universe
धनुर्धर, धनु राशि	Sagittarius
धुरी, अक्ष	axis
धूमकेतु, पुच्छल तारा	comet
ध्रुव तारा	Polaris, pole star
नक्षत्र, तारा	star, asterism
नवतारा, नोवा	nova
नाक्षत्र मास,	sidereal month
नाक्षत्र वर्ष	sidereal year
नाभिक	nucleus
निजी गति	proper motion
नीहारिका, नेबुला	nebula
पंचांग, कैलेंडर	almanac, calendar
परावर्ती दूरबीन	reflecting telescope
परिध्रुवी तारा	circumpolar star
पात	node
पारसेक (= 3.26 प्रकाश-वर्ष)	parsec (= 3.26 light years)
पुनर्वसु नक्षत्र	Pollux
पुलह तारा	Merak
पुष्य तारा	Delta (δ) Cancri
प्रकाश-वर्ष	light year
प्रतिद्रव्य	antimatter
प्रसारी विश्व	expanding universe
प्रॉक्सिमा-सेंटौरी तारा	Proxima Centauri
प्रोसियोन तारा	Procyon
प्लूटो, एक बौना ग्रह	Pluto, a dwarf planet
बुध ग्रह	Mercury
बृहद् श्वान तारा-मंडल	Canis Major
बृहस्पति, गुरु ग्रह	Jupiter
ब्रह्मांड, विश्व	Universe, Cosmos
ब्रह्मांड-विज्ञान	cosmology
मंदाकिनी	galaxy

मकर राशि	Capricornus
मघा तारा	Regulus
महाकुंचन	big crunch
महादानव	supergiant
महाविस्फोट	big bang
मिथुन राशि	Gemini
मीन राशि	Pisces
मृग नीहारिका	Orion Nebula, M 42
मेजल्लानी मेघ	Magellanic Cloud
मेष राशि	Aries
मेसिए	Messier (M)
याम्योत्तर	local meridian
याम्योत्तर गमन	culmination
युग्म तारा, जुड़वां तारा	binary star
युति	conjunction
योगतारा	Junction star
राशिचक्र, भचक्र	Zodiac
रेडियो-तरंगें	radio-waves
रेडियो दूरबीन	radio telescope
रोहिणी तारा	Aldebaran
लघुग्रह, क्षुद्रग्रह	asteroid
लघुश्वान तारा-मंडल	Canis Minor
लघुसप्तर्षि तारा-मंडल	Ursa Minor
लाल दानव	red giant
लाल विस्थापन	red shift
वर्णक्रमपट	spectrum
वसंत विषुव	vernal equinox
वसंत-विषुव-बिंदु (♈)	first point of Aries
वसिष्ठ तारा	Mizar
वामन तारा	dwarf star
विकिरण	radiation
विकीर्णक-बिंदु	radiant

विखंडन	fission
विपथन	aberration
वियुति	opposition
विशाखा तारा	Alpha (α) Librae
विश्व, ब्रह्मांड	cosmos, universe
विश्वोत्पत्ति विज्ञान	cosmogony
विषुव	equinox
विषुववृत्त	equator
विषुवांश	right ascension
वृश्चिक राशि	Scorpio
वृषभ राशि	Taurus
वेधशाला	observatory
वैतरणी तारा-मंडल	Eridanus
व्याध, लुब्धक तारा	Sirius
शनि ग्रह	Saturn
शरद विषुव	autumnal equinox
शरद-विषुव-बिंदु (♎)	first point of Libra
शिरोबिंदु, खमध्य	Zenith
शुक्र ग्रह	Venus
श्रवण तारा	Altair
श्वेत वामन	white dwarf
संयुति मास	synodic month
सप्तर्षि तारा-मंडल	Ursa Major
सायन वर्ष	tropical year
सिंह राशि	Leo
सीरेस, एक बौना ग्रह	Ceres, a dwarf planet
सूर्य-कलंक	sunspot
सूर्य-सहोदय	heliacal rising
सौर अभिबिंदु	solar apex
सौर मंडल, सौर परिवार	Solar System
स्थिर स्थिति सिद्धांत	Steady state theory
हंस तारा-मंडल	Cygnus

अंग्रेजी-हिंदी

aberration	विपथन
Alcor	अरुंधती तारा
Aldebaran	रोहिणी तारा
Alioth	अंगिरस तारा
Alkaid	मरीचि तारा
almanac	पंचांग, कैलेंडर
Altair	श्रवण तारा
altitude	उन्नतांश
Andromeda galaxy	देवयानी मंदाकिनी
Antares	ज्येष्ठा तारा
antimatter	प्रतिद्रव्य
apex	अभिसरण बिंदु
aphelion	सूर्योच्च
apogee	भूमि उच्च
apparent	दृश्य, दृष्ट
apparent magnitude	दृश्य कांतिमान
Aquarius	कुंभ राशि
Arcturus	स्वाति नक्षत्र
Aries	मेष राशि
ascending node	आरोही पात, राहु
asterism	तारापुंज
asteroid	क्षुद्रग्रह, लघुग्रह
astrolabe	एस्ट्रोलेब, उन्नतांशमापी
astrology	फलित-ज्योतिष
astrologer	फलित-ज्योतिषी
astronomical unit	खगोलीय एकक, खगोलीय इकाई
astronomy	खगोल-विज्ञान, गणित-ज्योतिष
astrophysics	खगोल-भौतिकी
autumnal equinox	शरद विषुव
axis	अक्ष, धुरी

azimuth	दिगंश
Betelgeuse	आर्द्रा नक्षत्र
big bang	आदिम महाविस्फोट, बिग बैंग
big crunch	महाकुंचन
binary star	जुड़वां तारा, युग्म तारा
black dwarf	कृष्ण वामन
black hole	कृष्ण-विवर, अंधेरी गुफा
brightness	द्युति, दीप्ति
calendar	कैलेंडर, पंचांग
Cancer	कर्क राशि
Canis Major	बृहद् श्वान तारा-मंडल
Canopus	अगस्त्य तारा
Capella	ब्रह्महृदय तारा
Capricornus	मकर राशि
celestial mechanics	खगोल-यांत्रिकी
celestial sphere	खगोल, भगोल
Centaurus	सेंटौरस्, नरतुरंग तारा-मंडल
Chandrasekhar's Limit	चंद्रशेखर-सीमा
circumpolar star	परिध्रुवी तारा
comet	धूमकेतु, पुच्छल तारा
conjunction	युति
constellation	तारा-मंडल, राशि
cosmic ray	ब्रह्मांड किरण
cosmogony	विश्वोत्पत्ति, ब्रह्मांड-उत्पत्ति
cosmology	ब्रह्मांड-विज्ञान
cosmos, universe	ब्रह्मांड, विश्व
culmination	याम्योत्तर गमन
declination	क्रांति
Denebola	उत्तराफाल्गुनी नक्षत्र
descending node	अवरोही पात, केतु
diurnal motion	दैनिक गति
Doppler effect	डॉपलर प्रभाव

Draco	कालिय तारा-मंडल
dwarf star	वामन तारा
Dysmonia, Eris's moon	दिसमोनिया, एरीस का चंद्र
eccentricity	उत्केंद्रता
eclipsing binary star	ग्रहणकारी युग्म तारा
ecliptic	क्रांतिवृत्त, रविमार्ग
elevation	उन्नतांश
epicycle	अधिचक्र
equator	विषुववृत्त, भूमध्यरेखा
equinox	विषुव, क्रांतिपात
Eris, a dwarf planet	एरीस, एक बौना ग्रह
Eridanus	वैतरणी तारा-मंडल
expanding universe	प्रसारी विश्व
extragalactic	परागैलेक्सी
first pioint of Aries (♈)	वसंत-विषुव-बिंदु
first point of Libra (♎)	शरद-विषुव-बिंदु
Fomalhaut	मत्स्यमुख तारा
galaxy	मंदाकिनी, गैलेक्सी
Gemini	मिथुन राशि
geocentric	भूकेंद्री
giant star	दानव तारा
globular star cluster	गोलाकार तारा-गुच्छ
gnomon	शंकु, छायादंड
gravitation	गुरुत्वाकर्षण
gravitational collapse	गुरुत्वीय पतन
heliacal rising	सूर्यसहोदय
heliocentric	सूर्यकेंद्री
Hercules	हरक्यूलीज तारा-मंडल
Hertzsprung- Russell diagram	हर्ट्जस्प्रुंग-रसेल आरेख
Hydra	महासर्प तारा-मंडल
intersteller	अंतर्नक्षत्रीय
junction star	योगतारा

celestial latitude	शर
Leo	सिंह राशि
Libra	तुला राशि
light year	प्रकाश-वर्ष
celestial longitude	भोगांश
long-period variable stars or Mira stars	दीर्घकालिक चरकांति तारे, या माइरा तारे
luminosity	कांति
Magellanic Clouds	मेजल्लानी मेघ
magnitude	कांतिमान
mean	माध्य, औसत
Merak	पुलह तारा
meridian	याम्योत्तर
meteor	उल्का
meteorite	उल्कापिंड, उल्काश्म
Milky Way, Galaxy	आकाशगंगा
Mizar	वसिष्ठ तारा
nadir	अधोबिंदु
nebula	नीहारिका, नेबुला
node	पात
obliquity	तिर्यकता
open stat cluster	खुला तारा-गुच्छ
Ophiuchus	सर्पधर तारा-मंडल
opposition	वियुति
orbit	कक्षा
Orion	मृग तारा-मंडल
Orion nebula	मृग नीहारिका
parallax	लंबन
parsec	पारसेक (= 3.26 प्रकाश-वर्ष)
Pegasus	हयशिर, महाश्व तारा-मंडल
period-luminosity relation	आवर्त-कांति संबंध
Perseus	ययाति तारा-मंडल

Pisces	मीन राशि
Piscis Austrinus	दक्षिण मीन तारा-मंडल
planetary nebula	ग्रहीय नीहारिका
Pleiades	कृत्तिका तारा-पुंज
Polaris, Pole star	ध्रुव तारा
precession	अयन
precession of equinoxes	अयन-चलन, विषुव-अयन
proper motion	निजी गति
pulsar	पल्सर
quasar (quasi-stellar radio source)	क्वासर
radiant	विकीर्णक-बिंदु
radiation	विकिरण
radio astronomy	रेडियो खगोल-विज्ञान
red giant	लाल दानव
red shift	लाल विस्थापन
reflecting telescope	परावर्ती दूरबीन
Regulus	मघा तारा
Theory of Relativity	आपेक्षिकता सिद्धांत
right ascension	विषुवांश
Sagittarius	धनुर्धर, धनु राशि
Scorpius	वृश्चिक राशि
Serpens	सर्प तारा-मंडल
shift	विस्थापन
sidereal month, year	नाक्षत्र मास, नाक्षत्र वर्ष
singularity	विलक्षणता
Sirius	व्याध, लुब्धक तारा
solar apex	सौर अभिबिंदु
solstice	अयनांत
space	दिक्, अंतरिक्ष, आकाश
Spica	चित्रा तारा
spiral galaxy	सर्पिल मंदाकिनी
star	तारा, नक्षत्र

star cluster	तारा-गुच्छ
Steady state theory	स्थिर स्थिति सिद्धांत
supergiant	महादानव
summer solstice	उत्तरायनांत
supernova	अधिनवतारा, सुपरनोवा
surface temperature	सतह-तापमान
synodic month, year	संयुति मास, वर्ष
Taurus	वृषभ तारा-मंडल
transit	याम्योत्तर गमन, पारगमन
tropical year	सायन वर्ष
universe	विश्व, ब्रह्मांड
Ursa major	सप्तर्षि तारा-मंडल
Ursa minor	लघुसप्तर्षि तारा-मंडल
variable star	चरकांति तारा
Vega	अभिजित् तारा
vernal equinox	वसंत विषुव
Virgo	कन्या राशि
white dwarf	श्वेत वामन
winter solstice	दक्षिणायनांत, मकर संक्रांति
zenith	खमध्य, शिरोबिंदु
zodiac	राशिचक्र, भचक्र

☆

परिशिष्ट-12

पठनीय ग्रंथ

संस्कृत

1. **आर्यभटीय** : आर्यभट कृत; हिंदी अनुवाद : रामनिवास राय, राष्ट्रीय विज्ञान एकाडमी, नई दिल्ली, 1976.
2. **आर्यभटीय** : आर्यभट कृत; अंग्रेजी अनुवाद : कृपाशंकर शुक्ल, नई दिल्ली, 1976.
3. **सूर्य-सिद्धांत** : हिंदी में विज्ञान-भाष्य : महावीर प्रसाद श्रीवास्तव, विज्ञान परिषद, इलाहाबाद, 1983.

हिंदी

4. गुणाकर मुळे : **संसार के महान गणितज्ञ** (पंचम संस्करण), राजकमल प्रकाशन, नई दिल्ली, 2002.
5. गुणाकर मुळे : **आकाश-दर्शन** (चतुर्थ संस्करण), राजकमल, नई दिल्ली, 2003.
6. गुणाकर मुळे : **तारों भरा आकाश**, प्रकाशन विभाग, भारत सरकार, नई दिल्ली, 2004.
7. गुणाकर मुळे : **सूर्य**, राजकमल प्रकाशन, नई दिल्ली, 2001.
8. गुणाकर मुळे : **महान गणितज्ञ-ज्योतिषी आर्यभट**, प्रकाशन विभाग, भारत सरकार, नई दिल्ली, 2004.
9. गुणाकर मुळे : **केपलर**, राजकमल, नई दिल्ली, 2004.
10. गुणाकर मुळे : **भास्कराचार्य**, राजकमल, नई दिल्ली, 1999.
11. गुणाकर मुळे : **भारतीय विज्ञान की कहानी**, राजकमल, नई दिल्ली, 2003.
12. गोरख प्रसाद : **भारतीय ज्योतिष का इतिहास**, लखनऊ, 1956.
13. शंकर बालकृष्ण दीक्षित : **भारतीय ज्योतिष** (हिंदी अनुवाद : शिवनाथ झारखंडी), द्वितीय संस्करण, लखनऊ, 1963.

अंग्रेजी

14. Allen, Richard Hinckley : **Star Names : Their Lore and Meaning**, Dover Publications, New York, 1963.

15. Bernhard, Bennett & Rice : **New Handbook of the Heavens,** New York, 1956.
16. Bose. Sen & Subbarayappa : **A Concise History of Science in India**, INSA, New Delhi, 1971.
17. Gamov, G. : **Star Called the Sun**, Pelican Book, 1967.
18. Glagett, Marshall : **Greek Science in Antiquity**, London, 1957.
19. Hawking, Stephen W. : **A Brief History of Time**, London, 1988.
20. Hogben, Lancelet : **Science for the Citizen**, London, 1945.
21. Hoyle, Fred : **Frontiers of Astronomy**, London, 1963.
22. Kochhar, R. & Narlikar, J. : **Astronomy in India**, INSA, N. Delhi, 1995.
23. Komarov, V.N. : **Fascinating Astronomy**. Moscow, 1985.
24. Lodge, Sir Oliver : **Pioneers of Science**, Dover, New York, 1960.
25. Lovell, Bernard & Joyce : **Discovering the Universe**, London,1964.
    Moore, Patrick : **The Story of Astronomy**, London, 1972.
26. Neugebauer, O. : **The Exact Sciences in Antiquity**, New York, 1957.
27. Saha, M. N. & Lahiri, N. C. : **History of the Calendar**, CSIR, New Delhi, 1992.
28. Sen, S.N. & Shukla, K.S. (Ed.) : **History of Astronomy in India**, INSA, New Delhi, 1985.
29. Singer, Charles : **A Short History of Scientific Ideas to 1900**, Oxford Press, London, 1959.
30. Smart, W.M. : **Textbook of Spherical Astronomy**, N. Delhi, 1979.
31. Subbarayappa, B.V. & Sharma, K.V. : **Indian Astronomy : A Source-Book** (Sanskrit-English), Bombay, 1983.
32. Taton, René : **History of Science : Ancient and Medieval Science** (Translated from the French), London, 1960.
33. Whipple, Fred L. : **Earth, Moon and Planets**, Penguin, 1971.
34. Paranjape, G.R. : **Akasha Darshan Atlas**, NCERT, New Delhi, 1978.
35. Ridpath, Ian & Tirion,Wil : **Collins Pocket Guide to Stars and Planets,** London, 1996.
36. Wallenquist Ake: **The Penguin Dictionary of Astronomy**, Penguin Books, London, 1966.
37. **The Illustrated Dictionary of Space**, Claremon Books, London, 1995.

पत्रिकाएं

Indian Journal of History of Science
Scientific American
National Geographical
Science Reporter

★★★